普通高等教育"十四五"系列教材

线性代数

主　编　惠小健　王　震　卢鸿艳

副主编　韦娜娜　薛妮妮　陈　瑶

中国水利水电出版社
www.waterpub.com.cn

·北京·

内 容 提 要

　　本书主要介绍线性代数的相关知识，包括行列式、矩阵、线性方程组、线性空间、线性变换、特征值与特征向量、矩阵的相似与对角化、二次型等。全书编写思路清晰，内容取材深广度合适，具体阐述深入浅出，突出线性代数 Maple 计算，强调线性空间等抽象理论的基本思想和基本方法，并且各章例题均配有 Maple 计算程序，帮助读者进行矩阵计算，增加学习兴趣。

　　本书可作为普通高等院校非数学类本科专业的教材，也可供高校教师、自学考试人员、工程技术人员和科研工作者参考使用。

图书在版编目（CIP）数据

　　线性代数 / 惠小健，王震，卢鸿艳主编. -- 北京：中国水利水电出版社，2021.12
　　普通高等教育"十四五"系列教材
　　ISBN 978-7-5226-0244-8

　　Ⅰ．①线… Ⅱ．①惠… ②王… ③卢… Ⅲ．①线性代数－高等学校－教材 Ⅳ．①O151.2

　　中国版本图书馆CIP数据核字（2021）第230350号

策划编辑：王利艳　　　　责任编辑：张玉玲　　　　封面设计：李 佳

书　　名	普通高等教育"十四五"系列教材 **线性代数** XIANXING DAISHU
作　　者	主 编　惠小健　王 震　卢鸿艳 副主编　韦娜娜　薛妮妮　陈 瑶
出版发行	中国水利水电出版社 （北京市海淀区玉渊潭南路 1 号 D 座　100038） 网址：www.waterpub.com.cn E-mail: mchannel@263.net（万水） 　　　　 sales@waterpub.com.cn 电话：（010）68367658（营销中心）、82562819（万水）
经　　售	全国各地新华书店和相关出版物销售网点
排　　版	北京万水电子信息有限公司
印　　刷	三河市航远印刷有限公司
规　　格	184mm×260mm　16 开本　11.75 印张　278 千字
版　　次	2021 年 12 月第 1 版　2021 年 12 月第 1 次印刷
印　　数	0001—3000 册
定　　价	39.00 元

前　　言

　　"线性代数"是高等院校理、工、经、管、农、医类各专业的基础课程，也是工程应用数学的重要基础，主要研究线性方程组及线性空间等相关理论，同时对能够进行线性运算的量及其相互之间的联系与规律进行描述。随着计算技术的大力发展，线性代数在信息、机械、控制、土木、化工、经济等行业领域应用越来越广，许多实际问题可以通过离散化的数值算法得到定量解决，并利用程序进行计算，其中很多内容都牵涉到矩阵的相关理论，可以说线性代数是从事科学研究和工程设计等相关工作人员必备的重要数学基础。

　　根据现代数学的观点，代数就是在所考虑的对象之间规定一些运算后得到的数学结构。线性代数涉及的运算主要是称为加法和数乘的线性运算，这些线性运算须满足一定的性质进而构成线性空间。现实中大量出现的非线性问题常常需要转换成线性问题进行处理，如在一定条件下，曲线可用直线近似，曲面可用平面近似，函数增量可用函数的微分近似，所以说线性代数是研究线性科学中的"线性问题"。线性问题的讨论往往涉及矩阵和向量，它们是重要的代数工具。在一定的意义上，它们以及其上的一些运算本身就构成线性空间，因此线性代数的研究对象与高等代数、近世代数的研究对象略有不同，它主要研究线性空间及其上的线性变换。

　　线性代数的内容较抽象，概念和定理较多，前后联系紧密、环环相扣、相互渗透，但它作为一种数学建模方法，是工程技术人员和科研工作者必须掌握的。尤其在优化问题讨论、算法分析与设计、计算机图形图像处理、数字信号处理等实际应用中更加突出，使得高等院校各专业都对线性代数的内容从深度和广度上提出了更高的要求。通过线性代数的学习，可以进一步培养抽象思维能力和逻辑推理能力，为进一步的学习和研究提供必要的理论知识、解题方法和技巧，夯实理论基础。本书编写内容突出基本概念、基本理论和基本方法，并且各章例题利用 Maple 进行了实现，符合国家对线性代数课程改革的要求和基础课程"金课行动"的改革要求，适度增加课程高阶性、创新性和挑战度。

　　全书共分 6 章：行列式、矩阵、向量与线性方程组、相似矩阵、二次型、线性空间与线性变换，以矩阵为工具阐述线性代数的基本概念、基本理论和方法，使内容联系紧密，具有较强的逻辑性。由于线性代数概念多、结论多、内容较抽象，本书尽量从简单实例入手，力求通俗易懂、由浅入深，对重点内容提供较多的典型例题，以帮助学生更好地理解、掌握和运用线性代数的知识。每章都有精选习题，有些选自历年研究生入学考试线性代数题目，书后配有习题答案。

　　在本书编写过程中，编者向校内外同行广泛征求了意见，感谢同行提出的宝贵意见。

　　由于编者水平有限，书中疏漏之处在所难免，恳请专家和读者批评指正。

编　者

2021 年 4 月于西安

目　　录

第1章 行列式

行列式是人们从简化和规范求解线性方程组的实际工作需要而建立起来的一个基本数学概念，它在数学应用、理论研究以及其他科学分支上都有广泛的应用。本章主要介绍行列式的定义、性质、计算以及基本应用——Cramer 法则。

1.1 行列式的定义

1.1.1 二阶和三阶行列式

二阶和三阶行列式

对于二元线性方程组

$$\begin{cases} a_{11}x_1 + a_{12}x_2 = b_1 \\ a_{21}x_1 + a_{22}x_2 = b_2 \end{cases} \tag{1}$$

可以利用消元法求解，为消去未知数 x_2，用 a_{22} 去乘第一个方程，a_{12} 去乘第二个方程，然后两个方程相减，得到

$$(a_{11}a_{22} - a_{12}a_{21})x_1 = a_{22}b_1 - a_{12}b_2$$

为消去未知数 x_1，用 a_{11} 去乘第二个方程，a_{21} 去乘第一个方程，然后两个方程相减，得到

$$(a_{11}a_{22} - a_{12}a_{21})x_2 = a_{11}b_2 - a_{21}b_1$$

设 $a_{11}a_{22} - a_{12}a_{21} \neq 0$，则可得方程组的解为

$$x_1 = \frac{a_{22}b_1 - a_{12}b_2}{a_{11}a_{22} - a_{12}a_{21}}, \quad x_2 = \frac{a_{11}b_2 - a_{21}b_1}{a_{11}a_{22} - a_{12}a_{21}}$$

为了便于记忆和讨论，引进记号

$$D = \begin{vmatrix} a_{11} & a_{12} \\ a_{21} & a_{22} \end{vmatrix} = a_{11}a_{22} - a_{12}a_{21}$$

称之为二阶行列式。它含有两行两列，横写的称为行，竖写的称为列。行列式中的数称为行列式的元素，行列式中位于第 i 行第 j 列的元素记为 a_{ij}，元素 a_{ij} 的第一个下标称为行标，第二个下标称为列标，比如 a_{12} 是指位于第一行第二列的元素。

利用二阶行列式的概念，方程组的解中的分子也可以写成二阶行列式。记

$$D_1 = a_{22}b_1 - a_{12}b_2 = \begin{vmatrix} b_1 & a_{12} \\ b_2 & a_{22} \end{vmatrix}, \quad D_2 = a_{11}b_2 - a_{21}b_1 = \begin{vmatrix} a_{11} & b_1 \\ a_{21} & b_2 \end{vmatrix}$$

那么，方程组（1）的解可以表示为

$$x_1 = \frac{D_1}{D} = \frac{\begin{vmatrix} b_1 & a_{12} \\ b_2 & a_{22} \end{vmatrix}}{\begin{vmatrix} a_{11} & a_{12} \\ a_{21} & a_{22} \end{vmatrix}} , \quad x_2 = \frac{D_2}{D} = \frac{\begin{vmatrix} a_{11} & b_1 \\ a_{21} & b_2 \end{vmatrix}}{\begin{vmatrix} a_{11} & a_{12} \\ a_{21} & a_{22} \end{vmatrix}}$$

例 1　解二元线性方程组

$$\begin{cases} x_1 - 2x_2 = 1 \\ -2x_1 + 3x_2 = 12 \end{cases}$$

解：计算二阶行列式

$$D = \begin{vmatrix} 1 & -2 \\ -2 & 3 \end{vmatrix} = 3 - 4 = -1 \neq 0$$

而

$$D_1 = \begin{vmatrix} 1 & -2 \\ 12 & 3 \end{vmatrix} = 3 + 24 = 27 , \quad D_2 = \begin{vmatrix} 1 & 1 \\ -2 & 12 \end{vmatrix} = 12 - (-2) = 14$$

所以

$$x_1 = \frac{D_1}{D} = \frac{27}{-1} = -27 , \quad x_2 = \frac{D_2}{D} = \frac{14}{-1} = -14$$

例 1 的 Maple 源程序如下：

```
>#example1
>with(linalg):with(LinearAlgebra):
>eqn1:=x1-2*x2=1;
 eqn1 := x1 − 2 x2 = 1
>eqn2:=-2*x1+3*x2=12;
 eqn2 := −2 x1 + 3 x2 = 12
>solve({eqn1,eqn2},{x1,x2});
 {x1 = -27, x2 = -14}
```

例 2　解线性方程组

$$\begin{cases} \cos\theta\, x_1 - \sin\theta\, x_2 = a \\ \sin\theta\, x_1 + \cos\theta\, x_2 = b \end{cases}$$

解：计算二阶行列式

$$D = \begin{vmatrix} \cos\theta & -\sin\theta \\ \sin\theta & \cos\theta \end{vmatrix} = 1 \neq 0$$

而

$$D_1 = \begin{vmatrix} a & -\sin\theta \\ b & \cos\theta \end{vmatrix} = a\cos\theta + b\sin\theta , \quad D_2 = \begin{vmatrix} \cos\theta & a \\ \sin\theta & b \end{vmatrix} = b\cos\theta - a\sin\theta$$

所以

$$x_1 = \frac{D_1}{D} = a\cos\theta + b\sin\theta , \quad x_2 = \frac{D_2}{D} = b\cos\theta - a\sin\theta$$

例 2 的 Maple 源程序如下：

```
>#example2
>with(linalg):with(LinearAlgebra):
```

```
>eqn1:=cos(theta)*x1-sin(theta)*x2=a;
```
$$eqn1 := \cos(\theta)\,x1 - \sin(\theta)\,x2 = a$$

```
> eqn2:=sin(theta)*x1+cos(theta)*x2=b;
```
$$eqn2 := \sin(\theta)\,x1 + \cos(\theta)\,x2 = b$$

```
> solve({eqn1,eqn2},{x1,x2});
```
$$\{x1 = \frac{\cos(\theta)\,a + \sin(\theta)\,b}{\cos(\theta)^2 + \sin(\theta)^2}, x2 = \frac{b\cos(\theta) - \sin(\theta)\,a}{\cos(\theta)^2 + \sin(\theta)^2}\}$$

对于含有三个未知量的线性方程组

$$\begin{cases} a_{11}x_1 + a_{12}x_2 + a_{13}x_3 = b_1 \\ a_{21}x_1 + a_{22}x_2 + a_{23}x_3 = b_2 \\ a_{31}x_1 + a_{32}x_2 + a_{33}x_3 = b_3 \end{cases}$$

可以进行类似的讨论，引进记号

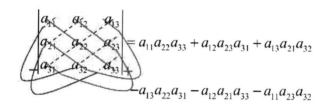

$$= a_{11}a_{22}a_{33} + a_{12}a_{23}a_{31} + a_{13}a_{21}a_{32}$$
$$- a_{13}a_{22}a_{31} - a_{12}a_{21}a_{33} - a_{11}a_{23}a_{32}$$

称之为三阶行列式。

上述定义表明，三阶行列式含有 6 项，每一项均为不同行不同列的三个元素的乘积再冠以正负号，其运算规律遵循对角线法则：主对角线方向连接的三个元素的乘积冠以正号，副对角线方向连接的三个元素的乘积冠以负号，它们的代数和就是三阶行列式的值。

例 3　计算行列式

$$D = \begin{vmatrix} 1 & 2 & 3 \\ 4 & 0 & 5 \\ -1 & 0 & 6 \end{vmatrix}$$

解：

$$D = 1 \times 0 \times 6 + 2 \times 5 \times (-1) + 3 \times 4 \times 0$$
$$- 3 \times 0 \times (-1) - 2 \times 4 \times 6 - 1 \times 5 \times 0$$
$$= -10 - 48$$
$$= -58$$

例 3 的 Maple 源程序如下：

```
>#example3
>with(linalg):with(LinearAlgebra):
>A:=Matrix(3,3,[1,2,3,4,0,5,-1,0,6]);
```
$$A := \begin{bmatrix} 1 & 2 & 3 \\ 4 & 0 & 5 \\ -1 & 0 & 6 \end{bmatrix}$$

```
>det(A);
 -58
```

从二阶和三阶行列式的定义可以看出，行列式的值是一些"项"的代数和，总项数以及每一项相应的符号则与其下标的排列有关。为了揭示二阶和三阶行列式的结构规律，将行列式的概念推广到 n 阶，先简单介绍一些有关排列的基本知识。

1.1.2　排列

正整数 1，2，$\cdots$，n 排成没有重复数字的一列称为一个 n 元排列。n 元排列的一般形式可表示为 $i_1 i_2 \cdots i_n$，其中 i_k（$1 \leqslant k \leqslant n$）为 1，2，$\cdots$，n 中的某一个数且互不相同，而 i_k 的下标 k 表示 i_k 在 n 元排列中的第 k 个位置上。如 312 和 346521 分别为三元和六元排列，在排列 312 中，$i_1 = 3$，$i_2 = 1$，$i_3 = 2$。众所周知，n 个数 1，2，$\cdots$，n 组成的全部排列总数为 $n!$。例如，自然数 1，2，3，4 可组成 $4! = 24$ 个排列。

定义 1（逆序数）　在一个 n 元排列 $i_1 i_2 \cdots i_s \cdots i_t \cdots i_n$ 中，若 $i_s > i_t$，则称这两个数构成一个逆序。排列 $i_1 i_2 \cdots i_n$ 中所有逆序的总数称为该排列的逆序数，记为 $\tau(i_1 i_2 \cdots i_n)$。

例 4　求下列排列的逆序数：

（1）2143；（2）13524；（3）$n(n-1)\cdots 21$；（4）$135\cdots(2n-1)246\cdots(2n)$

解：（1）在排列 2143 中，数 2 与后面的数 1 构成逆序；数 1 后面没有数与数 1 构成逆序；数 4 与后面的数 3 构成逆序；数 3 排在最后面，没有逆序。因此，排列 2143 构成逆序的数对有 21 和 43，故

$$\tau(2143) = 1 + 0 + 1 + 0 = 2$$

相应地，也可以计算其他排列的逆序数。

（2）$\tau(13524) = 0 + 1 + 2 + 0 + 0 = 3$

（3）$\tau(n(n-1)\cdots 21) = (n-1) + (n-2) + \cdots + 2 + 1 = \dfrac{n(n-1)}{2}$

（4）对于排列 $135\cdots(2n-1)246\cdots(2n)$，$135\cdots(2n-1)$ 的逆序个数为 0，$246\cdots 2n$ 的逆序个数也为 0，所以

$$\tau(135\cdots(2n-1)246\cdots(2n)) = 1 + 2 + \cdots + (n-1) = \dfrac{n(n-1)}{2}$$

排列 $12\cdots(n-1)n$ 具有自然顺序，称为自然排列。

定义 2（奇排列与偶排列）　一个排列的逆序数为偶数时，称它为偶排列；一个排列的逆序数为奇数时，称它为奇排列。

排列 32514 的逆序数 $\tau(32514) = 5$，为奇排列，而排列 23451 的逆序数 $\tau(23451) = 4$，为偶排列。排列 $n(n-1)\cdots 21$ 的逆序数为 $\dfrac{1}{2}n(n-1)$，当 $n = 4k$ 或 $n = 4k+1$ 时，为偶排列，当 $n = 4k+2$ 或 $n = 4k+3$ 时，为奇排列。

例 5　由 1，2，3 这三个数组成的排列共有 $3! = 6$ 个，这 6 个排列及其奇偶性如下：

排列	逆序数	排列的奇偶性	排列	逆序数	排列的奇偶性
123	0	偶排列	132	1	奇排列
231	2	偶排列	213	1	奇排列
312	2	偶排列	321	3	奇排列

在一个排列 $i_1 \cdots i_s \cdots i_t \cdots i_n$ 中，如果将两个数 i_s 与 i_t 对调，其余的数不变而得到另一个新排列 $i_1 \cdots i_t \cdots i_s \cdots i_n$，这样的变换叫作一个对换，记为 (i_s, i_t)。如对排列 21354 施以对换 $(1,4)$ 后得到排列 24351。将两个相邻元素对换称为相邻对换。

定理 1　对换改变排列的奇偶性。

证明：先证明相邻对换的情形。设排列为 $a_1 \cdots a_l ab b_1 \cdots b_m$，对换 a 与 b，变为新排列 $a_1 \cdots a_l ba b_1 \cdots b_m$，显然 $a_1, \cdots, a_l, b_1, \cdots, b_m$ 这些元素的逆序数经过对换并不改变，而 a、b 两元素的逆序数变化情况如下：

当 $a < b$ 时，经过对换后 a 的逆序数增加 1，而 b 的逆序数不变；

当 $a > b$ 时，经过对换后 a 的逆序数不变，而 b 的逆序数减少 1。

所以排列 $a_1 \cdots a_l ab b_1 \cdots b_m$ 与排列 $a_1 \cdots a_l ba b_1 \cdots b_m$ 的奇偶性不同。

现在看一般对换的情形。设排列为 $a_1 \cdots a_l ab_1 \cdots b_m bc_1 \cdots c_n$，对换 a 与 b 变为排列 $a_1 \cdots a_l bb_1 \cdots b_m ac_1 \cdots c_n$，相当于将排列 $a_1 \cdots a_l ab_1 \cdots b_m bc_1 \cdots c_n$ 先做 m 次相邻对换变为排列 $a_1 \cdots a_l ab b_1 \cdots b_m c_1 \cdots c_n$ 后，再做 $m+1$ 次相邻对换变为 $a_1 \cdots a_l bb_1 \cdots b_m ac_1 \cdots c_n$。总之，经 $2m+1$（奇数）次相邻对换排列 $a_1 \cdots a_l ab_1 \cdots b_m bc_1 \cdots c_n$ 变成排列 $a_1 \cdots a_l bb_1 \cdots b_m ac_1 \cdots c_n$，所以两排列的奇偶性不同。

证毕。

定理 2　全体 n（$n>1$）元排列的集合中，奇、偶排列各占一半。

证明：全体 n（$n>1$）元排列的总数为 $n!$。设其中奇排列为 s 个，偶排列为 t 个。若对每个奇排列都做同一对换，就得到 s 个偶排列，故 $s \leqslant t$；同理，$t \leqslant s$，所以 $s = t = \dfrac{n!}{2}$。

证毕。

1.1.3　n 阶行列式的定义

n 阶行列式的
定义

由排列的逆序数和奇偶性的概念，我们观察二阶和三阶行列式的"项"的构成。每一项的正负号及项数可分别表示为

$$\begin{vmatrix} a_{11} & a_{12} \\ a_{21} & a_{22} \end{vmatrix} = \sum_{j_1 j_2} (-1)^{\tau(j_1 j_2)} a_{1j_1} a_{2j_2}$$

$$\begin{vmatrix} a_{11} & a_{12} & a_{13} \\ a_{21} & a_{22} & a_{23} \\ a_{31} & a_{32} & a_{33} \end{vmatrix} = \sum_{j_1 j_2 j_3} (-1)^{\tau(j_1 j_2 j_3)} a_{1j_1} a_{2j_2} a_{3j_3}$$

其中，$\sum\limits_{j_1 j_2}$ 表示对 1，2 这两个数所有排列 $j_1 j_2$（共 2 项）对应项的代数和，$\sum\limits_{j_1 j_2 j_3}$ 表示对 1，2，3 这三个数的所有排列 $j_1 j_2 j_3$（共 6 项）对应项的代数和。

类似地，根据这个规律，可推广二阶、三阶行列式的概念，定义 n 阶行列式。

定义3（n 阶行列式） n^2 个元素 a_{ij}（$i, j = 1, 2, \cdots, n$）排成 n 行 n 列，记为

$$
\begin{vmatrix}
a_{11} & a_{12} & \cdots & a_{1n} \\
a_{21} & a_{22} & \cdots & a_{2n} \\
\vdots & \vdots & & \vdots \\
a_{n1} & a_{n2} & \cdots & a_{nn}
\end{vmatrix}
$$

称为 n 阶行列式，它是取自所有属于不同行不同列的 n 个元素乘积 $a_{1j_1} a_{2j_2} \cdots a_{nj_n}$（称为通项）的代数和，其中 $j_1 j_2 \cdots j_n$ 是某个 n 元排列，故共有 $n!$ 项。每项前的符号按下述规则选取：当这一项中元素的行标按自然顺序排列后，如果 $j_1 j_2 \cdots j_n$ 构成的排列是偶排列则取正号，如果 $j_1 j_2 \cdots j_n$ 构成的排列是奇排列则取负号。因此 n 阶行列式表示为

$$
\sum_{j_1 j_2 \cdots j_n} (-1)^{\tau(j_1 j_2 \cdots j_n)} a_{1j_1} a_{2j_2} \cdots a_{nj_n}
$$

其中，$(-1)^{\tau(j_1 j_2 \cdots j_n)} a_{1j_1} a_{2j_2} \cdots a_{nj_n}$ 称为 n 阶行列式的一般项，$\displaystyle\sum_{j_1 j_2 \cdots j_n}$ 表示对所有 n 元排列对应项的代数和。

特别地，规定一阶行列式 $|a|$ 就是 a，不要将它和绝对值记号相混淆。

例6   计算行列式

$$
D = \begin{vmatrix}
a_{11} & a_{12} & a_{13} & \cdots & a_{1n} \\
0 & a_{22} & a_{23} & \cdots & a_{2n} \\
0 & 0 & a_{33} & \cdots & a_{3n} \\
\vdots & \vdots & \vdots & & \vdots \\
0 & 0 & 0 & \cdots & a_{nn}
\end{vmatrix}
$$

其中，$a_{ii} \neq 0$（$i = 1, 2, \cdots, n$）。

解：行列式 D 的一般项为 $(-1)^{\tau(j_1 j_2 \cdots j_n)} a_{1j_1} a_{2j_2} \cdots a_{nj_n}$，其中最后一个元素 a_{nj_n} 取自 D 的第 n 行，现 D 的第 n 行除 a_{nn} 外，其余元素全为 0。故若 $j_n \neq n$，则对应的行列式展开式中那一项一定为 0，求和时该项可不计，为此只要考虑 $j_n = n$ 的项。同样，由于 D 的第 $n-1$ 行中除 $a_{n-1,n-1}$ 和 $a_{n-1,n}$ 外，其余元素全为 0，且因 j_n 已取 n，从而只能取 $j_{n-1} = n-1$。依次类推，D 的 $n!$ 项中除了列标 $j_1 j_2 \cdots j_n = 12 \cdots n$ 对应的项外，其余项全为 0，又因 $\tau(12 \cdots n) = 0$，故

$$
D = \begin{vmatrix}
a_{11} & a_{12} & a_{13} & \cdots & a_{1n} \\
0 & a_{22} & a_{23} & \cdots & a_{2n} \\
0 & 0 & a_{33} & \cdots & a_{3n} \\
\vdots & \vdots & \vdots & & \vdots \\
0 & 0 & 0 & \cdots & a_{nn}
\end{vmatrix} = a_{11} a_{22} \cdots a_{nn} \tag{2}
$$

这一类行列式的特点是主对角线下方元素全为 0，称为上三角行列式，其值为其主对角线上元素的乘积。类似地，有

$$\begin{vmatrix} a_{11} & 0 & 0 & \cdots & 0 \\ a_{21} & a_{22} & 0 & \cdots & 0 \\ a_{31} & a_{32} & a_{33} & \cdots & 0 \\ \vdots & \vdots & \vdots & & \vdots \\ a_{n1} & a_{n2} & a_{n3} & \cdots & a_{nn} \end{vmatrix} = a_{11}a_{22}\cdots a_{nn} \tag{3}$$

特别地

$$\begin{vmatrix} a_{11} & & & & \\ & a_{22} & & & \\ & & a_{33} & & \\ & & & \ddots & \\ & & & & a_{nn} \end{vmatrix} = a_{11}a_{22}\cdots a_{nn} \tag{4}$$

上述式（3）和式（4）中的行列式分别称为下三角行列式和对角行列式。式（2）、式（3）、式（4）的结果下面将经常用到，请务必熟记。

由行列式的定义不难得出：如果行列式中有一行（或一列）的元素全为 0，则此行列式值为 0。

关于 n 阶行列式定义的表达式可等价地表示为

$$\sum_{i_1 i_2 \cdots i_n} (-1)^{\tau(i_1 i_2 \cdots i_n)} a_{i_1 1} a_{i_2 2} \cdots a_{i_n n}$$

或

$$\sum (-1)^{\tau(i_1 i_2 \cdots i_n) + \tau(j_1 j_2 \cdots j_n)} a_{i_1 j_1} a_{i_2 j_2} \cdots a_{i_n j_n}$$

例 7 设 $(-1)^{\tau(i432k)+\tau(52j14)} a_{i5} a_{42} a_{3j} a_{21} a_{k4}$ 为五阶行列式中的一项，求 i、j、k 的值并确定该项的符号。

解： 由行列式的定义知，每一项中的元素取自不同的行不同的列，故 $j=3$，$i=1$，$k=5$ 或 $j=3$，$i=5$，$k=1$。当 $j=3$，$i=1$，$k=5$ 时，$\tau(14325)+\tau(52314)=9$，该项取负号。当 $j=3$，$i=5$，$k=1$ 时，由对换的性质知该项取正号。

习题 1.1

1. 由 1，2，$\cdots$，9 构成的排列 $1274j56k9$ 为偶排列，则 $j=$ _____，$k=$ _____。

2. 行列式 $\begin{vmatrix} 0 & a & b \\ -a & 0 & c \\ -b & -c & 0 \end{vmatrix} = $ _____。

3. 若 $\begin{vmatrix} a_{11} & a_{12} \\ a_{21} & a_{22} \end{vmatrix} = a$，则 $\begin{vmatrix} a_{12} & ka_{22} \\ a_{11} & ka_{21} \end{vmatrix} = ($ _____ $)$。

　　A．ka 　　　　B．$-ka$ 　　　　C．$k^2 a$ 　　　　D．$-k^2 a$

4. 确定下列排列的逆序数：

（1）41253；（2）654321；（3）$135\cdots(2n-1)(2n)(2n-2)\cdots42$

5. 计算下列各行列式的值：

（1）$\begin{vmatrix} 1 & 0 \\ -1 & 2 \end{vmatrix}$；   （2）$\begin{vmatrix} 1 & 3 \\ 3 & 6 \end{vmatrix}$；   （3）$\begin{vmatrix} 4 & 0 & -2 \\ -1 & 3 & 1 \\ 2 & 2 & -1 \end{vmatrix}$

（4）$\begin{vmatrix} 8 & 8 & 9 \\ 7 & 4 & 3 \\ 3 & 5 & 6 \end{vmatrix}$；   （5）$\begin{vmatrix} 1 & 0 & 2 \\ 1 & 4 & 3 \\ 3 & 1 & 0 \end{vmatrix}$；   （6）$\begin{vmatrix} 1 & 1 & 1 \\ x & y & z \\ x^2 & y^2 & z^2 \end{vmatrix}$

6. 按定义计算行列式：

（1）$\begin{vmatrix} 0 & 0 & \cdots & 0 & 1 \\ 0 & 0 & \cdots & 2 & 0 \\ \vdots & \vdots & & \vdots & \vdots \\ 0 & n-1 & \cdots & 0 & 0 \\ n & 0 & \cdots & 0 & 0 \end{vmatrix}$；   （2）$\begin{vmatrix} 0 & 1 & 0 & \cdots & 0 \\ 0 & 0 & 2 & \cdots & 0 \\ \vdots & \vdots & \vdots & & \vdots \\ 0 & 0 & 0 & \cdots & n-1 \\ n & 0 & 0 & \cdots & 0 \end{vmatrix}$；

（3）$\begin{vmatrix} 0 & \cdots & 0 & 1 & 0 \\ 0 & \cdots & 2 & 0 & 0 \\ \vdots & & \vdots & \vdots & \vdots \\ n-1 & \cdots & 0 & 0 & 0 \\ 0 & \cdots & 0 & 0 & n \end{vmatrix}$

7. 当 x 与 y 满足什么条件时，有 $\begin{vmatrix} x & y & 0 \\ x-y & x+y & 0 \\ 1 & 0 & 1 \end{vmatrix}=0$。

1.2 行列式的基本性质

行列式的基本性质

显然当 $n \geq 3$ 时，直接利用 n 阶行列式的定义计算行列式往往是很烦琐的。为了简化行列式的计算，下面介绍 n 阶行列式的一些性质，这些性质在行列式的理论研究中有着非常重要的作用。

记

$$D=\begin{vmatrix} a_{11} & a_{12} & \cdots & a_{1n} \\ a_{21} & a_{22} & \cdots & a_{2n} \\ \vdots & \vdots & & \vdots \\ a_{n1} & a_{n2} & \cdots & a_{nn} \end{vmatrix}, \quad D^{\mathrm{T}}=\begin{vmatrix} a_{11} & a_{21} & \cdots & a_{n1} \\ a_{12} & a_{22} & \cdots & a_{n2} \\ \vdots & \vdots & & \vdots \\ a_{1n} & a_{2n} & \cdots & a_{nn} \end{vmatrix}$$

行列式 D^{T} 称为行列式 D 的转置行列式。

性质 1 行列式与它的转置行列式相等，即

$$\begin{vmatrix} a_{11} & a_{12} & \cdots & a_{1n} \\ a_{21} & a_{22} & \cdots & a_{2n} \\ \vdots & \vdots & & \vdots \\ a_{n1} & a_{n2} & \cdots & a_{nn} \end{vmatrix} = \begin{vmatrix} a_{11} & a_{21} & \cdots & a_{n1} \\ a_{12} & a_{22} & \cdots & a_{n2} \\ \vdots & \vdots & & \vdots \\ a_{1n} & a_{2n} & \cdots & a_{nn} \end{vmatrix}$$

证明： 记 $D = \det(a_{ij})$，$D^{\mathrm{T}} = \det(b_{ij})$，则 $b_{ij} = a_{ji}$（$i, j = 1, 2, \cdots, n$），按定义

$$D^{\mathrm{T}} = \sum (-1)^{\tau(j_1 j_2 \cdots j_n)} b_{1j_1} b_{2j_2} \cdots b_{nj_n} = \sum (-1)^{\tau(j_1 j_2 \cdots j_n)} a_{j_1 1} a_{j_2 2} \cdots a_{j_n n}$$

由 n 阶行列式定义的等价表达式有

$$D = \sum (-1)^{\tau(j_1 j_2 \cdots j_n)} a_{j_1 1} a_{j_2 2} \cdots a_{j_n n}$$

因此，$D^{\mathrm{T}} = D$。

证毕。

例如，$D = \begin{vmatrix} 2 & 3 \\ 1 & -1 \end{vmatrix} = -5$，$D^{\mathrm{T}} = \begin{vmatrix} 2 & 1 \\ 3 & -1 \end{vmatrix} = -5$，即 $D^{\mathrm{T}} = D$。

性质 1 表明，在行列式中，行与列的地位是相同的，因此行列式对行成立的性质都适用于列。

性质 2 互换行列式的两行（列），行列式变号。

证明： 设 $D = \det(a_{ij}) \xrightarrow{r_i \leftrightarrow r_j} D_1 = \det(b_{ij})$，则

$$b_{ip} = a_{jp}，\quad b_{jp} = a_{ip}，\quad b_{kp} = a_{kp} \ (k \neq i, j)$$

于是

$$\begin{aligned} D_1 &= \sum (-1)^{\tau(p_1 p_2 \cdots p_i \cdots p_j \cdots p_n)} b_{1p_1} b_{2p_2} \cdots b_{ip_i} \cdots b_{jp_j} \cdots b_{np_n} \\ &= \sum (-1)^{\tau(p_1 p_2 \cdots p_i \cdots p_j \cdots p_n)} a_{1p_1} a_{2p_2} \cdots a_{jp_i} \cdots a_{ip_j} \cdots a_{np_n} \\ &= \sum (-1)^{\tau(p_1 p_2 \cdots p_i \cdots p_j \cdots p_n)} a_{1p_1} a_{2p_2} \cdots a_{ip_j} \cdots a_{jp_i} \cdots a_{np_n} \end{aligned}$$

而

$$(-1)^{\tau(p_1 p_2 \cdots p_i \cdots p_j \cdots p_n)} = -(-1)^{\tau(p_1 p_2 \cdots p_j \cdots p_i \cdots p_n)}$$

$$D = \sum (-1)^{\tau(p_1 p_2 \cdots p_j \cdots p_i \cdots p_n)} a_{1p_1} a_{2p_2} \cdots a_{ip_j} \cdots a_{jp_i} \cdots a_{np_n}$$

因此，$D = -D_1$。

证毕。

例如，$D = \begin{vmatrix} 2 & 3 \\ 1 & -1 \end{vmatrix} = -5$，而交换它们的两行元素后，得 $\begin{vmatrix} 1 & -1 \\ 2 & 3 \end{vmatrix} = 5$。

以 r_i 表示行列式的第 i 行，以 c_i 表示第 i 列，交换 i、j 两行记作 $r_i \leftrightarrow r_j$，同理，交换 i、j 两列记作 $c_i \leftrightarrow c_j$。

推论 1 如果行列式有两行（列）元素完全相同，则此行列式为 0。

这是因为将行列式 D 中相同的两行元素互换，其行列式元素结构并未发生变化，因而其

行列式的值不变,但由性质 2 得知,该行列式变号,因此有 $D = -D$ 成立,所以 $2D = 0$,即 $D = 0$。

性质 3   用数 k 乘以行列式的某一行(列),等于用数 k 乘以此行列式。即

$$
\begin{vmatrix}
a_{11} & a_{12} & \cdots & a_{1n} \\
\vdots & \vdots & & \vdots \\
ka_{i1} & ka_{i2} & \cdots & ka_{in} \\
\vdots & \vdots & & \vdots \\
a_{n1} & a_{n2} & \cdots & a_{nn}
\end{vmatrix}
= k
\begin{vmatrix}
a_{11} & a_{12} & \cdots & a_{1n} \\
\vdots & \vdots & & \vdots \\
a_{i1} & a_{i2} & \cdots & a_{in} \\
\vdots & \vdots & & \vdots \\
a_{n1} & a_{n2} & \cdots & a_{nn}
\end{vmatrix}
$$

$$
\begin{vmatrix}
a_{11} & a_{12} & \cdots & ka_{1j} & \cdots & a_{1n} \\
a_{21} & a_{22} & \cdots & ka_{2j} & \cdots & a_{2n} \\
\vdots & \vdots & & \vdots & & \vdots \\
a_{n1} & a_{n2} & \cdots & ka_{nj} & \cdots & a_{nn}
\end{vmatrix}
= k
\begin{vmatrix}
a_{11} & a_{12} & \cdots & a_{1j} & \cdots & a_{1n} \\
a_{21} & a_{22} & \cdots & a_{2j} & \cdots & a_{2n} \\
\vdots & \vdots & & \vdots & & \vdots \\
a_{n1} & a_{n2} & \cdots & a_{nj} & \cdots & a_{nn}
\end{vmatrix}
$$

第 i 行(或第 j 列)乘以 k,记作 $r_i \times k$(或 $c_j \times k$)。

证明: 左端 $= \displaystyle\sum_{j_1 j_2 \cdots j_n} (-1)^{\tau(j_1 j_2 \cdots j_n)} a_{1j_1} a_{2j_2} \cdots (ka_{ij_i}) \cdots a_{nj_n}$

$\qquad\qquad = k \displaystyle\sum_{j_1 j_2 \cdots j_n} (-1)^{\tau(j_1 j_2 \cdots j_n)} a_{1j_1} a_{2j_2} \cdots a_{ij_i} \cdots a_{nj_n}$

$\qquad\qquad =$ 右端

证毕。

推论 2   行列式的某一行(列)的所有元素的公因子可以提到行列式符号的外边。

推论 3   行列式的某一行(列)元素全部是 0,则此行列式为 0。

这是由于元素 0 可作为公因子提到行列式外边来,即用元素 0 与行列式相乘,结果为 0。

性质 4   行列式中有两行(列)元素对应成比例,则此行列式为 0。

这是因为两行(列)元素对应成比例的比例系数提出后,就有两行(列)元素对应相等,由推论 1 可得行列式为 0。

性质 5   如果行列式中的某一行(列)的每一个元素都写成两个数的和,则此行列式可以写成下列两个行列式的和,即

$$
\begin{vmatrix}
a_{11} & a_{12} & \cdots & a_{1n} \\
\vdots & \vdots & & \vdots \\
b_{i1}+c_{i1} & b_{i2}+c_{i2} & \cdots & b_{in}+c_{in} \\
\vdots & \vdots & & \vdots \\
a_{n1} & a_{n2} & \cdots & a_{nn}
\end{vmatrix}
=
\begin{vmatrix}
a_{11} & a_{12} & \cdots & a_{1n} \\
\vdots & \vdots & & \vdots \\
b_{i1} & b_{i2} & \cdots & b_{in} \\
\vdots & \vdots & & \vdots \\
a_{n1} & a_{n2} & \cdots & a_{nn}
\end{vmatrix}
+
\begin{vmatrix}
a_{11} & a_{12} & \cdots & a_{1n} \\
\vdots & \vdots & & \vdots \\
c_{i1} & c_{i2} & \cdots & c_{in} \\
\vdots & \vdots & & \vdots \\
a_{n1} & a_{n2} & \cdots & a_{nn}
\end{vmatrix}
$$

$$
\begin{vmatrix}
a_{11} & a_{12} & \cdots & b_{1j}+c_{1j} & \cdots & a_{1n} \\
a_{21} & a_{22} & \cdots & b_{2j}+c_{2j} & \cdots & a_{2n} \\
\vdots & \vdots & & \vdots & & \vdots \\
a_{n1} & a_{n2} & \cdots & b_{nj}+c_{nj} & \cdots & a_{nn}
\end{vmatrix}
$$

$$= \begin{vmatrix} a_{11} & a_{12} & \cdots & b_{1j} & \cdots & a_{1n} \\ a_{21} & a_{22} & \cdots & b_{2j} & \cdots & a_{2n} \\ \vdots & \vdots & & \vdots & & \vdots \\ a_{n1} & a_{n2} & \cdots & b_{nj} & \cdots & a_{nn} \end{vmatrix} + \begin{vmatrix} a_{11} & a_{12} & \cdots & c_{1j} & \cdots & a_{1n} \\ a_{21} & a_{22} & \cdots & c_{2j} & \cdots & a_{2n} \\ \vdots & \vdots & & \vdots & & \vdots \\ a_{n1} & a_{n2} & \cdots & c_{nj} & \cdots & a_{nn} \end{vmatrix}$$

证明： 由行列式定义知

$$D = \sum (-1)^{\tau(p_1 p_2 \cdots p_i \cdots p_n)} a_{1p_1} a_{2p_2} \cdots (b_{ip_i} + c_{ip_i}) \cdots a_{np_n}$$

$$= \sum (-1)^{\tau(p_1 p_2 \cdots p_i \cdots p_n)} a_{1p_1} a_{2p_2} \cdots b_{ip_i} \cdots a_{np_n} + \sum (-1)^{\tau(p_1 p_2 \cdots p_i \cdots p_n)} a_{1p_1} a_{2p_2} \cdots c_{ip_i} \cdots a_{np_n}$$

$$= \begin{vmatrix} a_{11} & a_{12} & \cdots & a_{1n} \\ \vdots & \vdots & & \vdots \\ b_{i1} & b_{i2} & \cdots & b_{in} \\ \vdots & \vdots & & \vdots \\ a_{n1} & a_{n2} & \cdots & a_{nn} \end{vmatrix} + \begin{vmatrix} a_{11} & a_{12} & \cdots & a_{1n} \\ \vdots & \vdots & & \vdots \\ c_{i1} & c_{i2} & \cdots & c_{in} \\ \vdots & \vdots & & \vdots \\ a_{n1} & a_{n2} & \cdots & a_{nn} \end{vmatrix}$$

对列的证明是类似的。

证毕。

例 1 计算三阶行列式 $A = \begin{vmatrix} 1 & -1 & 2 \\ 201 & -98 & 298 \\ 0 & 1 & 3 \end{vmatrix}$。

解： $A = \begin{vmatrix} 1 & -1 & 2 \\ 201 & -98 & 298 \\ 0 & 1 & 3 \end{vmatrix} = \begin{vmatrix} 1 & -1 & 2 \\ 200+1 & -100+2 & 300-2 \\ 0 & 1 & 3 \end{vmatrix}$

$$= \begin{vmatrix} 1 & -1 & 2 \\ 200 & -100 & 300 \\ 0 & 1 & 3 \end{vmatrix} + \begin{vmatrix} 1 & -1 & 2 \\ 1 & 2 & -2 \\ 0 & 1 & 3 \end{vmatrix} = 100\begin{vmatrix} 1 & -1 & 2 \\ 2 & -1 & 3 \\ 0 & 1 & 3 \end{vmatrix} + \begin{vmatrix} 1 & -1 & 2 \\ 1 & 2 & -2 \\ 0 & 1 & 3 \end{vmatrix}$$

$$= 400 + 13 = 413$$

例 1 的 Maple 源程序如下：

```
>#example1
>with(linalg):with(LinearAlgebra):
>A:=Matrix(3,3,[1,-1,2,201,-98,298,0,1,3]);
```

$$A := \begin{bmatrix} 1 & -1 & 2 \\ 201 & -98 & 298 \\ 0 & 1 & 3 \end{bmatrix}$$

```
>det(A);
 413
```

性质 6 行列式中的某一行（列）的所有元素的 k 倍加到另一行（列）对应位置的元素上，行列式的值不变。其中，以数 k 乘以第 j 行加到第 i 行上记作 $r_i + kr_j$，以数 k 乘以第 j 列加到第 i 列上记作 $c_i + kc_j$。即

$$\begin{vmatrix} a_{11} & a_{12} & \cdots & a_{1n} \\ \vdots & \vdots & & \vdots \\ a_{i1} & a_{i2} & \cdots & a_{in} \\ \vdots & \vdots & & \vdots \\ a_{j1} & a_{j2} & \cdots & a_{jn} \\ \vdots & \vdots & & \vdots \\ a_{n1} & a_{n2} & \cdots & a_{nn} \end{vmatrix} \xlongequal{r_i + kr_j} \begin{vmatrix} a_{11} & a_{12} & \cdots & a_{1n} \\ \vdots & & & \vdots \\ a_{i1}+ka_{j1} & a_{i2}+ka_{j2} & \cdots & a_{in}+ka_{jn} \\ \vdots & & & \\ a_{j1} & a_{j2} & \cdots & a_{jn} \\ \vdots & & & \vdots \\ a_{n1} & a_{n2} & \cdots & a_{nn} \end{vmatrix}$$

$$\begin{vmatrix} a_{11} & \cdots & a_{1i} & \cdots & a_{1j} & \cdots & a_{1n} \\ a_{21} & \cdots & a_{2i} & a_{2j} & \cdots & a_{2n} \\ \vdots & & \vdots & \vdots & & \vdots \\ a_{n1} & \cdots & a_{ni} & a_{nj} & \cdots & a_{nn} \end{vmatrix} \xlongequal{c_i + kc_j} \begin{vmatrix} a_{11} & \cdots & a_{1i}+ka_{1j} & \cdots & a_{1j} & \cdots & a_{1n} \\ a_{21} & \cdots & a_{2i}+ka_{2j} & a_{2j} & \cdots & a_{2n} \\ \vdots & & \vdots & \vdots & & \vdots \\ a_{n1} & \cdots & a_{ni}+ka_{nj} & a_{nj} & \cdots & a_{nn} \end{vmatrix}$$

证明：对行的证明

$$\begin{vmatrix} a_{11} & a_{12} & \cdots & a_{1n} \\ & \vdots & & \vdots \\ a_{i1}+ka_{j1} & a_{i2}+ka_{j2} & \cdots & a_{jn}+ka_{jn} \\ \vdots & \vdots & & \vdots \\ a_{j1} & a_{j2} & \cdots & a_{jn} \\ \vdots & \vdots & & \vdots \\ a_{n1} & a_{n2} & \cdots & a_{nn} \end{vmatrix} = \begin{vmatrix} a_{11} & a_{12} & \cdots & a_{1n} \\ \vdots & \vdots & & \vdots \\ a_{i1} & a_{i2} & \cdots & a_{jn} \\ \vdots & \vdots & & \vdots \\ a_{j1} & a_{j2} & \cdots & a_{jn} \\ \vdots & \vdots & & \vdots \\ a_{n1} & a_{n2} & \cdots & a_{nn} \end{vmatrix} + \begin{vmatrix} a_{11} & a_{12} & \cdots & a_{1n} \\ \vdots & \vdots & & \vdots \\ ka_{j1} & ka_{j2} & \cdots & ka_{jn} \\ \vdots & \vdots & & \vdots \\ a_{j1} & a_{j2} & \cdots & a_{jn} \\ \vdots & \vdots & & \vdots \\ a_{n1} & a_{n2} & \cdots & a_{nn} \end{vmatrix}$$

$$= \begin{vmatrix} a_{11} & a_{12} & \cdots & a_{1n} \\ \vdots & \vdots & & \vdots \\ a_{i1} & a_{i2} & \cdots & a_{jn} \\ \vdots & \vdots & & \vdots \\ a_{j1} & a_{j2} & \cdots & a_{jn} \\ \vdots & \vdots & & \vdots \\ a_{n1} & a_{n2} & \cdots & a_{nn} \end{vmatrix}$$

证毕。

例 2 证明 $\begin{vmatrix} a_1+b_1 & b_1+c_1 & c_1+a_1 \\ a_2+b_2 & b_2+c_2 & c_2+a_2 \\ a_3+b_3 & b_3+c_3 & c_3+a_3 \end{vmatrix} = 2\begin{vmatrix} a_1 & b_1 & c_1 \\ a_2 & b_2 & c_2 \\ a_3 & b_3 & c_3 \end{vmatrix}$。

证法 1：对左式的各列依次用性质 5 将其拆成 8 个行列式的和，其中有 6 个行列式各有 2 列相同，其值为 0。注意每次只能拆开 1 列。

$$左式 = \begin{vmatrix} a_1 & b_1+c_1 & c_1+a_1 \\ a_2 & b_2+c_2 & c_2+a_2 \\ a_3 & b_3+c_3 & c_3+a_3 \end{vmatrix} + \begin{vmatrix} b_1 & b_1+c_1 & c_1+a_1 \\ b_2 & b_2+c_2 & c_2+a_2 \\ b_3 & b_3+c_3 & c_3+a_3 \end{vmatrix}$$

$$=\begin{vmatrix} a_1 & b_1 & c_1+a_1 \\ a_2 & b_2 & c_2+a_2 \\ a_3 & b_3 & c_3+a_3 \end{vmatrix}+\begin{vmatrix} a_1 & c_1 & c_1+a_1 \\ a_2 & c_2 & c_2+a_2 \\ a_3 & c_3 & c_3+a_3 \end{vmatrix}+\begin{vmatrix} b_1 & b_1+c_1 & c_1 \\ b_2 & b_2+c_2 & c_2 \\ b_3 & b_3+c_3 & c_3 \end{vmatrix}+\begin{vmatrix} b_1 & b_1+c_1 & a_1 \\ b_2 & b_2+c_2 & a_2 \\ b_3 & b_3+c_3 & a_3 \end{vmatrix}$$

$$=\begin{vmatrix} a_1 & b_1 & c_1 \\ a_2 & b_2 & c_2 \\ a_3 & b_3 & c_3 \end{vmatrix}+0+0+0+0+0+0+\begin{vmatrix} b_1 & c_1 & a_1 \\ b_2 & c_2 & a_2 \\ b_3 & c_3 & a_3 \end{vmatrix}=2\begin{vmatrix} a_1 & b_1 & c_1 \\ a_2 & b_2 & c_2 \\ a_3 & b_3 & c_3 \end{vmatrix}=右式$$

证毕。

证法 2：把左端行列式的第二、三列加到第一列，提取公因子 2，再把第一列的 −1 倍分别加到第二、三列上，得

$$左式=2\begin{vmatrix} a_1+b_1+c_1 & -a_1 & -b_1 \\ a_2+b_2+c_2 & -a_2 & -b_2 \\ a_3+b_3+c_3 & -a_3 & -b_3 \end{vmatrix}=2\begin{vmatrix} c_1 & -a_1 & -b_1 \\ c_2 & -a_2 & -b_2 \\ c_3 & -a_3 & -b_3 \end{vmatrix}=2\begin{vmatrix} a_1 & b_1 & c_1 \\ a_2 & b_2 & c_2 \\ a_3 & b_3 & c_3 \end{vmatrix}=右式$$

证毕。

通过性质 2、性质 3 和性质 6，即采用 $r_i \leftrightarrow r_j$、kr_i 和 r_i+kr_j 以及 $c_i \leftrightarrow c_j$、kc_i 和 c_i+kc_j，可以简化行列式的计算。把行列式化为上三角行列式，从而计算出行列式的值。

下面通过例子来说明如何应用行列式的性质计算行列式。

例 3　计算四阶行列式 $D=\begin{vmatrix} 1 & -1 & 1 & 2 \\ 1 & 1 & -2 & 1 \\ 1 & 1 & 0 & 1 \\ 1 & 0 & 1 & -1 \end{vmatrix}$。

解：$D=\begin{vmatrix} 1 & -1 & 1 & 2 \\ 1 & 1 & -2 & 1 \\ 1 & 1 & 0 & 1 \\ 1 & 0 & 1 & -1 \end{vmatrix}\xrightarrow[\substack{r_3-r_1\\r_4-r_1}]{r_2-r_1}\begin{vmatrix} 1 & -1 & 1 & 2 \\ 0 & 2 & -3 & -1 \\ 0 & 2 & -1 & -1 \\ 0 & 1 & 0 & -3 \end{vmatrix}\xrightarrow{r_2\leftrightarrow r_4}-\begin{vmatrix} 1 & -1 & 1 & 2 \\ 0 & 1 & 0 & -3 \\ 0 & 2 & -1 & -1 \\ 0 & 2 & -3 & -1 \end{vmatrix}$

$\xrightarrow[\substack{r_4-2r_2}]{r_3-2r_2}-\begin{vmatrix} 1 & -1 & 1 & 2 \\ 0 & 1 & 0 & -3 \\ 0 & 0 & -1 & 5 \\ 0 & 0 & -3 & 5 \end{vmatrix}\xrightarrow{r_4-3r_3}-\begin{vmatrix} 1 & -1 & 1 & 2 \\ 0 & 1 & 0 & -3 \\ 0 & 0 & -1 & 5 \\ 0 & 0 & 0 & -10 \end{vmatrix}=-10$

例 3 的 Maple 源程序如下：

```
>#example3
>with(linalg):with(LinearAlgebra):
>A:=Matrix(4,4,[1,-1,1,2,1,1,-2,1,1,1,0,1,1,0,1,-1]);
```

$$A:=\begin{bmatrix} 1 & -1 & 1 & 2 \\ 1 & 1 & -2 & 1 \\ 1 & 1 & 0 & 1 \\ 1 & 0 & 1 & -1 \end{bmatrix}$$

```
>det(A);
 -10
```

例 4 计算五阶行列式 $\begin{vmatrix} 4 & 1 & 1 & 1 & 1 \\ 1 & 4 & 1 & 1 & 1 \\ 1 & 1 & 4 & 1 & 1 \\ 1 & 1 & 1 & 4 & 1 \\ 1 & 1 & 1 & 1 & 4 \end{vmatrix}$。

解： 这个行列式的特点是每行（列）均含有一个 4 和四个 1，因此要将各列加到第一列上，第一列将有公因子 $4+(5-1)\times 1=8$。提出公因子后再利用行列式的性质将其转化为上三角行列式。

$$\begin{vmatrix} 4 & 1 & 1 & 1 & 1 \\ 1 & 4 & 1 & 1 & 1 \\ 1 & 1 & 4 & 1 & 1 \\ 1 & 1 & 1 & 4 & 1 \\ 1 & 1 & 1 & 1 & 4 \end{vmatrix} = \begin{vmatrix} 8 & 1 & 1 & 1 & 1 \\ 8 & 4 & 1 & 1 & 1 \\ 8 & 1 & 4 & 1 & 1 \\ 8 & 1 & 1 & 4 & 1 \\ 8 & 1 & 1 & 1 & 4 \end{vmatrix} = 8\begin{vmatrix} 1 & 1 & 1 & 1 & 1 \\ 1 & 4 & 1 & 1 & 1 \\ 1 & 1 & 4 & 1 & 1 \\ 1 & 1 & 1 & 4 & 1 \\ 1 & 1 & 1 & 1 & 4 \end{vmatrix} = 8\begin{vmatrix} 1 & 1 & 1 & 1 & 1 \\ 0 & 3 & 0 & 0 & 0 \\ 0 & 0 & 3 & 0 & 0 \\ 0 & 0 & 0 & 3 & 0 \\ 0 & 0 & 0 & 0 & 3 \end{vmatrix} = 648$$

例 4 的 Maple 源程序如下：

```
>#example4
>with(linalg):with(LinearAlgebra):
>A:=Matrix(5,5,[4,1,1,1,1,1,4,1,1,1,1,1,4,1,1,1,1,1,4,1,1,1,1,1,4]);
```

$$A := \begin{bmatrix} 4 & 1 & 1 & 1 & 1 \\ 1 & 4 & 1 & 1 & 1 \\ 1 & 1 & 4 & 1 & 1 \\ 1 & 1 & 1 & 4 & 1 \\ 1 & 1 & 1 & 1 & 4 \end{bmatrix}$$

```
>det(A);
 648
```

例 5 计算行列式 $\begin{vmatrix} 7 & 1 & 1 & 1 \\ 1 & 4 & 1 & 1 \\ 1 & 1 & -2 & 1 \\ 1 & 1 & 1 & -5 \end{vmatrix}$。

解： $\begin{vmatrix} 7 & 1 & 1 & 1 \\ 1 & 4 & 1 & 1 \\ 1 & 1 & -2 & 1 \\ 1 & 1 & 1 & -5 \end{vmatrix} \xlongequal[\substack{r_3-r_1\\r_4-r_1}]{r_2-r_1} \begin{vmatrix} 7 & 1 & 1 & 1 \\ -6 & 3 & 0 & 0 \\ -6 & 0 & -3 & 0 \\ -6 & 0 & 0 & -6 \end{vmatrix} \xlongequal[\substack{c_1-2c_3\\c_1-c_4}]{c_1+2c_2} \begin{vmatrix} 6 & 1 & 1 & 1 \\ 0 & 3 & 0 & 0 \\ 0 & 0 & -3 & 0 \\ 0 & 0 & 0 & -6 \end{vmatrix} = 324$

例 5 的 Maple 源程序如下：

```
>#example5
>with(linalg):with(LinearAlgebra):
>A:=Matrix(4,4,[7,1,1,1,1,4,1,1,1,1,-2,1,1,1,1,-5]);
```

$$A := \begin{bmatrix} 7 & 1 & 1 & 1 \\ 1 & 4 & 1 & 1 \\ 1 & 1 & -2 & 1 \\ 1 & 1 & 1 & -5 \end{bmatrix}$$

```
>det(A);
 324
```

习题 1.2

1. 行列式 $\begin{vmatrix} 1 & 2 & 3 & \cdots & n \\ 2 & 3 & 4 & \cdots & n+1 \\ 3 & 4 & 5 & \cdots & n+2 \\ \vdots & \vdots & \vdots & & \vdots \\ n & n+1 & n+2 & \cdots & 2n-1 \end{vmatrix}$ （$n>2$）的值为_____。

2. 判断题。

（1）设 A 为 n 阶方阵，则 $|5A|=5|A|$ 。　　　　　　　　　　　　　（　　）

（2）$A^{\mathrm{T}}A=E$ ，则必有 $|A|=1$ 。　　　　　　　　　　　　　　　（　　）

3. 计算下列行列式的值：

（1）$\begin{vmatrix} 1 & 0 & -2 \\ -3 & 4 & -1 \\ 2 & 1 & 3 \end{vmatrix}$ ；　　　　（2）$\begin{vmatrix} 3 & 6 & 12 \\ 2 & -3 & 0 \\ 5 & 1 & 2 \end{vmatrix}$ ；　　　　（3）$\begin{vmatrix} a & b & c \\ a & a+b & a+b+c \\ a & 2a+b & 3a+2b+c \end{vmatrix}$ ；

（4）$\begin{vmatrix} -ab & ac & ae \\ bd & -cd & de \\ bf & cf & -ef \end{vmatrix}$ ；　　（5）$\begin{vmatrix} 1 & 2 & 0 & 1 \\ 1 & 3 & 5 & 0 \\ 0 & 1 & 5 & 6 \\ 1 & 2 & 3 & 4 \end{vmatrix}$ ；　　（6）$\begin{vmatrix} 1 & 2 & 3 & 4 \\ 2 & 2 & 0 & 0 \\ 3 & 0 & 3 & 0 \\ 4 & 0 & 0 & 4 \end{vmatrix}$ ；

（7）$\begin{vmatrix} 1 & 2 & 1 & 1 \\ 2 & 4 & -1 & 1 \\ 201 & 202 & 99 & 98 \\ 1 & 2 & -1 & -2 \end{vmatrix}$ ；　（8）$\begin{vmatrix} 5 & 6 & 0 & 0 \\ 1 & 5 & 6 & 0 \\ 0 & 1 & 5 & 6 \\ 0 & 0 & 1 & 5 \end{vmatrix}$ ；　（9）$\begin{vmatrix} x & a & \cdots & a \\ a & x & \cdots & a \\ \vdots & \vdots & & \vdots \\ a & a & \cdots & x \end{vmatrix}$ 。

4. 计算下列 n 阶行列式的值：

（1）$D_n = \begin{vmatrix} 1+a & 1 & 1 & \cdots & 1 \\ 2 & 2+a & 2 & \cdots & 2 \\ 3 & 3 & 3+a & \cdots & 3 \\ \vdots & \vdots & \vdots & & \vdots \\ n & n & n & \cdots & n+a \end{vmatrix}$ ；　　（2）$D = \begin{vmatrix} 1 & 1 & \cdots & 1 \\ 2 & 2^2 & \cdots & 2^n \\ \vdots & \vdots & & \vdots \\ n & n^2 & \cdots & n^n \end{vmatrix}$ 。

5. 证明：$\begin{vmatrix} a^2 & (a+1)^2 & (a+2)^2 & (a+3)^2 \\ b^2 & (b+1)^2 & (b+2)^2 & (b+3)^2 \\ c^2 & (c+1)^2 & (c+2)^2 & (c+3)^2 \\ d^2 & (d+1)^2 & (d+2)^2 & (d+3)^2 \end{vmatrix} = 0$

1.3　行列式的计算

行列式的计算

对于三阶行列式，容易验证

$$\begin{vmatrix} a_{11} & a_{12} & a_{13} \\ a_{21} & a_{22} & a_{23} \\ a_{31} & a_{32} & a_{33} \end{vmatrix} = a_{11}\begin{vmatrix} a_{22} & a_{23} \\ a_{32} & a_{33} \end{vmatrix} - a_{12}\begin{vmatrix} a_{21} & a_{23} \\ a_{31} & a_{33} \end{vmatrix} + a_{13}\begin{vmatrix} a_{21} & a_{23} \\ a_{31} & a_{33} \end{vmatrix}$$

可见一个三阶行列式可以转化成三个二阶行列式的计算。

问题： 一个 n 阶行列式是否可以转化为若干个 $n-1$ 阶行列式来计算？

1.3.1　余子式与代数余子式

定义（余子式与代数余子式）　在 n 阶行列式 $D = \begin{vmatrix} a_{11} & a_{12} & \cdots & a_{1n} \\ a_{21} & a_{22} & \cdots & a_{2n} \\ \vdots & \vdots & & \vdots \\ a_{n1} & a_{n2} & \cdots & a_{nn} \end{vmatrix}$ 中，划去元素 a_{ij} 所

在的第 i 行和第 j 列，余下的元素按原来的顺序构成的 $n-1$ 阶行列式称为元素 a_{ij} 的余子式，

记作 M_{ij}，而 $A_{ij} = (-1)^{i+j}M_{ij}$ 称为元素 a_{ij} 的代数余子式。

例如，三阶行列式 $\begin{vmatrix} a_{11} & a_{12} & a_{13} \\ a_{21} & a_{22} & a_{23} \\ a_{31} & a_{32} & a_{32} \end{vmatrix}$ 中元素 a_{23} 的余子式为 $M_{23} = \begin{vmatrix} a_{11} & a_{12} \\ a_{31} & a_{32} \end{vmatrix}$，元素 a_{23} 的代数

余子式为 $A_{23} = (-1)^{2+3}M_{23} = -M_{23}$。

四阶行列式 $\begin{vmatrix} 1 & 0 & -1 & 1 \\ 0 & -2 & -5 & 1 \\ 1 & x & 2 & 3 \\ 0 & 3 & 0 & 1 \end{vmatrix}$ 中元素 x 的代数余子式为 $A_{32} = (-1)^{3+2}\begin{vmatrix} 1 & -1 & 1 \\ 0 & -5 & 1 \\ 0 & 0 & 1 \end{vmatrix} = 5$。

1.3.2　行列式按行（列）展开定理

定理　n 阶行列式 $D = \begin{vmatrix} a_{11} & a_{12} & \cdots & a_{1n} \\ a_{21} & a_{22} & \cdots & a_{2n} \\ \vdots & \vdots & & \vdots \\ a_{n1} & a_{n2} & \cdots & a_{nn} \end{vmatrix}$ 等于它的任意一行（列）的各元素与其对应的代

数余子式的乘积之和，即

$$D = a_{i1}A_{i1} + a_{i2}A_{i2} + \cdots + a_{in}A_{in} \quad (i = 1, 2, \cdots, n)$$

或

$$D = a_{1j}A_{1j} + a_{2j}A_{2j} + \cdots + a_{nj}A_{nj} \quad (j = 1, 2, \cdots, n)$$

证明：（1）如果元素 a_{11} 所在行的其余元素均为 0，则

$$D = \begin{vmatrix} a_{11} & 0 & \cdots & 0 \\ a_{21} & a_{22} & \cdots & a_{2n} \\ \vdots & \vdots & & \vdots \\ a_{n1} & a_{n2} & \cdots & a_{nn} \end{vmatrix} = \sum_{j_1=1} (-1)^{\tau(j_1 j_2 \cdots j_n)} a_{1j_1} a_{2j_2} \cdots a_{nj_n} + \sum_{j_1 \neq 1} (-1)^{\tau(j_1 j_2 \cdots j_n)} a_{1j_1} a_{2j_2} \cdots a_{nj_n}$$

$$= a_{11} \sum_{(j_2 j_3 \cdots j_n)} (-1)^{\tau(j_2 \cdots j_n)} a_{2j_2} \cdots a_{nj_n} = a_{11} M_{11}$$

而 $A_{11} = (-1)^{1+1} M_{11} = M_{11}$，故 $D = a_{11} A_{11}$。

（2）如果元素 a_{ij} 所在行的其余元素均为 0，则

$$D = \begin{vmatrix} a_{11} & \cdots & a_{1j} & \cdots & a_{1n} \\ \vdots & & \vdots & & \vdots \\ 0 & \cdots & a_{ij} & \cdots & 0 \\ \vdots & & \vdots & & \vdots \\ a_{n1} & \cdots & a_{nj} & \cdots & a_{nn} \end{vmatrix}$$

将 D 中第 i 行依次与前 $i-1$ 行对调，调换 $i-1$ 次后位于第一行。

将 D 中第 j 列依次与前 $j-1$ 列对调，调换 $j-1$ 次后位于第一列。

经 $(i-1)+(j-1) = i+j-2$ 次对调后，a_{ij} 就位于第一行第一列，即

$$D = (-1)^{i+j-2} a_{ij} M_{ij} = (-1)^{i+j} a_{ij} M_{ij} = a_{ij} A_{ij}$$

（3）一般地，有

$$D = \begin{vmatrix} a_{11} & a_{12} & \cdots & a_{1n} \\ \vdots & \vdots & & \vdots \\ a_{i1}+0+\cdots+0 & 0+a_{i2}+\cdots+0 & \cdots & 0+\cdots+0+a_{in} \\ \vdots & \vdots & & \vdots \\ a_{n1} & a_{n2} & \cdots & a_{nn} \end{vmatrix}$$

$$= \begin{vmatrix} a_{11} & a_{12} & \cdots & a_{1n} \\ \vdots & \vdots & & \vdots \\ a_{i1} & 0 & \cdots & 0 \\ \vdots & \vdots & & \vdots \\ a_{n1} & a_{n2} & \cdots & a_{nn} \end{vmatrix} + \begin{vmatrix} a_{11} & a_{12} & \cdots & a_{1n} \\ \vdots & \vdots & & \vdots \\ 0 & a_{i2} & \cdots & 0 \\ \vdots & \vdots & & \vdots \\ a_{n1} & a_{n2} & \cdots & a_{nn} \end{vmatrix} + \cdots + \begin{vmatrix} a_{11} & a_{12} & \cdots & a_{1n} \\ \vdots & \vdots & & \vdots \\ 0 & 0 & \cdots & a_{in} \\ \vdots & \vdots & & \vdots \\ a_{n1} & a_{n2} & \cdots & a_{nn} \end{vmatrix}$$

$$= a_{i1} A_{i1} + a_{i2} A_{i2} + \cdots + a_{in} A_{in}$$

同理有

$$D = a_{1j} A_{1j} + a_{2j} A_{2j} + \cdots + a_{nj} A_{nj}$$

证毕。

推论　n 阶行列式 $D = \begin{vmatrix} a_{11} & a_{12} & \cdots & a_{1n} \\ a_{21} & a_{22} & \cdots & a_{2n} \\ \vdots & \vdots & & \vdots \\ a_{n1} & a_{n2} & \cdots & a_{nn} \end{vmatrix}$ 的任意一行（列）的各元素与另一行（列）对应

的代数余子式的乘积之和为 0，即

$$a_{i1}A_{s1} + a_{i2}A_{s2} + \cdots + a_{in}A_{sn} = 0 \quad （i \neq s）$$

或

$$a_{1j}A_{1t} + a_{2j}A_{2t} + \cdots + a_{nj}A_{nt} = 0 \quad （j \neq t）$$

证明： 考虑辅助行列式

$$D_1 = \begin{vmatrix} a_{11} & \cdots & a_{1j} & \cdots & a_{1j} & \cdots & a_{1n} \\ a_{21} & \cdots & a_{2j} & \cdots & a_{2j} & \cdots & a_{2n} \\ \vdots & & \vdots & & \vdots & & \vdots \\ a_{n1} & \cdots & a_{nj} & \cdots & a_{nj} & \cdots & a_{2n} \end{vmatrix}$$

$$\qquad\qquad t列 \qquad\quad j列$$

按第 t 列展开 $a_{1j}A_{1t} + a_{2j}A_{2t} + \cdots + a_{nj}A_{nt} \quad （j \neq t）$

该行列式中有两列对应元素相等，而 $D_1 = 0$，所以 $a_{1j}A_{1t} + a_{2j}A_{2t} + \cdots + a_{nj}A_{nt} = 0$（$j \neq t$）。

证毕。

由上述定理和推论 1 知

$$\sum_{k=1}^{n} a_{ki}A_{kj} = D\delta_{ij} = \begin{cases} D & （i = j） \\ 0 & （i \neq j） \end{cases}$$

$$\sum_{k=1}^{n} a_{ik}A_{jk} = D\delta_{ij} = \begin{cases} D & （i = j） \\ 0 & （i \neq j） \end{cases}$$

其中

$$\delta_{ij} = \begin{cases} 1 & （i = j） \\ 0 & （i \neq j） \end{cases}$$

在计算行列式时，直接应用行列式展开公式并不一定能简化计算，因为把一个 n 阶行列式换成 n 个 $n-1$ 阶行列式的计算并不会减少计算量，只是当行列式中某一行或某一列含有较多的 0 时，应用展开定理才有意义，但展开定理在理论上是重要的。

例 1　计算行列式 $D = \begin{vmatrix} 0 & 2 & 0 & 3 \\ 1 & -1 & 2 & 0 \\ 0 & 2 & 0 & 0 \\ 3 & 0 & 5 & 9 \end{vmatrix}$。

解： 行列式按第 3 行展开 $D = 2 \times (-1)^5 \times \begin{vmatrix} 0 & 0 & 3 \\ 1 & 2 & 0 \\ 3 & 5 & 9 \end{vmatrix} = -6 \begin{vmatrix} 1 & 2 \\ 3 & 5 \end{vmatrix} = 6$

或行列式按第 4 列展开 $D = 3A_{14} + 9A_{44} = -3M_{14} + 9M_{44} = (-3) \times (-2) + 9 \times 0 = 6$

或 $D = \begin{vmatrix} 0 & 2 & 0 & 3 \\ 1 & -1 & 2 & 0 \\ 0 & 2 & 0 & 0 \\ 3 & 0 & 5 & 9 \end{vmatrix} \xrightarrow{r_4 - 3r_1} \begin{vmatrix} 0 & 2 & 0 & 3 \\ 1 & -1 & 2 & 0 \\ 0 & 2 & 0 & 0 \\ 3 & -6 & 5 & 0 \end{vmatrix} = 3 \times (-1)^5 \begin{vmatrix} 1 & -1 & 2 \\ 0 & 2 & 0 \\ 3 & -6 & 5 \end{vmatrix} = -6 \begin{vmatrix} 1 & 2 \\ 3 & 5 \end{vmatrix} = 6$

例 1 的 Maple 源程序如下：

```
>#example1
>with(linalg):with(LinearAlgebra):
```

```
>A:=Matrix(4,4,[0,2,0,3,1,-1,2,0,0,2,0,0,3,0,5,9]);
```

$$A := \begin{bmatrix} 0 & 2 & 0 & 3 \\ 1 & -1 & 2 & 0 \\ 0 & 2 & 0 & 0 \\ 3 & 0 & 5 & 9 \end{bmatrix}$$

```
>det(A);
```
6

例 2　计算 $D_4 = \begin{vmatrix} a_1 & -a_1 & 0 & 0 \\ 0 & a_2 & -a_2 & 0 \\ 0 & 0 & a_3 & -a_3 \\ 1 & 1 & 1 & 1 \end{vmatrix}$。

解：观察 D_4 中元素的规律，为使某行（列）出现更多的 0，可将第 4 列加至第 3 列，然后将第 3 列加至第 2 列，再将第 2 列加至第 1 列，即得

$$D_4 = \begin{vmatrix} a_1 & -a_1 & 0 & 0 \\ 0 & a_2 & -a_2 & 0 \\ 0 & 0 & 0 & -a_3 \\ 1 & 1 & 2 & 1 \end{vmatrix} = \begin{vmatrix} a_1 & -a_1 & 0 & 0 \\ 0 & 0 & -a_2 & 0 \\ 0 & 0 & 0 & -a_3 \\ 1 & 3 & 2 & 1 \end{vmatrix} = \begin{vmatrix} 0 & -a_1 & 0 & 0 \\ 0 & 0 & -a_2 & 0 \\ 0 & 0 & 0 & -a_3 \\ 4 & 3 & 2 & 1 \end{vmatrix}$$

$$= 4 \times (-1)^{4+1} \begin{vmatrix} -a_1 & 0 & 0 \\ 0 & -a_2 & 0 \\ 0 & 0 & -a_3 \end{vmatrix} = 4a_1 a_2 a_3$$

例 2 的 Maple 源程序如下：
```
>#example2
>with(linalg):with(LinearAlgebra):
>A:=Matrix(4,4,[a1,-a1,0,0,0,a2,-a2,0,0,0,a3,-a3,1,1,1,1]);
```

$$A := \begin{bmatrix} a1 & -a1 & 0 & 0 \\ 0 & a2 & -a2 & 0 \\ 0 & 0 & a3 & -a3 \\ 1 & 1 & 1 & 1 \end{bmatrix}$$

```
>det(A);
```
4 *a1 a2 a3*

例 3　计算行列式 $D = \begin{vmatrix} a_0 & 1 & 1 & \cdots & 1 \\ 1 & a_1 & 0 & \cdots & 0 \\ 1 & 0 & a_2 & \cdots & 0 \\ \vdots & \vdots & \vdots & & \vdots \\ 1 & 0 & 0 & \cdots & a_n \end{vmatrix}$（$a_i \neq 0, i = 1, 2, \cdots, n$）。

解： $D \xlongequal[i=2,3,\cdots,n+1]{c_1 - \frac{c_i}{a_{i-1}}} \begin{vmatrix} a_0 - \sum\limits_{i=1}^{n} \dfrac{1}{a_i} & 1 & 1 & \cdots & 1 \\ 0 & a_1 & 0 & \cdots & 0 \\ 0 & 0 & a_2 & \cdots & 0 \\ \vdots & \vdots & \vdots & & \vdots \\ 0 & 0 & 0 & \cdots & a_n \end{vmatrix} = a_1 a_2 \cdots a_n \left(a_0 - \sum\limits_{i=1}^{n} \frac{1}{a_i} \right)$

例 4　证明范德蒙德（Vandermonde）行列式 $D = \begin{vmatrix} 1 & 1 & \cdots & 1 \\ x_1 & x_2 & \cdots & x_n \\ x_1^2 & x_2^2 & \cdots & x_n^2 \\ \vdots & \vdots & & \vdots \\ x_1^{n-1} & x_2^{n-1} & \cdots & x_n^{n-1} \end{vmatrix} = \prod_{1 \leq i < j \leq n} (x_j - x_i),$

其中记号 $\prod$ 表示全体同类因子的连乘积。

证明： 用数学归纳法。因为 $D = \begin{vmatrix} 1 & 1 \\ x_1 & x_2 \end{vmatrix} = x_2 - x_1 = \prod_{1 \leq i < j \leq n} (x_j - x_i)$

所以，当 $n = 2$ 时该式成立。现在假设该等式对 $n-1$ 阶范德蒙德行列式成立，下证对 n 阶范德蒙德行列式成立。将 n 阶范德蒙德行列式从 n 行开始，后一行加上前行的 $(-x_1)$ 倍，有

$$D_n = \begin{vmatrix} 1 & 1 & 1 & \cdots & 1 \\ 0 & x_2 - x_1 & x_3 - x_1 & \cdots & x_n - x_1 \\ 0 & x_2(x_2 - x_1) & x_3(x_3 - x_1) & \cdots & x_n(x_n - x_1) \\ \vdots & \vdots & \vdots & & \vdots \\ 0 & x_2^{n-2}(x_2 - x_1) & x_3^{n-2}(x_3 - x_1) & \cdots & x_n^{n-2}(x_n - x_1) \end{vmatrix}$$

按第 1 列展开，并把每列的公因子 $(x_j - x_i)$ 提出，则有

$$D_n = (x_2 - x_1)(x_3 - x_1)\cdots(x_n - x_1) \begin{vmatrix} 1 & 1 & \cdots & 1 \\ x_2 & x_3 & \cdots & x_n \\ \vdots & \vdots & & \vdots \\ x_2^{n-2} & x_2^{n-2} & \cdots & x_2^{n-2} \end{vmatrix}$$

$$= (x_2 - x_1)(x_3 - x_1)\cdots(x_n - x_1) \prod_{2 \leq i < j \leq n} (x_j - x_i)$$

$$= \prod_{1 \leq i < j \leq n} (x_j - x_i)$$

证毕。

例 5　计算行列式 $D = \begin{vmatrix} a & b & c \\ a^2 & b^2 & c^2 \\ b+c & c+a & a+b \end{vmatrix}$。

解： $D = \begin{vmatrix} a & b & c \\ a^2 & b^2 & c^2 \\ b+c & c+a & a+b \end{vmatrix} \xup,{r_3 + r_1} \begin{vmatrix} a & b & c \\ a^2 & b^2 & c^2 \\ a+b+c & a+b+c & a+b+c \end{vmatrix}$

$$= (a+b+c) \begin{vmatrix} a & b & c \\ a^2 & b^2 & c^2 \\ 1 & 1 & 1 \end{vmatrix}$$

$$= (a+b+c) \begin{vmatrix} 1 & 1 & 1 \\ a & b & c \\ a^2 & b^2 & c^2 \end{vmatrix} = (a+b+c)(b-a)(c-a)(c-b)$$

例 5 的 Maple 源程序如下：

>#example5

>with(linalg):with(LinearAlgebra):

> A:=Matrix(3,3,[a,b,c,a^2,b^2,c^2,b+c,c+a,a+b]);

$$A := \begin{bmatrix} a & b & c \\ a^2 & b^2 & c^2 \\ b+c & c+a & a+b \end{bmatrix}$$

>m:=det(A);

$$m := -a^3 b + a^3 c + a b^3 - a c^3 - b^3 c + b c^3$$

>factor(m);

$$-(b-c)(a-c)(a-b)(a+c+b)$$

习题 1.3

1. 在函数 $f(x) = \begin{vmatrix} 2x & x & -1 & 1 \\ -1 & -x & 1 & 2 \\ 3 & 2 & -x & 3 \\ 0 & 0 & 0 & 1 \end{vmatrix}$ 中 x^3 项的系数是（　　　）。

A．0　　　　　　B．-1　　　　　　C．1　　　　　　D．2

2. 已知四阶行列式中第一行元素依次是-4，0，1，3，第三行元素的余子式依次为-2，5，1，x，则 $x=$（　　　）。

A．0　　　　　　B．-3　　　　　　C．3　　　　　　D．2

3. 若 $D = \begin{vmatrix} -8 & 7 & 4 & 3 \\ 6 & -2 & 3 & -1 \\ 1 & 1 & 1 & 1 \\ 4 & 3 & -7 & 5 \end{vmatrix}$，则 D 中第一行元素的代数余子式的和为（　　　）。

A．-1　　　　　　B．-2　　　　　　C．-3　　　　　　D．0

4. 若 $D = \begin{vmatrix} 3 & 0 & 4 & 0 \\ 1 & 1 & 1 & 1 \\ 0 & -1 & 0 & 0 \\ 5 & 3 & -2 & 2 \end{vmatrix}$，则 D 中第四行元素的余子式的和为（　　　）。

A．-1　　　　　　B．-2　　　　　　C．-3　　　　　　D．0

5. 四阶行列式 $D = \begin{vmatrix} a_1 & 0 & 0 & b_1 \\ 0 & a_2 & b_2 & 0 \\ 0 & b_3 & a_3 & 0 \\ b_4 & 0 & 0 & a_4 \end{vmatrix}$ 的值等于（　　　）。

A. $a_1 a_2 a_3 a_4 - b_1 b_2 b_3 b_4$ 　　　　　　 B. $a_1 a_2 a_3 a_4 + b_1 b_2 b_3 b_4$

C. $(a_1 a_2 - b_1 b_2)(a_3 a_4 - b_3 b_4)$ 　　　　 D. $(a_2 a_3 - b_2 b_3)(a_1 a_4 - b_1 b_4)$

6. 设行列式 $D = \begin{vmatrix} 6 & 0 & 8 & 1 \\ 5 & -1 & 0 & 0 \\ 0 & 2 & 0 & 0 \\ 1 & 4 & 4 & -1 \end{vmatrix}$，求 D 中第三行第二列元素 2 的余子式 M_{32} 和代数余子式 A_{32} 的值。

7. 计算下列行列式的值：

（1）$\begin{vmatrix} 1 & 2 & 3 & 4 \\ 2 & 3 & 4 & 1 \\ 3 & 4 & 1 & 2 \\ 4 & 1 & 2 & 3 \end{vmatrix}$; 　　（2）$\begin{vmatrix} 4 & 1 & 2 & 4 \\ 1 & 2 & 0 & 2 \\ 10 & 5 & 2 & 0 \\ 0 & 1 & 1 & 7 \end{vmatrix}$; 　　（3）$D_4 = \begin{vmatrix} 1 & 1 & 2 & 3 \\ 1 & 2-x^2 & 2 & 3 \\ 2 & 3 & 1 & 5 \\ 2 & 3 & 1 & 9-x^2 \end{vmatrix}$;

（4）$\begin{vmatrix} a & 1 & 0 & 0 \\ -1 & b & 1 & 0 \\ 0 & -1 & c & 1 \\ 0 & 0 & -1 & d \end{vmatrix}$; 　　（5）$D_n = \begin{vmatrix} a & 0 & 0 & \cdots & 0 & 1 \\ 0 & a & 0 & \cdots & 0 & 0 \\ \vdots & \vdots & \vdots & & \vdots & \vdots \\ 0 & 0 & 0 & \cdots & a & 0 \\ 1 & 0 & 0 & \cdots & 0 & a \end{vmatrix}$;

（6）$D_n = \begin{vmatrix} a+b & ab & & & & \\ 1 & a+b & ab & & & \\ & 1 & a+b & ab & & \\ & & \ddots & \ddots & \ddots & \\ & & & 1 & a+b & ab \\ & & & & 1 & a+b \end{vmatrix}$;

（7）$D_n = \begin{vmatrix} x+a_1 & a_2 & a_3 & \cdots & a_n \\ a_1 & x+a_2 & a_3 & \cdots & a_n \\ a_1 & a_2 & x+a_3 & \cdots & a_n \\ \vdots & \vdots & \vdots & & \vdots \\ a_1 & a_2 & a_3 & \cdots & x+a_n \end{vmatrix}$ 　（$n \geqslant 2$）

8. 证明：$D_n = \begin{vmatrix} x & -1 & 0 & \cdots & 0 & 0 \\ 0 & x & -1 & \cdots & 0 & 0 \\ 0 & 0 & x & \cdots & 0 & 0 \\ \vdots & \vdots & \vdots & & \vdots & \vdots \\ 0 & 0 & 0 & \cdots & x & -1 \\ a_n & a_{n-1} & a_{n-2} & \cdots & a_2 & x+a_1 \end{vmatrix} = x^n + a_1 x^{n-1} + \cdots + a_{n-1} x + a_n$。

1.4 Cramer 法则

Cramer 法则

对二元线性方程组

$$\begin{cases} a_{11}x_1 + a_{12}x_2 = b_1 \\ a_{21}x_1 + a_{22}x_2 = b_2 \end{cases}$$

当 $a_{11}a_{22} - a_{12}a_{21} \neq 0$ 时，方程组有唯一解：

$$x_1 = \frac{b_1 a_{22} - b_2 a_{12}}{a_{11}a_{22} - a_{12}a_{21}}, \quad x_2 = \frac{b_2 a_{11} - b_1 a_{21}}{a_{11}a_{22} - a_{12}a_{21}}$$

它们可以分别表示为

$$x_1 = \frac{\begin{vmatrix} b_1 & a_{12} \\ b_2 & a_{22} \end{vmatrix}}{\begin{vmatrix} a_{11} & a_{12} \\ a_{21} & a_{22} \end{vmatrix}}, \quad x_2 = \frac{\begin{vmatrix} a_{11} & b_1 \\ a_{21} & b_2 \end{vmatrix}}{\begin{vmatrix} a_{11} & a_{12} \\ a_{21} & a_{22} \end{vmatrix}}$$

对三元线性方程组

$$\begin{cases} a_{11}x_1 + a_{12}x_2 + a_{13}x_3 = b_1 \\ a_{21}x_1 + a_{22}x_2 + a_{23}x_3 = b_2 \\ a_{31}x_1 + a_{32}x_2 + a_{33}x_3 = b_3 \end{cases}$$

当 $\begin{vmatrix} a_{11} & a_{12} & a_{13} \\ a_{21} & a_{22} & a_{23} \\ a_{31} & a_{32} & a_{33} \end{vmatrix} \neq 0$ 时，方程组有唯一解：

$$x_1 = \frac{\begin{vmatrix} b_1 & a_{12} & a_{13} \\ b_2 & a_{22} & a_{23} \\ b_3 & a_{32} & a_{33} \end{vmatrix}}{\begin{vmatrix} a_{11} & a_{12} & a_{13} \\ a_{21} & a_{22} & a_{23} \\ a_{31} & a_{32} & a_{33} \end{vmatrix}}, \quad x_2 = \frac{\begin{vmatrix} a_{11} & b_1 & a_{13} \\ a_{21} & b_2 & a_{23} \\ a_{31} & b_3 & a_{33} \end{vmatrix}}{\begin{vmatrix} a_{11} & a_{12} & a_{13} \\ a_{21} & a_{22} & a_{23} \\ a_{31} & a_{32} & a_{33} \end{vmatrix}}, \quad x_3 = \frac{\begin{vmatrix} a_{11} & a_{12} & b_1 \\ a_{21} & a_{22} & b_2 \\ a_{31} & a_{32} & b_3 \end{vmatrix}}{\begin{vmatrix} a_{11} & a_{12} & a_{13} \\ a_{21} & a_{22} & a_{23} \\ a_{31} & a_{32} & a_{33} \end{vmatrix}}$$

n 元线性方程组

$$\begin{cases} a_{11}x_1 + a_{12}x_2 + \cdots + a_{1n}x_n = b_1 \\ a_{21}x_1 + a_{22}x_2 + \cdots + a_{2n}x_n = b_2 \\ \quad\quad\quad\quad\quad \vdots \\ a_{n1}x_1 + a_{n2}x_2 + \cdots + a_{nn}x_n = b_n \end{cases} \tag{1}$$

与二元、三元线性方程组相类似，它的解可以用 n 阶行列式表示，这就是著名的 Cramer（克拉默）法则。

定理 1（Cramer 法则）　如果线性方程组（1）的系数行列式不等于 0，即

$$D = \begin{vmatrix} a_{11} & a_{12} & \cdots & a_{1n} \\ a_{21} & a_{22} & \cdots & a_{2n} \\ \vdots & \vdots & & \vdots \\ a_{n1} & a_{n2} & \cdots & a_{nn} \end{vmatrix} \neq 0$$

那么，方程组（1）有唯一解：

$$x_1 = \frac{D_1}{D}, \quad x_2 = \frac{D_2}{D}, \quad \cdots, \quad x_n = \frac{D_n}{D} \tag{2}$$

其中，D_j（$j = 1, 2, \cdots, n$）是把系数行列式 D 中第 j 列的元素用方程组右端的常数项替换后所得到的 n 阶行列式，即

$$D_j = \begin{vmatrix} a_{11} & \cdots & a_{1j-1} & b_1 & a_{1j+1} & \cdots & a_{1n} \\ a_{21} & \cdots & a_{2j-1} & b_2 & a_{2j+1} & \cdots & a_{2n} \\ \vdots & & \vdots & \vdots & \vdots & & \vdots \\ a_{n1} & \cdots & a_{nj-1} & b_n & a_{nj+1} & \cdots & a_{nn} \end{vmatrix}$$

证明：先证存在性。只需验证（2）是方程组（1）的一组解。将 D_j 按第 j 列展开有

$$D_j = b_1 A_{1j} + b_2 A_{2j} + \cdots + b_n A_{nj} = \sum_{s=1}^{n} b_s A_{sj}$$

另外，方程组（1）也可以表示为 $\sum_{j=1}^{n} a_{ij}x_j = b_i$（$i = 1, 2, \cdots, n$）。

于是，将（2）代入方程组（1）中的第 i 个方程的左端，并且利用行列式的按行（列）展开定理，得到

$$\sum_{j=1}^{n} a_{ij} \frac{D_j}{D} = \frac{1}{D} \sum_{j=1}^{n} a_{ij} \left(\sum_{s=1}^{n} b_s A_{sj} \right) = \frac{1}{D} \sum_{j=1}^{n} \sum_{s=1}^{j} a_{ij} b_s A_{sj}$$

$$= \frac{1}{D} \sum_{s=1}^{n} \left(\sum_{j=1}^{n} a_{ij} A_{sj} \right) b_s = \frac{1}{D} \sum_{s=1}^{n} (\delta_{is} D) b_s = \frac{1}{D} D b_i = b_i$$

即（2）使得线性方程组每个方程的左右两边相等，因而是这个方程组的解。

下面证解的唯一性。设 c_1，c_2，$\cdots$，c_n 是方程组（1）的另外一组解，即

$$\begin{cases} a_{11}c_1 + a_{12}c_2 + \cdots + a_{1n}c_n = b_1 \\ a_{21}c_1 + a_{22}c_2 + \cdots + a_{2n}c_n = b_2 \\ \quad\quad\quad\quad\quad \vdots \\ a_{n1}c_1 + a_{n2}c_2 + \cdots + a_{nn}c_n = b_n \end{cases}$$

在上面的 n 个方程的左右两端分别乘以 A_{1j}，A_{2j}，$\cdots$，A_{nj}，然后对左右两端分别求和得

$$\left(\sum_{i=1}^{n}a_{i1}A_{ij}\right)c_1+\left(\sum_{i=1}^{n}a_{i2}A_{ij}\right)c_2+\cdots+\left(\sum_{i=1}^{n}a_{in}A_{ij}\right)c_n=\sum_{i=1}^{n}b_iA_{ij}$$

但是，由行列式的按行（列）展开定理知，上式的左端除了 c_j 的系数为 D 以外，其他 c_k（$k\neq j$）的系数全为 0，而上式的右端即为 D_j，从而 $Dc_j=D_j$，于是

$$c_j=\frac{D_j}{D}$$

由 j 的任意性知，对于任何 $j=1,2,\cdots,n$，上式均成立。

证毕。

注：用 Cramer 法则求解 n 元线性方程组时必须满足以下条件：

（1）方程组中方程的个数与未知量的个数相等。

（2）方程组的系数行列式不等于 0（$D\neq 0$）。

Cramer 法则从理论上提供了处理含有 n 个未知量 n 个方程的线性方程组的解法，揭示了系数行列式与解的关系。

例 1　求解线性方程组

$$\begin{cases}x_1-x_2+x_3-2x_4=2\\2x_1-x_3+4x_4=4\\3x_1+2x_2+x_3=-1\\-x_1+2x_2-x_3+2x_4=-4\end{cases}$$

解：由于线性方程组有 4 个方程和 4 个未知量，又

$$D=\begin{vmatrix}1&-1&1&-2\\2&0&-1&4\\3&2&1&0\\-1&2&-1&2\end{vmatrix}=-2\neq 0$$

根据 Cramer 法则，此线性方程组有唯一解。

又因为

$$D_1=\begin{vmatrix}2&-1&1&-2\\4&0&-1&4\\-1&2&1&0\\-4&2&-1&2\end{vmatrix}=-2,\quad D_2=\begin{vmatrix}1&2&1&-2\\2&4&-1&4\\3&-1&1&0\\-1&-4&-1&2\end{vmatrix}=4$$

$$D_3=\begin{vmatrix}1&-1&2&-2\\2&0&4&4\\3&2&-1&0\\-1&2&-4&2\end{vmatrix}=0,\quad D_4=\begin{vmatrix}1&-1&1&2\\2&0&-1&4\\3&2&1&-1\\-1&2&-1&-4\end{vmatrix}=-1$$

于是此方程组的解为

$$x_1 = \frac{D_1}{D} = 1, \quad x_2 = \frac{D_2}{D} = -2, \quad x_3 = \frac{D_3}{D} = 0, \quad x_4 = \frac{D_4}{D} = \frac{1}{2}$$

例 1 的 Maple 源程序如下：

```
>#example1
>with(linalg):with(LinearAlgebra):
>A:=Matrix(4,4,[1,-1,1,-2,2,0,-1,4,3,2,1,0,-1,2,-1,2]);
```

$$A := \begin{bmatrix} 1 & -1 & 1 & -2 \\ 2 & 0 & -1 & 4 \\ 3 & 2 & 1 & 0 \\ -1 & 2 & -1 & 2 \end{bmatrix}$$

```
>b:=Matrix(4,1,[2,4,-1,-4]);
```

$$b := \begin{bmatrix} 2 \\ 4 \\ -1 \\ -4 \end{bmatrix}$$

```
>A1:=augment(b,col(A,2),col(A,3),col(A,4));
```

$$A1 := \begin{bmatrix} 2 & -1 & 1 & -2 \\ 4 & 0 & -1 & 4 \\ -1 & 2 & 1 & 0 \\ -4 & 2 & -1 & 2 \end{bmatrix}$$

```
>A2:=augment(col(A,1),b,col(A,3),col(A,4));
```

$$A2 := \begin{bmatrix} 1 & 2 & 1 & -2 \\ 2 & 4 & -1 & 4 \\ 3 & -1 & 1 & 0 \\ -1 & -4 & -1 & 2 \end{bmatrix}$$

```
>A3:=augment(col(A,1),col(A,2),b,col(A,4));
```

$$A3 := \begin{bmatrix} 1 & -1 & 2 & -2 \\ 2 & 0 & 4 & 4 \\ 3 & 2 & -1 & 0 \\ -1 & 2 & -4 & 2 \end{bmatrix}$$

```
>A4:=augment(col(A,1),col(A,2),col(A,3),b);
```

$$A4 := \begin{bmatrix} 1 & -1 & 1 & 2 \\ 2 & 0 & -1 & 4 \\ 3 & 2 & 1 & -1 \\ -1 & 2 & -1 & -4 \end{bmatrix}$$

```
>t1:=det(A1)/det(A);
```
$t1 := 1$

```
>t2:=det(A2)/det(A);
```
$t2 := -2$

```
>t3:=det(A3)/det(A);
```
$t3 := 0$

```
>t4:=det(A4)/det(A);
```
$t4 := \frac{1}{2}$

定理 2　如果线性方程组（1）的系数行列式 $D \neq 0$，那么方程组（1）一定有解，且解是唯一的。

这个定理的逆否命题是：

如果线性方程组（1）无解或有两个不同的解，那么它的系数行列式必为 0，即 $D = 0$。

当线性方程组（1）右端的常数项 b_1，b_2，$\cdots$，b_n 不全为 0 时，称线性方程组（1）为非齐次线性方程组；当 b_1，b_2，$\cdots$，b_n 全为 0 时，称线性方程组（1）为齐次线性方程组，即

$$\begin{cases} a_{11}x_1 + a_{12}x_2 + \cdots + a_{1n}x_n = 0 \\ a_{21}x_1 + a_{22}x_2 + \cdots + a_{2n}x_n = 0 \\ \qquad\qquad\qquad\vdots \\ a_{n1}x_1 + a_{n2}x_2 + \cdots + a_{nn}x_n = 0 \end{cases} \tag{3}$$

可见 $x_1 = x_2 = \cdots = x_n = 0$ 显然是（3）的解，这个解称为齐次线性方程组（3）的零解。如果一组不全为 0 的数是（3）的解，这个解称为齐次线性方程组（3）的非零解。

定理 3　若齐次线性方程组（3）的系数行列式 $D \neq 0$，则方程组只有零解；若齐次线性方程组有非零解，则系数行列式 $D = 0$。

例 2　λ 为何值时，齐次线性方程组

$$\begin{cases} \lambda x_1 + x_2 + x_3 = 0 \\ x_1 + \lambda x_2 + x_3 = 0 \\ x_1 + x_2 + \lambda x_3 = 0 \end{cases}$$

有非零解。

解：因为线性方程组的系数行列式

$$D = \begin{vmatrix} \lambda & 1 & 1 \\ 1 & \lambda & 1 \\ 1 & 1 & \lambda \end{vmatrix} = (\lambda + 2)(\lambda - 1)^2$$

由定理 3，当该齐次线性方程组有非零解时，得 $D = 0$，即 $\lambda = -2$ 或 $\lambda = 1$。

例 2 的 Maple 源程序如下：

```
>#example2
>with(linalg):with(LinearAlgebra):
>eq:={lambda*x1+x2+x3=0,x1+lambda*x2+x3=0,x1+x2+lambda*x3=0};
 eq := {x3 λ + x1 + x2 = 0, x2 λ + x1 + x3 = 0, x1 λ + x2 + x3 = 0}
>A:= genmatrix(eq, [x1, x2, x3],'flag');
```
$$A := \begin{bmatrix} 1 & 1 & \lambda & 0 \\ 1 & \lambda & 1 & 0 \\ \lambda & 1 & 1 & 0 \end{bmatrix}$$
```
>B:=Matrix(3,3,[1,1,lambda,1,lambda,1,lambda,1,1]);
```
$$B := \begin{bmatrix} 1 & 1 & \lambda \\ 1 & \lambda & 1 \\ \lambda & 1 & 1 \end{bmatrix}$$
```
>det(B);
 -λ³ + 3 λ - 2
>factor(-lambda^3+3*lambda-2=0);
```

$-(\lambda + 2)(\lambda - 1)^2 = 0$

\>solve(-lambda^3+3*lambda-2=0,lambda);

-2, 1, 1

习题 1.4

1. 用 Cramer 法则求解下列线性方程组:

（1）$\begin{cases} 2x_1 - x_2 - x_3 = 4 \\ 3x_1 + 4x_2 - 2x_3 = 11 \\ 3x_1 - 2x_2 + 4x_3 = 11 \end{cases}$
（2）$\begin{cases} 2x_1 + x_2 - 5x_3 + x_4 = 8 \\ x_1 - 3x_2 - 6x_4 = 9 \\ 2x_2 - x_3 + 2x_4 = -5 \\ x_1 + 4x_2 - 7x_3 + 6x_4 = 0 \end{cases}$

（3）$\begin{cases} x_1 + x_2 + x_3 + x_4 = 5 \\ x_1 + 2x_2 - x_3 + 4x_4 = -2 \\ 2x_1 - 3x_2 - x_3 - 5x_4 = -2 \\ 3x_1 + x_2 + 2x_3 + 11x_4 = 0 \end{cases}$

2. k 取何值时，下列齐次线性方程组有非零解:

（1）$\begin{cases} x_1 + x_2 + kx_3 = 0 \\ -x_1 + kx_2 + x_3 = 0 \\ x_1 - x_2 + 2x_3 = 0 \end{cases}$
（2）$\begin{cases} kx_1 + x_2 + x_3 = 0 \\ x_1 + kx_2 + x_3 = 0 \\ 3x_1 - x_2 + x_3 = 0 \end{cases}$

第2章　矩阵

矩阵在自然科学、工程技术、经济管理等领域中有着广泛的应用，是一些实际问题得以解决的基本工具。本章主要介绍矩阵的定义、基本运算、逆矩阵、分块矩阵、矩阵的初等变换和矩阵的秩。

2.1　矩阵的定义与基本运算

2.1.1　矩阵的定义

定义 1（矩阵）　数域 P（一个包含 0 和 1 在内的数集且对于加法、减法、乘法和除法（除数不为 0）是封闭的）中 $m \times n$ 个数 a_{ij}（$i = 1, 2, \cdots, m$；$j = 1, 2, \cdots, n$）排成 m 行 n 列的矩形数表：

矩阵的定义

$$\begin{pmatrix} a_{11} & a_{12} & \cdots & a_{1n} \\ a_{21} & a_{22} & \cdots & a_{2n} \\ \vdots & \vdots & & \vdots \\ a_{m1} & a_{m2} & \cdots & a_{mn} \end{pmatrix}$$

称之为数域 P 上的一个 m 行 n 列的矩阵，简称 $m \times n$ 矩阵。其中 a_{ij} 称为矩阵的元素，i 称为元素 a_{ij} 的行指标，j 称为元素 a_{ij} 的列指标。通常用大写字母 A、B、C 等表示矩阵。$m \times n$ 矩阵可以记为 A 或 $A_{m \times n}$，有时也写为 $A = (a_{ij})_{m \times n}$。元素全为 0 的矩阵称为零矩阵，记为 O。

定义 2　当 $m = n$ 时，称 $A_{m \times n}$ 为 n 阶矩阵（方阵），且称 a_{11}，a_{22}，$\cdots$，a_{nn} 为 n 阶矩阵的主对角线元素，a_{1n}，$a_{2, n-1}$，$\cdots$，a_{n1} 为 n 阶矩阵的副对角线元素。只有一行的矩阵称为行矩阵，也称为行向量，只有一列的矩阵称为列矩阵，也称为列向量。

定义 3（矩阵相等）　设 $A = (a_{ij})_{m \times n}$ 和 $B = (b_{ij})_{m \times n}$ 是同型矩阵（行数相等，列数也相等的矩阵），如果它们对应位置的元素均相等，即

$$a_{ij} = b_{ij} \quad (i = 1, 2, \cdots, m；j = 1, 2, \cdots, n)$$

则称这两个矩阵相等，记作 $A = B$。

注：矩阵只能比较是否相等，不能比较大小。

定义 4（负矩阵）　若矩阵 $A = (a_{ij})_{m \times n}$，则称 $(-a_{ij})_{m \times n}$ 为 A 的负矩阵，记作 $-A$。

在对许多实际问题进行数学描述时都要用到矩阵的概念，下面给出一个简单的例子。

例 1　四种家电 F_1、F_2、F_3、F_4 在三家超市 P_1、P_2、P_3 中销售，这些家电在三家超市中的单价（以某货币单位计）可用以下矩阵给出：

$$
\begin{array}{cccc}
F_1 & F_2 & F_3 & F_4
\end{array}
$$

$$
\begin{pmatrix}
17 & 10 & 11 & 21 \\
15 & 17 & 13 & 19 \\
18 & 16 & 12 & 20
\end{pmatrix}
\begin{matrix}
P_1 \\
P_2 \\
P_3
\end{matrix}
$$

这里的行表示超市，列为家电，第二列就是第二种家电，其三个分量表示该种家电在三家超市中的售价。

2.1.2　几种特殊矩阵

1. 对角矩阵、数量矩阵和单位矩阵

1×1 矩阵（a_{11}）通常看作一个数 a_{11}。如果 n 阶矩阵 $A=(a_{ij})$ 中元素满足

$a_{ij}=0$（$i\neq j$，$i,j=1,2,\cdots,n$），则称 A 为对角矩阵，记作：

$$
A=\begin{pmatrix}
a_{11} & & & \\
& a_{22} & & \\
& & \ddots & \\
& & & a_{nn}
\end{pmatrix}
$$

如果 n 阶对角矩阵中元素 $a_{11}=a_{22}=\cdots=a_{nn}=d$，则称其为 n 阶数量矩阵，记作：

$$
D=\begin{pmatrix}
d & & & \\
& d & & \\
& & \ddots & \\
& & & d
\end{pmatrix}
$$

如果 n 阶数量矩阵 D 中元素 $d=1$，则称 D 为 n 阶单位矩阵，记作 E。

2. 上（下）三角矩阵

如果 n 阶矩阵 $A=(a_{ij})$，且满足 $a_{ij}=0$（$i>j$，$i,j=1,2,\cdots,n$），则称 A 为 n 阶上三角矩阵，记作：

$$
A=\begin{pmatrix}
a_{11} & a_{12} & \cdots & a_{1n} \\
0 & a_{22} & \cdots & a_{2n} \\
\vdots & \vdots & & \vdots \\
0 & 0 & \cdots & a_{nn}
\end{pmatrix}
$$

类似地，可以定义下三角矩阵。

3. 对称矩阵和反对称矩阵

如果 n 阶矩阵 $A=(a_{ij})$，且满足 $a_{ij}=a_{ji}$（$i,j=1,2,\cdots,n$），则称 A 为对称矩阵，如 $\begin{pmatrix} 0 & -1 \\ -1 & 0 \end{pmatrix}$

和 $\begin{pmatrix} 1 & 0 & -2 \\ 0 & 2 & 3 \\ -2 & 3 & 0 \end{pmatrix}$ 均为对称矩阵。

如果 n 阶矩阵 $A=(a_{ij})$，且满足 $a_{ij}=-a_{ji}$（$i,j=1,2,\cdots,n$），则称 A 为反对称矩阵。由于

$a_{ij} = -a_{ji}$，故 $a_{ii} = 0$（$i = 1, 2, \cdots, n$），即反对称矩阵的主对角线元素全为 0。

2.1.3　矩阵的加法与减法

矩阵的加法与减法

定义 5（矩阵加法）　两个同型矩阵 $A_{m \times n}$ 与 $B_{m \times n}$，将矩阵 A 与 B 对应位置的元素相加，得到的矩阵称为矩阵 A 与 B 的和，记作：

$$A_{m \times n} + B_{m \times n} = C_{m \times n}$$

其中 $C = (c_{ij})_{m \times n}$（$i = 1, 2, \cdots, m$；$j = 1, 2, \cdots, n$），这里 a_{ij} 表示矩阵 $A_{m \times n}$ 中的第 i 行第 j 列元素，b_{ij} 和 c_{ij} 类似。

例 2　设 $A = \begin{pmatrix} 1 & 0 & 7 \\ -1 & -1 & 2 \end{pmatrix}$，$B = \begin{pmatrix} 0 & -1 & 5 \\ 8 & 1 & 10 \end{pmatrix}$，求 $A + B$。

解：

$$A + B = \begin{pmatrix} 1 & 0 & 7 \\ -1 & -1 & 2 \end{pmatrix} + \begin{pmatrix} 0 & -1 & 5 \\ 8 & 1 & 10 \end{pmatrix} = \begin{pmatrix} 1+0 & 0+(-1) & 7+5 \\ -1+8 & -1+1 & 2+10 \end{pmatrix} = \begin{pmatrix} 1 & -1 & 12 \\ 7 & 0 & 12 \end{pmatrix}$$

例 2 的 Maple 源程序如下：

```
>#example2
>with(linalg):with(LinearAlgebra):
> A:=Matrix(2,3,[1,0,7,-1,-1,2]);B:=Matrix(2,3,[0,-1,5,8,1,10]);
A := [ 1   0   7 ]
     [ -1  -1  2 ]
B := [ 0  -1   5 ]
     [ 8   1  10 ]
>A+B;
[ 1  -1  12 ]
[ 7   0  12 ]
```

由于数的加法满足交换律、结合律，不难得出矩阵加法运算的性质。

（1）交换律：$A + B = B + A$。

（2）结合律：$(A + B) + C = A + (B + C)$。

（3）零矩阵存在：$A + O = O + A = A$。

（4）负矩阵存在：$A + (-A) = O$。

利用负矩阵，我们可以得到矩阵的减法定义，即 $A - B = A + (-B)$，并称 $A - B$ 为 A 与 B 的差。若 $A + B = C$，等式两边同时加 $-B$，则有 $A = C - B$，这就是我们熟悉的移项规则。

2.1.4　数乘矩阵

数乘矩阵

定义 6（数乘矩阵）　数域 P 中一个数 k 与数域 P 上的矩阵 A 的数乘运算定义为 k 与矩阵 A 的每个元素相乘所得的矩阵，即 $kA = (ka_{ij})$，记作 kA 或 Ak。例如：

$$2\begin{pmatrix} 1 & 1 & 2 \\ 1 & 0 & 5 \\ 3 & 2 & 0 \end{pmatrix} = \begin{pmatrix} 2 & 2 & 4 \\ 2 & 0 & 10 \\ 6 & 4 & 0 \end{pmatrix}$$

根据数乘运算的定义，不难证明有下列性质：

（1）$k(lA)=(kl)A$。

（2）$(k+l)A=kA+lA$，$k(A+B)=kA+kB$。

（3）$1A=A$。

例 3　设 $A=\begin{pmatrix} -1 & 1 & 9 \\ 0 & 4 & -2 \end{pmatrix}$，$B=\begin{pmatrix} 0 & -2 & 10 \\ 7 & -1 & 1 \end{pmatrix}$，求 $-A+5B$。

解：
$$-A+5B=-\begin{pmatrix} -1 & 1 & 9 \\ 0 & 4 & -2 \end{pmatrix}+5\begin{pmatrix} 0 & -2 & 10 \\ 7 & -1 & 1 \end{pmatrix}$$
$$=\begin{pmatrix} 1 & -1 & -9 \\ 0 & -4 & 2 \end{pmatrix}+\begin{pmatrix} 0 & -10 & 50 \\ 35 & -5 & 5 \end{pmatrix}$$
$$=\begin{pmatrix} 1 & -11 & 41 \\ 35 & -9 & 7 \end{pmatrix}$$

例 3 的 Maple 源程序如下：

```
>#example3
>with(linalg):with(LinearAlgebra):
>A:=Matrix(2,3,[-1,1,9,0,4,-2]);B:=Matrix(2,3,[0,-2,10,7,-1,1]);
```
$$A:=\begin{bmatrix} -1 & 1 & 9 \\ 0 & 4 & -2 \end{bmatrix}$$
$$B:=\begin{bmatrix} 0 & -2 & 10 \\ 7 & -1 & 1 \end{bmatrix}$$
```
>-A+5*B;
```
$$\begin{bmatrix} 1 & -11 & 41 \\ 35 & -9 & 7 \end{bmatrix}$$

矩阵的加法和数乘运算合起来，统称为矩阵的线性运算。

例 4　设 $A=\begin{pmatrix} -1 & 0 & 3 \\ 1 & -1 & 0 \\ 2 & 1 & 1 \end{pmatrix}$，$B=\begin{pmatrix} 3 & 2 & -1 \\ 1 & -1 & 2 \\ 2 & 1 & -1 \end{pmatrix}$，求矩阵 Z，使 $A+2Z=3B$。

解：
$$2Z=3B-A=3\begin{pmatrix} 3 & 2 & -1 \\ 1 & -1 & 2 \\ 2 & 1 & -1 \end{pmatrix}-\begin{pmatrix} -1 & 0 & 3 \\ 1 & -1 & 0 \\ 2 & 1 & 1 \end{pmatrix}=\begin{pmatrix} 10 & 6 & -6 \\ 2 & -2 & 6 \\ 4 & 2 & -4 \end{pmatrix}$$

所以
$$Z=\begin{pmatrix} 5 & 3 & -3 \\ 1 & -1 & 3 \\ 2 & 1 & -2 \end{pmatrix}$$

例 4 的 Maple 源程序如下：

```
>#example4
>with(linalg):with(LinearAlgebra):
>A:=Matrix(3,3,[-1,0,3,1,-1,0,2,1,1]);B:=Matrix(3,3,[3,2,-1,1,-1,2,2,1,-1]);
```

$$A := \begin{bmatrix} -1 & 0 & 3 \\ 1 & -1 & 0 \\ 2 & 1 & 1 \end{bmatrix}$$

$$B := \begin{bmatrix} 3 & 2 & -1 \\ 1 & -1 & 2 \\ 2 & 1 & -1 \end{bmatrix}$$

>Z:=1/2*(3*B-A);

$$Z := \begin{bmatrix} 5 & 3 & -3 \\ 1 & -1 & 3 \\ 2 & 1 & -2 \end{bmatrix}$$

矩阵的乘法

2.1.5　矩阵的乘法

定义 7（矩阵乘法）　设矩阵 $A = (a_{ij})_{m \times n}$，矩阵 $B = (b_{ij})_{n \times s}$，定义矩阵 A 与 B 的乘积是矩阵 $C = (c_{ij})_{m \times s}$，其中矩阵 $C = (c_{ij})_{m \times s}$ 的第 i 行第 j 列元素 c_{ij} 为 $c_{ij} = a_{i1}b_{1j} + a_{i2}b_{2j} + \cdots + a_{in}b_{nj} = \sum\limits_{k=1}^{n} a_{ik}b_{kj}$（$i = 1, 2, \cdots, m$；$j = 1, 2, \cdots, s$），即 c_{ij} 为 A 的第 i 行的所有元素与 B 的第 j 列的所有元素对应乘积之和。

注：①只有矩阵 A 的列数与矩阵 B 的行数相等时，AB 才有意义；②矩阵 C 的行数等于矩阵 A 的行数，C 的列数等于矩阵 B 的列数。例如：

$$\begin{pmatrix} 0 & 2 \\ 3 & 4 \\ 1 & 1 \end{pmatrix} \begin{pmatrix} 1 & -1 \\ 1 & 3 \end{pmatrix} = \begin{vmatrix} 0 \times 1 + 2 \times 1 & 0 \times (-1) + 2 \times 3 \\ 3 \times 1 + 4 \times 1 & 3 \times (-1) + 4 \times 3 \\ 1 \times 1 + 1 \times 1 & 1 \times (-1) + 1 \times 3 \end{vmatrix} = \begin{pmatrix} 2 & 6 \\ 7 & 9 \\ 2 & 2 \end{pmatrix}$$

例 5　设 $A = \begin{pmatrix} -3 & 1 & 0 \\ -1 & 2 & -5 \end{pmatrix}$，$B = \begin{pmatrix} 0 & -1 & 0 \\ 1 & 2 & -5 \\ 1 & 7 & -1 \end{pmatrix}$，求 AB。

解：$AB = \begin{pmatrix} -3 & 1 & 0 \\ -1 & 2 & -5 \end{pmatrix} \begin{pmatrix} 0 & -1 & 0 \\ 1 & 2 & -5 \\ 1 & 7 & -1 \end{pmatrix} = \begin{pmatrix} 1 & 5 & -5 \\ -3 & -30 & -5 \end{pmatrix}$

例 5 的 Maple 源程序如下：

```
>#example5
> with(linalg):with(LinearAlgebra):
>A:=Matrix(2,3,[-3,1,0,-1,2,-5]);B:=Matrix(3,3,[0,-1,0,1,2,-5,1,7,-1]);
```

$$A := \begin{bmatrix} -3 & 1 & 0 \\ -1 & 2 & -5 \end{bmatrix}$$

$$B := \begin{bmatrix} 0 & -1 & 0 \\ 1 & 2 & -5 \\ 1 & 7 & -1 \end{bmatrix}$$

```
> Multiply(A,B);
```

$$\begin{bmatrix} 1 & 5 & -5 \\ -3 & -30 & -5 \end{bmatrix}$$

反过来，例 5 中 BA 无意义。因为 B 的列数是 3，A 的行数是 2，B 的列数不等于 A 的行数。

例 6   设 $A = \begin{pmatrix} 2 & 1 \\ 4 & 2 \end{pmatrix}$，$B = \begin{pmatrix} 1 & -1 \\ -2 & 2 \end{pmatrix}$，计算 AB 和 BA。

解： $AB = \begin{pmatrix} 2 & 1 \\ 4 & 2 \end{pmatrix}\begin{pmatrix} 1 & -1 \\ -2 & 2 \end{pmatrix} = \begin{pmatrix} 0 & 0 \\ 0 & 0 \end{pmatrix}$

$BA = \begin{pmatrix} 1 & -1 \\ -2 & 2 \end{pmatrix}\begin{pmatrix} 2 & 1 \\ 4 & 2 \end{pmatrix} = \begin{pmatrix} -2 & -1 \\ 4 & 2 \end{pmatrix}$

例 6 的 Maple 源程序如下：

```
>#example6
>with(linalg):with(LinearAlgebra):
>> A:=Matrix(2,2,[2,1,4,2]);B:=Matrix(2,2,[1,-1,-2,2]);
```

$A := \begin{bmatrix} 2 & 1 \\ 4 & 2 \end{bmatrix}$

$B := \begin{bmatrix} 1 & -1 \\ -2 & 2 \end{bmatrix}$

```
>Multiply(A,B);Multiply(B,A);
```

$\begin{bmatrix} 0 & 0 \\ 0 & 0 \end{bmatrix}$

$\begin{bmatrix} -2 & -1 \\ 4 & 2 \end{bmatrix}$

注： 由例 5 和例 6 可知，一般地，矩阵的乘法不满足交换律，即 $AB \neq BA$。因为 AB 有意义，BA 不一定有意义，即使有意义也未必相等。

由例 6 还可以看出，矩阵的乘法运算中，$A \neq O$，$B \neq O$，但可能有 $AB = O$，这样在数的乘法中成立的"若 $ab = 0$，则 $a = 0$ 或 $b = 0$"对矩阵的乘法通常不成立。即矩阵的乘法运算不满足消去律。

特别地，对于 n 阶单位矩阵 E 和 n 阶零矩阵 O，设 $A = (a_{ij})_{n \times n}$ 是任意一个 n 阶矩阵，则有

$$AE = EA = A$$
$$AO = O，\quad OA = O$$

显然，在矩阵乘法中，单位矩阵 E 和零矩阵 O 分别起到数的乘法中 1 和 0 的作用。

矩阵乘法的运算律（假设下列运算都有意义）：

（1）左分配律：$A(B + C) = AB + AC$。

（2）右分配律：$(A + B)C = AC + BC$。

（3）数乘结合律：$k(AB) = (kA)B = A(kB)$。

（4）结合律：$(AB)C = A(BC)$。

这里只给出运算律（4）的证明，其余的运算律读者可自行证明。

证明： 设有矩阵 $A_{m \times s}$、$B_{s \times p}$、$C_{p \times n}$，不难发现矩阵 $(A_{m \times s} B_{s \times p})C_{p \times n}$ 与 $A_{m \times s}(B_{s \times p}C_{p \times n})$ 都有意义，且均为 $m \times n$ 矩阵。由矩阵相等的定义，运算律（4）的证明归结为证明等式左右两端所有对应位置元素相等。下面将证明 $(A_{m \times s} B_{s \times p})C_{p \times n}$ 中的第 i 行第 j 列元素等于 $A_{m \times s}(B_{s \times p}C_{p \times n})$ 中的对应元素。

矩阵 $A_{m \times s} B_{s \times p}$ 中第 i 行元素为 $\sum_{k=1}^{s} a_{ik} b_{k1}$，$\sum_{k=1}^{s} a_{ik} b_{k2}$，$\cdots$，$\sum_{k=1}^{s} a_{ik} b_{kp}$，于是矩阵 $(A_{m \times s} B_{s \times p}) C_{p \times n}$ 中第 i 行第 j 列的元素为矩阵 $A_{m \times s} B_{s \times p}$ 中第 i 行元素与矩阵 $C_{p \times n}$ 中第 j 列对应元素 c_{1j}，c_{2j}，$\cdots$，c_{pj} 乘积之和，即：

$$\left(\sum_{k=1}^{s} a_{ik} b_{k1} \right) c_{1j} + \left(\sum_{k=1}^{s} a_{ik} b_{k2} \right) c_{2j} + \cdots + \left(\sum_{k=1}^{s} a_{ik} b_{kp} \right) c_{pj} = \sum_{t=1}^{p} \sum_{k=1}^{s} a_{ik} b_{kt} c_{tj}$$

同理可以验证矩阵 $A_{m \times s} (B_{s \times p} C_{p \times n})$ 中第 i 行第 j 列的元素也是 $\sum_{t=1}^{p} \sum_{k=1}^{s} a_{ik} b_{kt} c_{tj}$，所以矩阵乘法的结合律成立。

证毕。

利用矩阵乘法，线性方程组

$$\begin{cases} a_{11} x_1 + a_{12} x_2 + \cdots + a_{1n} x_n = b_1 \\ a_{21} x_1 + a_{22} x_2 + \cdots + a_{2n} x_n = b_2 \\ \vdots \\ a_{m1} x_1 + a_{m2} x_2 + \cdots + a_{mn} x_n = b_m \end{cases}$$

可简洁地表示成

$$Ax = b$$

其中

$$A = \begin{pmatrix} a_{11} & a_{12} & \cdots & a_{1n} \\ a_{21} & a_{22} & \cdots & a_{2n} \\ \vdots & \vdots & & \vdots \\ a_{m1} & a_{m2} & \cdots & a_{mn} \end{pmatrix}, \quad x = \begin{pmatrix} x_1 \\ x_2 \\ \vdots \\ x_n \end{pmatrix}, \quad b = \begin{pmatrix} b_1 \\ b_2 \\ \vdots \\ b_m \end{pmatrix}$$

这样初等数学中求解线性方程组的问题，用矩阵语言描述其实质就是求解未知向量的问题。

2.1.6　方阵的幂

对于 n 阶方阵 A 而言，AA 是有意义的且乘法满足结合律，故可引入方阵 A 的 k 次幂的概念。

方阵的幂

定义 8（方阵的幂）　设 A 为 n 阶矩阵，k 个 A 的乘积称为 A 的 k 次幂，记作 A^k。规定 $A^0 = E$。

根据矩阵的乘法满足结合律，有如下性质：

（1）$A^k A^l = A^{k+l}$。

（2）$(A^k)^l = A^{kl}$，其中 k、l 为正整数。

注：因矩阵的乘法不满足交换律，所以对两个 n 阶方阵 A 与 B，一般来说 $(AB)^k \neq A^k B^k$。

由矩阵的幂运算、加法运算和数乘运算，有矩阵多项式的概念。

设 $f(x) = a_n x^n + a_{n-1} x^{n-1} + \cdots + a_1 x + a_0$，数 $a_n, a_{n-1}, \cdots, a_1, a_0$ 均为数域 P 上的数，A 为数域 P

上的方阵，如果多项式右端的每一项中的 x 的幂用方阵的同次幂替代（x 的零次幂用 $A^0 = E$ 替代），那么上述多项式就变成：

$$f(A) = a_n A^n + a_{n-1} A^{n-1} + \cdots + a_1 A + a_0 E$$

称为矩阵 A 的多项式，其中 E 为单位矩阵。

例 7　设 $A = \begin{pmatrix} 1 & 0 & 1 \\ 0 & 2 & 0 \\ 1 & 0 & 1 \end{pmatrix}$，计算 $f(A) = A^2 - 2A$；$g(A) = A^n - 2A^{n-1}$（$n \geq 2$，为正整数）。

解： 因为

$$A^2 = \begin{pmatrix} 2 & 0 & 2 \\ 0 & 4 & 0 \\ 2 & 0 & 2 \end{pmatrix} = 2A$$

故 $f(A) = A^2 - 2A = O$。

当 n 为大于 2 的正整数时，有 $g(A) = A^{n-2}(A^2 - 2A) = A^{n-2}O = O$。

例 7 的 Maple 源程序如下：

```
>#example7
>with(linalg):with(LinearAlgebra):
>A:=Matrix(3,3,[1,0,1,0,2,0,1,0,1]);
```

$$A := \begin{bmatrix} 1 & 0 & 1 \\ 0 & 2 & 0 \\ 1 & 0 & 1 \end{bmatrix}$$

```
>A^2-2*A;
```

$$\begin{bmatrix} 0 & 0 & 0 \\ 0 & 0 & 0 \\ 0 & 0 & 0 \end{bmatrix}$$

2.1.7　矩阵的转置

定义 9（转置矩阵）　设矩阵

矩阵的转置

$$A = \begin{pmatrix} a_{11} & a_{12} & \cdots & a_{1n} \\ a_{21} & a_{22} & \cdots & a_{2n} \\ \vdots & \vdots & & \vdots \\ a_{m1} & a_{m2} & \cdots & a_{mn} \end{pmatrix}_{m \times n}$$

将其行与列依次互换位置，得到 $n \times m$ 矩阵

$$\begin{pmatrix} a_{11} & a_{21} & \cdots & a_{m1} \\ a_{12} & a_{22} & \cdots & a_{m2} \\ \vdots & \vdots & & \vdots \\ a_{1n} & a_{2n} & \cdots & a_{mn} \end{pmatrix}_{n \times m}$$

上式称为 A 的转置矩阵，记作 A^{T}。

例如矩阵 $A = \begin{pmatrix} 1 & -1 & 5 \\ 6 & 7 & 8 \end{pmatrix}$ 的转置矩阵 $A^{\mathrm{T}} = \begin{pmatrix} 1 & 6 \\ -1 & 7 \\ 5 & 8 \end{pmatrix}$。

矩阵的转置也可以看作矩阵的一种运算，这种运算具有以下性质：

（1）$(A^{\mathrm{T}})^{\mathrm{T}} = A$。

（2）$(A+B)^{\mathrm{T}} = A^{\mathrm{T}} + B^{\mathrm{T}}$。

（3）$(\lambda A)^{\mathrm{T}} = \lambda A^{\mathrm{T}}$。

（4）$(AB)^{\mathrm{T}} = B^{\mathrm{T}} A^{\mathrm{T}}$。

定义 10（方阵的行列式） 由 n 阶方阵 A 的元素所构成的行列式（各元素的位置不变），称为方阵 A 的行列式，记作 $|A|$ 或 $\det(A)$。

由行列式的性质，容易得到方阵的行列式具有如下的运算性质：

（1）若 $A = (a_{ij})_{n \times n}$，则 $|A^{\mathrm{T}}| = |A|$。

（2）若 $A = (a_{ij})_{n \times n}$，$k$ 是数，则 $|kA| = k^n |A|$。

（3）若 A、B 均为 n 阶方阵，则 $|AB| = |A||B|$。

习题 2.1

1. 设矩阵 $A = (a_{ij})_{m \times n}$，$B = (b_{ij})_{p \times q}$，则矩阵 A 与 B 可作加法 $A+B$ 的条件是_____，可作乘法 AB 的条件是_____。

2. 设 $A = (1,1,1)$，$B = (-1,-1,-1)$，则 $AB^{\mathrm{T}} = $_____，$A^{\mathrm{T}}B = $_____。

3. 设 $A = \begin{pmatrix} 2 & 2 \\ -3 & -3 \end{pmatrix}$，$B = \begin{pmatrix} 1 & -\dfrac{1}{3} \\ -1 & \dfrac{1}{3} \end{pmatrix}$，则 $AB = $_____，$BA = $_____。

4. $A = \begin{pmatrix} 1 & 2 & 1 & 1 \\ 0 & 2 & 2 & 4 \\ 4 & 6 & 8 & 0 \end{pmatrix}$，$B = \begin{pmatrix} 25 \\ 10 \\ 30 \\ 0 \end{pmatrix}$，$C = \begin{pmatrix} 40 \\ 0 \\ 30 \\ 5 \end{pmatrix}$，则 $AB = $_____，$AC = $_____。

5. 若 $\alpha = (1,\ 2,\ 3)$，$\beta = \left(1,\ \dfrac{1}{2},\ \dfrac{1}{3}\right)$，$A = \alpha^{\mathrm{T}}\beta$，则 $A^n = $_____。

6. 设 A 是 $m \times n$ 矩阵，B 是 $n \times p$ 矩阵，C 是 $p \times m$ 矩阵，则下列运算不可行的是（　　）。

    A. $C + (AB)^{\mathrm{T}}$ B. ABC C. $(BC)^{\mathrm{T}} - A$ D. AC^{T}

7. 设 A 是 $m \times n$ 矩阵，B 是 $n \times m$ 矩阵（$m \neq n$），则下列选项中（　　）的运算结果是 n 阶方阵。

    A. AB B. $A^{\mathrm{T}}B^{\mathrm{T}}$ C. $B^{\mathrm{T}}A^{\mathrm{T}}$ D. $(AB)^{\mathrm{T}}$

8. 已知 $A = \begin{pmatrix} 2 & 4 & 1 \\ -1 & -2 & 0 \\ 3 & 0 & 0 \end{pmatrix}$，$B = \begin{pmatrix} 3 & -4 & -1 \\ 1 & 0 & 2 \\ -3 & 1 & 1 \end{pmatrix}$，求 $2A - 3B$。

9. 设 $A = \begin{pmatrix} 1 & 1 & 1 \\ 1 & 1 & -1 \\ 1 & -1 & 1 \end{pmatrix}$，$B = \begin{pmatrix} 1 & 2 & 3 \\ -1 & -2 & 4 \\ 0 & 5 & 1 \end{pmatrix}$，求 $3AB - 2A$ 和 $A^{\mathrm{T}}B$。

10. 判断题。

（1）设 A、B 为 n 阶方阵，则 $(A+B)^2 = A^2 + 2AB + B^2$。 （   ）

（2）设 A、B 为 n 阶方阵，且 $A^{\mathrm{T}} = A$，$B^{\mathrm{T}} = -B$，则 $(AB - BA)^{\mathrm{T}} = AB - BA$。 （   ）

（3）设 A、B 为 n 阶方阵，且 $AB = O$，则 $A = O$ 或 $B = O$。 （   ）

11. 设 A 为 n 阶方阵，$B = \dfrac{1}{2}(A+E)$，试证 $B^2 = B$ 的充分必要条件是 $A^2 = E$。

12. 设 A 为 n 阶对称阵，且 $A^2 = O$，求 A。

13. 举反例说明下列命题是错误的：

（1）若 $A^2 = O$，则 $A = O$。

（2）若 $A^2 = A$，则 $A = O$ 或 $A = E$。

（3）若 $AX = AY$，且 $A \neq O$，则 $X = Y$。

2.2　可逆矩阵

可逆矩阵

在对矩阵进行乘法运算时，可以看出单位矩阵 E 具有和 1 类似的性质，对于任意的 n 阶矩阵 A 都有 $AE = EA = A$ 成立。而在数字乘法过程中，当数字 $a \neq 0$ 时，则有 a 的逆元（倒数）a^{-1}，使得 $aa^{-1} = a^{-1}a = 1$ 成立。类似地，我们可以在矩阵乘法运算的基础上引入逆矩阵的概念。

2.2.1　可逆矩阵的概念

定义 1（逆矩阵）　设 A 为 n 阶矩阵，如果存在 n 阶矩阵 B，使得

$$AB = BA = E$$

则称矩阵 A 为可逆矩阵（简称 A 可逆），并称矩阵 B 为 A 的逆矩阵，记作 $A^{-1} = B$。

由定义 1 可知，如果矩阵 A 可逆，则 A 的逆矩阵是唯一的。这是因为，假设 B 与 C 都是 A 的逆矩阵，则有

$$AB = BA = E，\quad AC = CA = E$$

于是

$$B = BE = B(AC) = (BA)C = EC = C$$

所以，A 的逆矩阵是唯一的。

例 1　验证 $A = \begin{pmatrix} 1 & 2 \\ 2 & 3 \end{pmatrix}$ 的逆矩阵是 $B = \begin{pmatrix} -3 & 2 \\ 2 & -1 \end{pmatrix}$。

解：因为

$$AB = \begin{pmatrix} 1 & 2 \\ 2 & 3 \end{pmatrix}\begin{pmatrix} -3 & 2 \\ 2 & -1 \end{pmatrix} = \begin{pmatrix} 1 & 0 \\ 0 & 1 \end{pmatrix}, \quad BA = \begin{pmatrix} -3 & 2 \\ 2 & -1 \end{pmatrix}\begin{pmatrix} 1 & 2 \\ 2 & 3 \end{pmatrix} = \begin{pmatrix} 1 & 0 \\ 0 & 1 \end{pmatrix}$$

即 $AB = BA = E$，故 A 可逆，且 A 的逆矩阵是 B。

例 1 的 Maple 源程序如下：

```
>#example1
>with(linalg):with(LinearAlgebra):
>A:=Matrix(2,2,[1,2,2,3]);B:=Matrix(2,2,[-3,2,2,-1]);
```

$$A := \begin{bmatrix} 1 & 2 \\ 2 & 3 \end{bmatrix}$$

$$B := \begin{bmatrix} -3 & 2 \\ 2 & -1 \end{bmatrix}$$

```
>Multiply(A,B);Multiply(B,A);
```

$$\begin{bmatrix} 1 & 0 \\ 0 & 1 \end{bmatrix}$$

$$\begin{bmatrix} 1 & 0 \\ 0 & 1 \end{bmatrix}$$

很容易得出结论：

（1）单位矩阵 E 可逆。因为 $EE = E$，所以 E 可逆，且单位矩阵 E 的逆矩阵就是其自身。

（2）零矩阵不可逆。因为零矩阵与任意矩阵相乘都是零矩阵。

2.2.2 逆矩阵的计算

定义 2（伴随矩阵） 设 $A = (a_{ij})_{n \times n}$ 是 n 阶矩阵，元素 a_{ij} 所对应的代数余子式为 A_{ij}，则

$$A^* = \begin{pmatrix} A_{11} & A_{21} & \cdots & A_{n1} \\ A_{12} & A_{22} & \cdots & A_{n2} \\ \vdots & \vdots & & \vdots \\ A_{1n} & A_{2n} & \cdots & A_{nn} \end{pmatrix}$$

称为矩阵 A 的伴随矩阵。

显然有

$$AA^* = \begin{pmatrix} a_{11} & a_{12} & \cdots & a_{1n} \\ a_{21} & a_{22} & \cdots & a_{2n} \\ \vdots & \vdots & & \vdots \\ a_{n1} & a_{n2} & \cdots & a_{nn} \end{pmatrix}\begin{pmatrix} A_{11} & A_{21} & \cdots & A_{n1} \\ A_{12} & A_{22} & \cdots & A_{n2} \\ \vdots & \vdots & & \vdots \\ A_{1n} & A_{2n} & \cdots & A_{nn} \end{pmatrix} = \begin{pmatrix} |A| & & & \\ & |A| & & \\ & & \ddots & \\ & & & |A| \end{pmatrix} = |A|E$$

即 $AA^* = A^*A = |A|E$。

定理 1 n 阶矩阵 A 可逆的充分必要条件是 $|A| \neq 0$，并且当 A 可逆时，有 $A^{-1} = \dfrac{1}{|A|}A^*$。

证明：如果矩阵 A 满足 $|A| \neq 0$，则有

$$A\left(\frac{1}{|A|}A^*\right) = \left(\frac{1}{|A|}A^*\right)A = E$$

由逆矩阵的定义可知，A 可逆，并且 $A^{-1} = \dfrac{1}{|A|} A^*$。

反之，设 A 是可逆矩阵，由逆矩阵的定义可知，存在矩阵 B，使 $AB = BA = E$，两边取行列式得

$$|AB| = |A||B| = 1$$

所以有 $|A| \neq 0$。

证毕。

推论 1　设 A、B 为 n 阶矩阵，并且满足 $AB = E$，则 A、B 都可逆，且

$$A^{-1} = B, \quad B^{-1} = A$$

证明： 由 $AB = E$ 得 $|AB| = |A| \cdot |B| = |E| = 1$，故 $|A| \neq 0$，因而 A^{-1} 存在，于是

$$B = EB = A^{-1}AB = A^{-1}(AB) = A^{-1}E = A^{-1}$$

同理可证 $B^{-1} = A$。

证毕。

例 2　设 $A = \begin{pmatrix} a & b \\ c & d \end{pmatrix}$，试判定当 a、b、c、d 满足什么条件时，A 可逆。当 A 可逆时，求 A^{-1}。

解： 由定理 1 可知，A 可逆 $\Leftrightarrow |A| \neq 0$，即 $\begin{vmatrix} a & b \\ c & d \end{vmatrix} = ad - bc \neq 0$，又

$$A^* = \begin{pmatrix} A_{11} & A_{21} \\ A_{12} & A_{22} \end{pmatrix} = \begin{pmatrix} d & -b \\ -c & a \end{pmatrix}$$

所以

$$A^{-1} = \frac{1}{|A|} A^* = \frac{1}{ad-bc} \begin{pmatrix} d & -b \\ -c & a \end{pmatrix}$$

例 2 的 Maple 源程序如下：

```
>#example2
>with(linalg):with(LinearAlgebra):
>A:=Matrix(2,2,[a,b,c,d]);
```

$$A := \begin{bmatrix} a & b \\ c & d \end{bmatrix}$$

```
>adj(A);
```

$$\begin{bmatrix} d & -b \\ -c & a \end{bmatrix}$$

```
>inverse(A);
```

$$\begin{bmatrix} \dfrac{d}{ad-bc} & -\dfrac{b}{ad-bc} \\ -\dfrac{c}{ad-bc} & \dfrac{a}{ad-bc} \end{bmatrix}$$

定理 1 不仅解决了如何判断一个方阵是否可逆的问题，同时还给出了一种求逆的方法，即

$$A^{-1} = \frac{1}{|A|}A^*$$

例3 判定下列矩阵 A 和 B 是否可逆，若可逆，求出 A^{-1} 和 B^{-1}。

$$A = \begin{pmatrix} 1 & 1 \\ 3 & 4 \end{pmatrix}, \quad B = \begin{pmatrix} 2 & 3 & 3 \\ 1 & -1 & 0 \\ -1 & 2 & 1 \end{pmatrix}$$

解： 由于 $|A| = \begin{vmatrix} 1 & 1 \\ 3 & 4 \end{vmatrix} = 1 \neq 0$，故 A 可逆。又 $A^* = \begin{pmatrix} 4 & -1 \\ -3 & 1 \end{pmatrix}$，所以

$$A^{-1} = \frac{1}{|A|}A^* = \begin{pmatrix} 4 & -1 \\ -3 & 1 \end{pmatrix}$$

又因为

$$|B| = \begin{vmatrix} 2 & 3 & 3 \\ 1 & -1 & 0 \\ -1 & 2 & 1 \end{vmatrix} = -2 \neq 0$$

所以 B 可逆，又

$$B_{11} = (-1)^{1+1}\begin{vmatrix} -1 & 0 \\ 2 & 1 \end{vmatrix} = -1, \quad B_{21} = (-1)^{2+1}\begin{vmatrix} 3 & 3 \\ 2 & 1 \end{vmatrix} = 3, \quad B_{31} = (-1)^{3+1}\begin{vmatrix} 3 & 3 \\ -1 & 0 \end{vmatrix} = 3$$

$$B_{12} = (-1)^{1+2}\begin{vmatrix} 1 & 0 \\ -1 & 1 \end{vmatrix} = -1, \quad B_{22} = (-1)^{2+2}\begin{vmatrix} 2 & 3 \\ -1 & 1 \end{vmatrix} = 5, \quad B_{32} = (-1)^{3+2}\begin{vmatrix} 2 & 3 \\ 1 & 0 \end{vmatrix} = 3$$

$$B_{13} = (-1)^{1+3}\begin{vmatrix} 1 & -1 \\ -1 & 2 \end{vmatrix} = 1, \quad B_{23} = (-1)^{2+3}\begin{vmatrix} 2 & 3 \\ -1 & 2 \end{vmatrix} = -7, \quad B_{33} = (-1)^{3+3}\begin{vmatrix} 2 & 3 \\ 1 & -1 \end{vmatrix} = -5$$

故

$$B^{-1} = \frac{1}{B}B^* = -\frac{1}{2}\begin{pmatrix} -1 & 3 & 3 \\ -1 & 5 & 3 \\ 1 & -7 & -5 \end{pmatrix} = \begin{pmatrix} \frac{1}{2} & -\frac{3}{2} & -\frac{3}{2} \\ \frac{1}{2} & -\frac{5}{2} & -\frac{3}{2} \\ -\frac{1}{2} & \frac{7}{2} & \frac{5}{2} \end{pmatrix}$$

例3 的 Maple 源程序如下：

```
>#example3
>with(linalg):with(LinearAlgebra):
> A:=Matrix(2,2,[1,1,3,4]);
```
$$A := \begin{bmatrix} 1 & 1 \\ 3 & 4 \end{bmatrix}$$
```
>m:=det(A);
```
$$m := 1$$
```
>B:=Matrix(3,3,[2,3,3,1,-1,0,-1,2,1]);
```
$$B := \begin{bmatrix} 2 & 3 & 3 \\ 1 & -1 & 0 \\ -1 & 2 & 1 \end{bmatrix}$$

```
>n:=det(B);
n := -2
>inverse(A);
```
$$\begin{bmatrix} 4 & -1 \\ -3 & 1 \end{bmatrix}$$

```
>inverse(B);
```
$$\begin{bmatrix} \dfrac{1}{2} & \dfrac{-3}{2} & \dfrac{-3}{2} \\ \dfrac{1}{2} & \dfrac{-5}{2} & \dfrac{-3}{2} \\ \dfrac{-1}{2} & \dfrac{7}{2} & \dfrac{5}{2} \end{bmatrix}$$

例 4   设方阵 A 满足方程 $A^2 - 3A - 10E = O$，证明：A 与 $A - 4E$ 都可逆，并求出它们的逆矩阵。

证明： 由 $A^2 - 3A - 10E = O$ 得 $A(A - 3E) = 10E$，即 $A\left(\dfrac{A - 3E}{10}\right) = E$，故 A 可逆，且

$$A^{-1} = \frac{1}{10}(A - 3E)$$

再由 $A^2 - 3A - 10E = O$ 得 $(A + E)(A - 4E) = 6E$，即 $\dfrac{1}{6}(A + E)(A - 4E) = E$，故 $A - 4E$ 可逆，且

$$(A - 4E)^{-1} = \frac{1}{6}(A + E)$$

2.2.3   可逆矩阵的运算性质

性质 1   如果 A、B 为 n 阶可逆矩阵，则 AB 也可逆，并且 $(AB)^{-1} = B^{-1}A^{-1}$。

证明： 因为 A、B 均为 n 阶可逆矩阵，且 $|AB| = |A||B| \neq 0$，所以 AB 也可逆，又因为

$$(AB)(B^{-1}A^{-1}) = A(BB^{-1})A^{-1} = AEA^{-1} = AA^{-1} = E$$

所以 $(AB)^{-1} = B^{-1}A^{-1}$。

性质 1 可以推广到多个可逆矩阵相乘的情况，即如果 n 阶矩阵 $A_1, A_2, \cdots, A_t$ 都可逆，则 $A_1 A_2 \cdots A_t$ 也可逆，并且 $(A_1 A_2 \cdots A_t)^{-1} = A_t^{-1} A_{t-1}^{-1} \cdots A_2^{-1} A_1^{-1}$。

性质 2   如果矩阵 A 可逆，则其转置矩阵 A^{T} 也可逆，并且 $(A^{\mathrm{T}})^{-1} = (A^{-1})^{\mathrm{T}}$。

证明： 由于 $A^{\mathrm{T}}(A^{-1})^{\mathrm{T}} = (A^{-1}A)^{\mathrm{T}} = E^{\mathrm{T}} = E$，所以 A^{T} 可逆，并且 $(A^{\mathrm{T}})^{-1} = (A^{-1})^{\mathrm{T}}$。

性质 3   如果矩阵 A 可逆，则对于非零常数 k，kA 也可逆，并且 $(kA)^{-1} = k^{-1}A^{-1} = \dfrac{1}{k}A^{-1}$。

证明： 由于 $(kA)\left(\dfrac{1}{k}A^{-1}\right) = \left(k\dfrac{1}{k}\right)(AA^{-1}) = E$，可知 kA 也可逆，并且 $(kA)^{-1} = \dfrac{1}{k}A^{-1}$。

性质 4   如果矩阵 A 可逆，则 $(A^{-1})^{-1} = A$。

例 5   矩阵 $A = \begin{pmatrix} 0 & 3 & 3 \\ 1 & 1 & 0 \\ -1 & 2 & 3 \end{pmatrix}$，且 $AB = A + 2B$，求 B。

解： 由 $AB = A + 2B$ 得 $(A-2E)B = A$。因为

$$|A-2E| = \begin{vmatrix} -2 & 3 & 3 \\ 1 & -1 & 0 \\ -1 & 2 & 1 \end{vmatrix} = \begin{vmatrix} 1 & 3 & 3 \\ 0 & -1 & 0 \\ 1 & 2 & 1 \end{vmatrix} = 2 \neq 0$$

所以

$$(A-2E)^{-1} = \frac{1}{|A-2E|}(A-2E)^* = \frac{1}{2}\begin{pmatrix} -1 & 3 & 3 \\ -1 & 1 & 3 \\ 1 & 1 & -1 \end{pmatrix}$$

又因为

$$B = (A-2E)^{-1}A$$

因此

$$B = \begin{pmatrix} 0 & 3 & 3 \\ -1 & 2 & 3 \\ 1 & 1 & 0 \end{pmatrix}$$

例 5 的 Maple 源程序如下：

```
>#example5
>with(linalg):with(LinearAlgebra):
>A:=Matrix(3,3,[0,3,3,1,1,0,-1,2,3]);
```
$$A := \begin{bmatrix} 0 & 3 & 3 \\ 1 & 1 & 0 \\ -1 & 2 & 3 \end{bmatrix}$$
```
>det(A-2*E);
 2
>p:=inverse(A-2*E);
```
$$p := \begin{bmatrix} \dfrac{-1}{2} & \dfrac{3}{2} & \dfrac{3}{2} \\ \dfrac{-1}{2} & \dfrac{1}{2} & \dfrac{3}{2} \\ \dfrac{1}{2} & \dfrac{1}{2} & \dfrac{-1}{2} \end{bmatrix}$$
```
>B:=multiply(p,A);
```
$$B := \begin{bmatrix} 0 & 3 & 3 \\ -1 & 2 & 3 \\ 1 & 1 & 0 \end{bmatrix}$$

例6 设

$$A = \begin{pmatrix} 1 & 2 & 3 \\ 2 & 2 & 1 \\ 3 & 4 & 3 \end{pmatrix}, \quad B = \begin{pmatrix} 2 & 1 \\ 5 & 3 \end{pmatrix}, \quad C = \begin{pmatrix} 1 & 3 \\ 2 & 0 \\ 3 & 1 \end{pmatrix}$$

求矩阵 X，使其满足 $AXB = C$。

解： 若 A^{-1}、B^{-1} 存在，则用 A^{-1} 左乘上式，B^{-1} 右乘上式，有

$$A^{-1}AXBB^{-1} = A^{-1}CB^{-1}$$

即

$$X = A^{-1}CB^{-1}$$

因为

$$A = \begin{pmatrix} 1 & 2 & 3 \\ 2 & 2 & 1 \\ 3 & 4 & 3 \end{pmatrix}, \quad B = \begin{pmatrix} 2 & 1 \\ 5 & 3 \end{pmatrix}$$

所以 $|A| = 2$，$|B| = 1$，由此可知 A、B 均可逆，且

$$A^{-1} = \begin{pmatrix} 1 & 3 & -2 \\ -\dfrac{3}{2} & -3 & \dfrac{5}{2} \\ 1 & 1 & -1 \end{pmatrix}, \quad B^{-1} = \begin{pmatrix} 3 & -1 \\ -5 & 2 \end{pmatrix}$$

于是

$$X = A^{-1}CB^{-1} = \begin{pmatrix} 1 & 3 & -2 \\ -\dfrac{3}{2} & -3 & \dfrac{5}{2} \\ 1 & 1 & -1 \end{pmatrix} \begin{pmatrix} 1 & 3 \\ 2 & 0 \\ 3 & 1 \end{pmatrix} \begin{pmatrix} 3 & -1 \\ -5 & 2 \end{pmatrix} = \begin{pmatrix} -2 & 1 \\ 10 & -4 \\ -10 & 4 \end{pmatrix}$$

例 6 的 Maple 源程序如下：

```
>#example6
>with(linalg):with(LinearAlgebra):
>A:=Matrix(3,3,[1,2,3,2,2,1,3,4,3]);
```

$$A := \begin{bmatrix} 1 & 2 & 3 \\ 2 & 2 & 1 \\ 3 & 4 & 3 \end{bmatrix}$$

```
>det(A);
  2
>B:=Matrix(2,2,[2,1,5,3]);
```

$$B := \begin{bmatrix} 2 & 1 \\ 5 & 3 \end{bmatrix}$$

```
>det(B);
  1
>m:=inverse(A);
```

$$m := \begin{bmatrix} 1 & 3 & -2 \\ \dfrac{-3}{2} & -3 & \dfrac{5}{2} \\ 1 & 1 & -1 \end{bmatrix}$$

```
>n:=inverse(B);
```

$$n := \begin{bmatrix} 3 & -1 \\ -5 & 2 \end{bmatrix}$$

```
>C:=Matrix(3,2,[1,3,2,0,3,1]);
```

$$C := \begin{bmatrix} 1 & 3 \\ 2 & 0 \\ 3 & 1 \end{bmatrix}$$

```
>X:=multiply(m,C,n);
```

$$X := \begin{bmatrix} -2 & 1 \\ 10 & -4 \\ -10 & 4 \end{bmatrix}$$

可以看出，逆矩阵在求解方程组以及矩阵方程中有重要的作用。当 $|A| \neq 0$ 时，称 A 为非奇异矩阵，否则称 A 为奇异矩阵。由定理 1 可知，矩阵 A 是可逆矩阵的充分必要条件是 A 为非奇异矩阵。

习题 2.2

1. 设 A 是 n 阶（$n \geq 3$）方阵，A^* 是其伴随矩阵，k 为常数，$k \neq 0$，则 $(kA)^* = $（　　）。

   A. kA^*　　　　　B. $k^{n-1}A^*$　　　　　C. $k^n A^*$　　　　　D. $k^{-1}A^*$

2. 设 A 为 n 阶方阵，且 $|A| = a \neq 0$，则 $|A^*| = $（　　）。

   A. a　　　　　B. $\dfrac{1}{a}$　　　　　C. a^{n-1}　　　　　D. a^n

3. 设 A、B 均为 n 阶方阵，下列结论中正确的是（　　）。

   A. 若 A、B 均可逆，则 $A+B$ 可逆　　　　B. 若 A、B 均可逆，则 AB 可逆

   C. 若 $A+B$ 可逆，则 $A-B$ 可逆　　　　D. 若 $A+B$ 可逆，则 A、B 可逆

4. 判断题。

   （1）方阵 A 可逆的充要条件是 $|A| \neq 0$。　　　　　　　　　　　　　　（　　）

   （2）可逆的对称矩阵的逆矩阵仍为对称矩阵。　　　　　　　　　　　　　（　　）

   （3）设方阵 A 可逆，则对任意实数 λ，λA 均可逆。　　　　　　　（　　）

5. 求下列矩阵的逆矩阵：

（1）$\begin{pmatrix} 3 & 1 \\ 5 & 2 \end{pmatrix}$;　　　（2）$\begin{pmatrix} 1 & 0 & 0 \\ 2 & 2 & 5 \\ 0 & 1 & 3 \end{pmatrix}$;　　　（3）$\begin{pmatrix} 2 & 2 & 3 \\ 1 & -1 & 0 \\ -1 & 2 & 1 \end{pmatrix}$;

（4）$\begin{pmatrix} 0 & 0 & 5 & 2 \\ 0 & 0 & 2 & 1 \\ 8 & 3 & 0 & 0 \\ 5 & 2 & 0 & 0 \end{pmatrix}$;　　　（5）$\begin{pmatrix} 1 & 0 & 0 & 0 \\ 1 & 2 & 0 & 0 \\ 3 & 0 & 2 & 1 \\ 1 & 4 & 2 & 2 \end{pmatrix}$

6. 求解下列矩阵方程：

（1）$\begin{pmatrix} 2 & 5 \\ 1 & 3 \end{pmatrix} X = \begin{pmatrix} 4 & -6 \\ 2 & 1 \end{pmatrix}$;　　　（2）$\begin{pmatrix} 1 & 4 \\ -1 & 2 \end{pmatrix} X \begin{pmatrix} 2 & 0 \\ -1 & 1 \end{pmatrix} = \begin{pmatrix} 3 & 1 \\ 0 & -1 \end{pmatrix}$;

（3）$\begin{pmatrix} 1 & 1 & -1 \\ 0 & 2 & 2 \\ 1 & -1 & 0 \end{pmatrix} X = \begin{pmatrix} 1 \\ 1 \\ 2 \end{pmatrix}$;　　　（4）$\begin{pmatrix} 2 & 2 & 3 \\ 1 & -1 & 0 \\ -1 & 2 & 1 \end{pmatrix} X = \begin{pmatrix} 2 & 2 \\ 3 & 2 \\ 0 & -2 \end{pmatrix}$

（5） $\begin{pmatrix} 0 & 1 & 0 \\ 1 & 0 & 0 \\ 0 & 0 & 1 \end{pmatrix} X \begin{pmatrix} 2 & 0 \\ -1 & 1 \end{pmatrix} = \begin{pmatrix} 1 & 3 \\ 2 & -1 \\ 1 & 0 \end{pmatrix}$

7. 设 n 阶方阵 A 满足 $(A+E)^3 = O$，证明矩阵 A 可逆，并写出 A 的逆矩阵的表达式。

8. 设方阵 A 满足 $A^2 + A - 4E = O$，证明 A 与 $A-E$ 都可逆，并求 A^{-1} 与 $(A-E)^{-1}$。

9. 设 A、B 均为 n 阶非奇异矩阵，求证 AB 可逆。

10. 设 $A^k = O$（k 为整数），求证 $E - A$ 可逆。

2.3 分块矩阵

分块矩阵

本节将介绍一种在处理阶数较高的矩阵时常用的技巧——矩阵的分块。有时，我们把一个大矩阵看成是由一些小矩阵组成的，就如矩阵是由数组成的一样。特别是在运算中，把这些小矩阵当作数一样来处理，这就是所谓的矩阵的分块。下面通过例子来说明这种方法。

$$A = \begin{pmatrix} 1 & 0 & 0 & -1 & 2 \\ 0 & 1 & 0 & 2 & 3 \\ 0 & 0 & 1 & 5 & 1 \\ 0 & 0 & 0 & 2 & 0 \\ 0 & 0 & 0 & 0 & 2 \end{pmatrix} = \begin{pmatrix} E_3 & A_1 \\ O & 2E_2 \end{pmatrix}$$

其中 E_2、E_3 分别表示二阶和三阶单位矩阵，而 $A_1 = \begin{pmatrix} -1 & 2 \\ 2 & 3 \\ 5 & 1 \end{pmatrix}$，$O = \begin{pmatrix} 0 & 0 & 0 \\ 0 & 0 & 0 \end{pmatrix}$。

每一个小矩阵称为矩阵 A 的一个子块或子阵，原矩阵分块后就称为分块矩阵。上述矩阵 A 也可以采用另外的分块方法，如果令

$$\varepsilon_1 = \begin{pmatrix} 1 \\ 0 \\ 0 \\ 0 \\ 0 \end{pmatrix}, \quad \varepsilon_2 = \begin{pmatrix} 0 \\ 1 \\ 0 \\ 0 \\ 0 \end{pmatrix}, \quad \varepsilon_3 = \begin{pmatrix} 0 \\ 0 \\ 1 \\ 0 \\ 0 \end{pmatrix}, \quad \alpha_1 = \begin{pmatrix} -1 \\ 2 \\ 5 \\ 2 \\ 0 \end{pmatrix}, \quad \alpha_2 = \begin{pmatrix} 2 \\ 3 \\ 1 \\ 0 \\ 2 \end{pmatrix}$$

则

$$A = \begin{pmatrix} 1 & 0 & 0 & -1 & 2 \\ 0 & 1 & 0 & 2 & 3 \\ 0 & 0 & 1 & 5 & 1 \\ 0 & 0 & 0 & 2 & 0 \\ 0 & 0 & 0 & 0 & 2 \end{pmatrix} = (\varepsilon_1, \varepsilon_2, \varepsilon_3, \alpha_1, \alpha_2)$$

采用怎样的分块方法，要根据原矩阵的结构特点，既要使子块在参与运算时不失意义，又要为运算的方便考虑，这就是对矩阵进行分块处理的目的。

设 A、B 是两个 $m \times n$ 矩阵，对 A、B 都用同样的方法分块得到分块矩阵

$$A = \begin{pmatrix} A_{11} & A_{12} & \cdots & A_{1t} \\ A_{21} & A_{22} & \cdots & A_{2t} \\ \vdots & \vdots & & \vdots \\ A_{s1} & A_{s2} & \cdots & A_{st} \end{pmatrix}, \quad B = \begin{pmatrix} B_{11} & B_{12} & \cdots & B_{1t} \\ B_{21} & B_{22} & \cdots & B_{2t} \\ \vdots & \vdots & & \vdots \\ B_{s1} & B_{s2} & \cdots & B_{st} \end{pmatrix}$$

则

$$A + B = \begin{pmatrix} A_{11} + B_{11} & A_{12} + B_{12} & \cdots & A_{1t} + B_{1t} \\ A_{21} + B_{21} & A_{22} + B_{22} & \cdots & A_{2t} + B_{2t} \\ \vdots & \vdots & & \vdots \\ A_{s1} + B_{s1} & A_{s2} + B_{s2} & \cdots & A_{st} + B_{st} \end{pmatrix}$$

A 与 B 的分块方法相同是为了保证各对应子块（作为矩阵）可以相加。

设 k 为一个常数，则

$$kA = \begin{pmatrix} kA_{11} & kA_{12} & \cdots & kA_{1t} \\ kA_{21} & kA_{22} & \cdots & kA_{2t} \\ \vdots & \vdots & & \vdots \\ kA_{s1} & kA_{s2} & \cdots & kA_{st} \end{pmatrix}$$

这就是说，两个行数与列数都相同的矩阵 A、B，按同一种分块方法分块，当 A 与 B 相加时，只需把对应位置的子块相加；当一个数 k 乘以一个分块矩阵时，只需要用这个数遍乘各子块。

设 $A = (a_{ik})$ 是 $m \times n$ 矩阵，$B = (b_{kj})$ 是 $n \times p$ 矩阵，把 A 和 B 分块，并使 A 的列的分法与 B 的行的分法相同，即

$$A = \begin{matrix} & \begin{matrix} n_1 & n_2 & \cdots & n_s \end{matrix} & \\ \begin{pmatrix} A_{11} & A_{12} & \cdots & A_{1s} \\ A_{21} & A_{22} & \cdots & A_{2s} \\ \vdots & \vdots & & \vdots \\ A_{r1} & A_{r2} & \cdots & A_{rs} \end{pmatrix} & \begin{matrix} m_1 \\ m_2 \\ \vdots \\ m_r \end{matrix} \end{matrix}, \quad B = \begin{matrix} & \begin{matrix} p_1 & p_2 & \cdots & p_t \end{matrix} & \\ \begin{pmatrix} B_{11} & B_{12} & \cdots & B_{1t} \\ B_{21} & B_{22} & \cdots & B_{2t} \\ \vdots & \vdots & & \vdots \\ B_{s1} & B_{s2} & \cdots & B_{st} \end{pmatrix} & \begin{matrix} n_1 \\ n_2 \\ \vdots \\ n_s \end{matrix} \end{matrix}$$

其中，m_i、n_j 分别为 A 的子块 A_{ij} 的行数与列数；n_i、p_l 分别为 B 的子块 B_{ij} 的行数与列数。$\sum\limits_{i=1}^{r} m_i = m$，$\sum\limits_{j=1}^{s} n_j = n$，$\sum\limits_{l=1}^{t} p_l = p$，则

$$C = AB = \begin{matrix} & \begin{matrix} p_1 & p_2 & \cdots & p_t \end{matrix} & \\ \begin{pmatrix} C_{11} & C_{12} & \cdots & C_{1t} \\ C_{21} & C_{22} & \cdots & C_{2t} \\ \vdots & \vdots & & \vdots \\ C_{r1} & C_{r2} & \cdots & C_{rt} \end{pmatrix} & \begin{matrix} m_1 \\ m_2 \\ \vdots \\ m_r \end{matrix} \end{matrix}$$

其中，$C_{ij} = A_{i1}B_{1j} + A_{i2}B_{2j} + \ldots + A_{is}B_{sj}$。

由此可以看出，要使矩阵的分块乘法能够进行，在对矩阵分块时必须满足：

（1）以子块为元素时，两矩阵可乘，即左矩阵的列块数应等于右矩阵的行块数。

（2）相应地，需做乘法的子块也应可乘，即左子块的列数应等于右子块的行数。

若将 A、B 直接相乘，可得同样的结果。

例1 设 $A = \begin{pmatrix} 1 & 0 & 0 & 0 & 0 \\ 0 & 1 & 0 & 0 & 0 \\ 0 & 0 & 1 & 0 & 0 \\ 1 & 2 & 3 & 2 & 0 \\ -2 & 4 & 7 & 0 & 2 \end{pmatrix}$，$B = \begin{pmatrix} -2 & 1 & 0 & 0 \\ 1 & 0 & 0 & 0 \\ 0 & 2 & 0 & 0 \\ 3 & 0 & 1 & 0 \\ 0 & 3 & 0 & 1 \end{pmatrix}$，求 AB。

解： A、B 分块成

$$A = \begin{pmatrix} E_3 & O \\ A_1 & 2E_2 \end{pmatrix}, \quad B = \begin{pmatrix} B_1 & O \\ 3E_2 & E_2 \end{pmatrix}$$

则

$$AB = \begin{pmatrix} E_3 & O \\ A_1 & 2E_2 \end{pmatrix} \begin{pmatrix} B_1 & O \\ 3E_2 & E_2 \end{pmatrix}$$

$$= \begin{pmatrix} E_3 \cdot B_1 + O \cdot 3E_2 & E_3 \cdot O + O \cdot E_2 \\ A_1 \cdot B_1 + 2E_2 \cdot 3E_2 & A_1 \cdot O + 2E_2 \cdot E_2 \end{pmatrix}$$

$$= \begin{pmatrix} B_1 & O \\ A_1 \cdot B_1 + 6E_2 & 2E_2 \end{pmatrix}$$

由于

$$A_1 B_1 = \begin{pmatrix} 1 & 2 & 3 \\ -2 & 4 & 7 \end{pmatrix} \begin{pmatrix} -2 & 1 \\ 1 & 0 \\ 0 & 2 \end{pmatrix} = \begin{pmatrix} 0 & 7 \\ 8 & 12 \end{pmatrix}$$

所以

$$AB = \begin{pmatrix} -2 & 1 & 0 & 0 \\ 1 & 0 & 0 & 0 \\ 0 & 2 & 0 & 0 \\ 6 & 7 & 2 & 0 \\ 8 & 18 & 0 & 2 \end{pmatrix}$$

设分块矩阵为 $A = \begin{pmatrix} A_{11} & A_{12} & \cdots & A_{1t} \\ A_{21} & A_{22} & \cdots & A_{2t} \\ \vdots & \vdots & & \vdots \\ A_{s1} & A_{s2} & \cdots & A_{st} \end{pmatrix}$，则有 $A^T = \begin{pmatrix} A_{11}^T & A_{21}^T & \cdots & A_{s1}^T \\ A_{12}^T & A_{22}^T & \cdots & A_{s2}^T \\ \vdots & \vdots & & \vdots \\ A_{1t}^T & A_{2t}^T & \cdots & A_{st}^T \end{pmatrix}$，即分块矩阵

转置时，不仅要把当作元素看待的子块行列互换，而且要把每个子块内部的元素也做相应的行列互换。

例2 如果 A^{-1}、B^{-1} 存在，则可利用分块矩阵求矩阵 $D = \begin{pmatrix} A & O \\ C & B \end{pmatrix}$ 的逆矩阵

$$D^{-1} = \begin{pmatrix} A^{-1} & O \\ -B^{-1}CA^{-1} & B^{-1} \end{pmatrix}, \text{ 特别地，当 } C = O \text{ 时，有 } \begin{pmatrix} A & O \\ O & B \end{pmatrix}^{-1} = \begin{pmatrix} A^{-1} & O \\ O & B^{-1} \end{pmatrix}.$$

习题 2.3

1. 已知分块对角矩阵 $B = \begin{pmatrix} A_1 & & & \\ & A_2 & & \\ & & \ddots & \\ & & & A_s \end{pmatrix}$ 和 A_i（$i = 1, 2, \cdots, s$）均可逆，则 $|B| = $ _____，

$B^{-1} = $ _____。

2. 设矩阵 $A = \begin{pmatrix} 1 & 0 & 1 & 3 \\ 0 & 1 & 2 & 4 \\ 0 & 0 & -1 & 0 \\ 0 & 0 & 0 & -1 \end{pmatrix}$，$B = \begin{pmatrix} 1 & 2 & 0 & 0 \\ 2 & 0 & 0 & 0 \\ 6 & 3 & 1 & 0 \\ 0 & -2 & 0 & 1 \end{pmatrix}$，利用分块矩阵计算 kA 和 $A + B$。

3. 设矩阵 $A = \begin{pmatrix} 1 & 0 & 0 & 1 & 2 \\ 0 & 1 & 0 & 3 & 4 \\ 0 & 0 & 1 & 5 & 6 \end{pmatrix}$，$B = \begin{pmatrix} 6 & 5 \\ 4 & 3 \\ 2 & 1 \\ 1 & 0 \\ 0 & 1 \end{pmatrix}$，利用分块矩阵求 AB。

4. 设矩阵 $A = \begin{pmatrix} 1 & 0 & 0 & 0 \\ 0 & 1 & 0 & 0 \\ -1 & 2 & 1 & 0 \\ 1 & 1 & 0 & 1 \end{pmatrix}$，$B = \begin{pmatrix} 1 & 0 & 1 & 0 \\ -1 & 2 & 0 & 1 \\ 1 & 0 & 4 & 1 \\ -1 & -1 & 2 & 0 \end{pmatrix}$，利用分块矩阵求 AB。

5. 设 $A = \begin{pmatrix} 5 & 0 & 0 \\ 0 & 3 & 1 \\ 0 & 2 & 1 \end{pmatrix}$，利用分块矩阵求 A^{-1}。

6. 设 A、B 都是可逆阵，求 $\begin{pmatrix} O & A \\ B & O \end{pmatrix}$ 的逆矩阵。

7. 设 $A = \begin{pmatrix} 5 & 2 & 0 & 0 \\ 2 & 1 & 0 & 0 \\ 0 & 0 & 1 & -2 \\ 0 & 0 & 1 & 1 \end{pmatrix}$，利用分块矩阵计算 A^{-1}。

8. 设 $A = \begin{pmatrix} 1 & 0 & 0 & 0 \\ 1 & 2 & 0 & 0 \\ 2 & 1 & 3 & 0 \\ 1 & 2 & 1 & 4 \end{pmatrix}$，利用分块矩阵计算 A^{-1}。

2.4　矩阵的初等变换

矩阵的初等变换是矩阵的一种非常重要的运算，在求解线性方程组、求逆矩阵及矩阵的秩的研究中都有十分重要的作用。

2.4.1　矩阵的初等变换

矩阵的初等变换

定义 1（初等变换）　以下 3 种变换称为矩阵的初等行变换：

（1）互换变换：互换矩阵的某两行（对换第 i、j 行，记作 $r_i \leftrightarrow r_j$）。

（2）倍乘变换：以不等于 0 的数 k 乘以矩阵某一行的所有元素（第 i 行乘以不等于 0 的数 k，记作 kr_i 或 $r_i \times k$）。

（3）倍加变换：将矩阵的某一行的 k 倍加到另一行对应元素上去（第 j 行的 k 倍加到第 i 行的对应元素上去，记作 $r_i + kr_j$）。

把上述定义中的"行"换成"列"，即得矩阵的初等列变换，相应的初等列变换分别记作 $c_i \leftrightarrow c_j$、kc_i、$c_i + kc_j$。

矩阵的初等行变换和初等列变换统称为矩阵的初等变换。

定义 2（矩阵等价）　如果矩阵 A 经有限次初等行变换得到矩阵 B，则称 A 与 B 行等价；如果矩阵 A 经有限次初等列变换得到矩阵 B，则称 A 与 B 列等价；矩阵的初等行列等价统称为矩阵等价，记作 $A \sim B$。

矩阵等价具有以下运算规律：

（1）自反性：$A \sim A$。

（2）对称性：若 $A \sim B$，则 $B \sim A$。

（3）传递性：若 $A \sim B$，$B \sim C$，则 $A \sim C$。

数学中把具有上述三条规律的关系称为等价关系。因此，矩阵等价就是一种等价关系。

定义 3（行阶梯形矩阵）　如果矩阵 A 满足下列条件：

（1）A 中零行都在非零行的下方（元素全为零的行称为零行，否则称为非零行）。

（2）下一非零行的首元素（非零行的第一个不为零的元素称为首元素）均在上一非零行的首元素的右侧，称矩阵 A 为行阶梯形矩阵。

例如

$$\begin{pmatrix} 2 & 1 & 5 & 4 \\ 0 & 3 & 0 & 1 \\ 0 & 0 & 0 & 0 \end{pmatrix}, \quad \begin{pmatrix} 4 & 1 & 3 & 2 & 5 \\ 0 & 0 & 1 & 2 & 1 \\ 0 & 0 & 0 & 0 & 2 \end{pmatrix}$$

都是行阶梯形矩阵。

定理 1　任何一个 $m \times n$ 矩阵 A 都行等价于一个行阶梯形矩阵。

例 1　设矩阵

$$A = \begin{pmatrix} 1 & 0 & -1 & 0 \\ -2 & 4 & 2 & -8 \\ 3 & -6 & -3 & 12 \end{pmatrix}$$

对 A 施行初等行变换，化 A 为行阶梯形矩阵。

解： $A \xrightarrow[r_3-3r_1]{r_2+2r_1} \begin{pmatrix} 1 & 0 & -1 & 0 \\ 0 & 4 & 0 & -8 \\ 0 & -6 & 0 & 12 \end{pmatrix} \xrightarrow{r_3+\frac{3}{2}r_2} \begin{pmatrix} 1 & 0 & -1 & 0 \\ 0 & 4 & 0 & -8 \\ 0 & 0 & 0 & 0 \end{pmatrix}$

例 1 的 Maple 源程序如下：

```
>#example1
>with(linalg):with(LinearAlgebra):
>A:=Matrix(3,4,[1,0,-1,0,-2,4,2,-8,3,-6,-3,12]);
```

$$A := \begin{bmatrix} 1 & 0 & -1 & 0 \\ -2 & 4 & 2 & -8 \\ 3 & -6 & -3 & 12 \end{bmatrix}$$

```
>B:=gausselim(A);
```

$$B := \begin{bmatrix} 1 & 0 & -1 & 0 \\ 0 & 4 & 0 & -8 \\ 0 & 0 & 0 & 0 \end{bmatrix}$$

定义 4（行最简形矩阵）　如果矩阵 A 是行阶梯形矩阵，且具有以下两个特点：

（1）A 中非零行的首元素全为 1。

（2）首元素 1 所在的列的其他元素全为 0，称矩阵 A 为行最简形矩阵。

对于例 1 中得到的行阶梯形矩阵，再对第二行乘以 $\frac{1}{4}$，得到行最简形矩阵：

$$\begin{pmatrix} 1 & 0 & -1 & 0 \\ 0 & 1 & 0 & -2 \\ 0 & 0 & 0 & 0 \end{pmatrix}$$

对上面所化得的行最简形矩阵施以初等列变换，可化成如下形式的矩阵：

$$\begin{pmatrix} 1 & 0 & -1 & 0 \\ 0 & 1 & 0 & -2 \\ 0 & 0 & 0 & 0 \end{pmatrix} \xrightarrow[c_4+2c_2]{c_3+c_1} \begin{pmatrix} 1 & 0 & 0 & 0 \\ 0 & 1 & 0 & 0 \\ 0 & 0 & 0 & 0 \end{pmatrix} = F = \begin{pmatrix} E & O \\ O & O \end{pmatrix}$$

矩阵 F 的左上角是一个单位矩阵 E，其他元素全为 0，称矩阵 F 为矩阵 A 的标准形。

同样可以用归纳法证明：

（1）任何一个 $m \times n$ 矩阵 A 行等价于一个行最简形矩阵。

（2）任何一个 $m \times n$ 矩阵 A 等价于标准形，即：

$$A \xrightarrow{初等变换} \begin{pmatrix} E_{r \times r} & O_{r \times (n-r)} \\ O_{(m-r) \times r} & O_{(m-r) \times (n-r)} \end{pmatrix} \quad （其中 r 是行阶梯形矩阵中非零行的行数）$$

2.4.2　初等矩阵

定义 5（初等矩阵）　单位矩阵 E 经一次初等变换后得到的矩阵称为初等矩阵。

初等矩阵

3 种初等变换对应 3 种初等矩阵。

（1）互换初等矩阵：互换 E 的第 i 行与第 j 行（或互换 E 的第 i 列与第 j 列）后得到的初等矩阵记作 $E(i,j)$，即：

$$E(i,j) = \begin{pmatrix} 1 & & & & & & & & & \\ & \ddots & & & & & & & & \\ & & 1 & & & & & & & \\ & & & 0 & \cdots & 1 & & & & \\ & & & & 1 & & & & & \\ & & & \vdots & \ddots & \vdots & & & & \\ & & & & & 1 & & & & \\ & & & 1 & \cdots & 0 & & & & \\ & & & & & & 1 & & & \\ & & & & & & & \ddots & \\ & & & & & & & & 1 \end{pmatrix} \begin{matrix} \\ \\ \\ \text{第}i\text{行} \\ \\ \\ \\ \text{第}j\text{行} \\ \\ \\ \\ \end{matrix}$$

（2）倍乘初等矩阵：用不等于零的数 k 乘以 E 的第 i 行（或列）后得到的初等矩阵记作 $E(i(k))$，即：

$$E(i(k)) = \begin{pmatrix} 1 & & & & & \\ & \ddots & & & & \\ & & 1 & & & \\ & & & k & & \\ & & & & 1 & \\ & & & & & \ddots & \\ & & & & & & 1 \end{pmatrix} \begin{matrix} \\ \\ \\ \text{第}i\text{行} \\ \\ \\ \end{matrix}$$

（3）倍加初等矩阵：用数 k 乘以 E 的第 j 行，再加到 E 的第 i 行上去（用数 k 乘以 E 的第 i 列，再加到 E 的第 j 列上去）所得到的初等矩阵记作 $E(i,j(k))$，即：

$$E(i,j(k)) = \begin{pmatrix} 1 & & & & & \\ & \ddots & & & & \\ & & 1 & \cdots & k & \\ & & & \ddots & \vdots & \\ & & & & 1 & \\ & & & & & \ddots & \\ & & & & & & 1 \end{pmatrix} \begin{matrix} \\ \\ \text{第}i\text{行} \\ \\ \text{第}j\text{行} \\ \\ \end{matrix}$$

初等矩阵的性质：初等矩阵为可逆矩阵，且它们的逆矩阵仍为初等矩阵。

（1）$E(i,j)$ 可逆，其逆 $E(i,j)^{-1} = E(i,j)$。

（2）$E(i(k))$ 可逆，其逆 $E(i(k))^{-1} = E\left(i\left(\dfrac{1}{k}\right)\right)$。

（3）$E(i,j(k))$ 可逆，其逆 $E(i,j(k))^{-1} = E(i,j(-k))$。

定理 2 设 A 是一个 $m \times n$ 矩阵，用 m 阶初等矩阵左乘矩阵 A，其结果就是对 A 施行一次相应的初等行变换；用 n 阶初等矩阵右乘矩阵 A，其结果就是对 A 施行一次相应的初等列变换。

证明： 将矩阵 $A_{m \times n}$ 按行分块，且记 A 的第 i 行为 β_i（$i = 1, 2, \cdots, m$），则：

$$A = \begin{pmatrix} \beta_1 \\ \beta_2 \\ \vdots \\ \beta_m \end{pmatrix}$$

（1）矩阵 $A_{m \times n}$ 左边乘一个 m 阶初等矩阵 $E(i, j)$，得

$$E(i,j)A = \begin{pmatrix} 1 & & & & & & & & & \\ & \ddots & & & & & & & & \\ & & 1 & & & & & & & \\ & & & 0 & \cdots & 1 & & & & \\ & & & & 1 & & & & & \\ & & & \vdots & & \ddots & \vdots & & & \\ & & & & & & 1 & & & \\ & & & 1 & \cdots & 0 & & & & \\ & & & & & & & 1 & & \\ & & & & & & & & \ddots & \\ & & & & & & & & & 1 \end{pmatrix} \begin{pmatrix} \beta_1 \\ \vdots \\ \beta_i \\ \vdots \\ \beta_j \\ \vdots \\ \beta_m \end{pmatrix} = \begin{pmatrix} \beta_1 \\ \vdots \\ \beta_j \\ \vdots \\ \beta_i \\ \vdots \\ \beta_m \end{pmatrix}$$

这相当于对矩阵 A 施行互换变换。

（2）矩阵 $A_{m \times n}$ 左边乘一个 m 阶初等矩阵 $E(i(k))$，$k \neq 0$，得

$$E(i(k))A = \begin{pmatrix} 1 & & & & & \\ & \ddots & & & & \\ & & 1 & & & \\ & & & k & & \\ & & & & 1 & \\ & & & & & \ddots \\ & & & & & & 1 \end{pmatrix} \begin{pmatrix} \beta_1 \\ \vdots \\ \beta_i \\ \vdots \\ \beta_m \end{pmatrix} = \begin{pmatrix} \beta_1 \\ \vdots \\ k\beta_i \\ \vdots \\ \beta_m \end{pmatrix}$$

这相当于对矩阵 A 施行倍乘变换。

（3）矩阵 $A_{m \times n}$ 左边乘一个 m 阶初等矩阵 $E(i, j(k))$，得

$$E(i,j(k))A = \begin{pmatrix} 1 & & & & & \\ & \ddots & & & & \\ & & 1 & \cdots & k & \\ & & & \ddots & \vdots & \\ & & & & 1 & \\ & & & & & \ddots \\ & & & & & & 1 \end{pmatrix} \begin{pmatrix} \beta_1 \\ \vdots \\ \beta_i \\ \vdots \\ \beta_j \\ \vdots \\ \beta_m \end{pmatrix} = \begin{pmatrix} \beta_1 \\ \vdots \\ \beta_i + k\beta_j \\ \vdots \\ \beta_j \\ \vdots \\ \beta_m \end{pmatrix}$$

这相当于对矩阵 A 施行倍加变换。

证毕。

例如，设有矩阵

$$A = \begin{pmatrix} a_{11} & a_{12} & a_{13} \\ a_{21} & a_{22} & a_{23} \\ a_{31} & a_{32} & a_{33} \end{pmatrix}$$

用三阶初等矩阵 $E(1,3)$、$E(3(k))$、$E(2,1(k))$ 分别左乘矩阵 A，得

$$E(1,3)A = \begin{pmatrix} 0 & 0 & 1 \\ 0 & 1 & 0 \\ 1 & 0 & 0 \end{pmatrix} \begin{pmatrix} a_{11} & a_{12} & a_{13} \\ a_{21} & a_{22} & a_{23} \\ a_{31} & a_{32} & a_{33} \end{pmatrix} = \begin{pmatrix} a_{31} & a_{32} & a_{33} \\ a_{21} & a_{22} & a_{23} \\ a_{11} & a_{12} & a_{13} \end{pmatrix}$$

$$E(3(k))A = \begin{pmatrix} 1 & 0 & 0 \\ 0 & 1 & 0 \\ 0 & 0 & k \end{pmatrix} \begin{pmatrix} a_{11} & a_{12} & a_{13} \\ a_{21} & a_{22} & a_{23} \\ a_{31} & a_{32} & a_{33} \end{pmatrix} = \begin{pmatrix} a_{11} & a_{12} & a_{13} \\ a_{21} & a_{22} & a_{23} \\ ka_{31} & ka_{32} & ka_{33} \end{pmatrix}$$

$$E(2,1(k))A = \begin{pmatrix} 1 & 0 & 0 \\ k & 1 & 0 \\ 0 & 0 & 1 \end{pmatrix} \begin{pmatrix} a_{11} & a_{12} & a_{13} \\ a_{21} & a_{22} & a_{23} \\ a_{31} & a_{32} & a_{33} \end{pmatrix} = \begin{pmatrix} a_{11} & a_{12} & a_{13} \\ ka_{11}+a_{21} & ka_{12}+a_{22} & ka_{13}+a_{23} \\ a_{31} & a_{32} & a_{33} \end{pmatrix}$$

定理 2 也可以叙述为：设 A 是一个 $m \times n$ 矩阵，对 A 施行一次初等行变换，相当于在 A 的左边乘以相应的 m 阶初等矩阵；对 A 施行一次初等列变换，相当于在 A 的右边乘以相应的 n 阶初等矩阵。

又因为任何一个矩阵总可以经过有限次初等变换化为标准形，容易得到下述定理。

定理 3　方阵 A 可逆的充要条件是 $A \sim E$。

定理 4　方阵 A 可逆的充要条件是存在有限个初等矩阵 $P_1, P_2, \cdots, P_s$，使得

$$A = P_1 P_2 \cdots P_s$$

证明： 先证必要性。设 n 阶方阵 A 可逆，则 $A \sim E$，又根据等价的对称性得 $E \sim A$，即 E 可经若干次初等变换化为 A，从而存在初等矩阵 $P_1, P_2, \cdots, P_r, \cdots, P_s$，使得

$$P_1 \cdots P_r E P_{r+1} \cdots P_s = A$$

即

$$A = P_1 P_2 \cdots P_s$$

再证充分性。设 $A = P_1 P_2 \cdots P_s$，因初等矩阵可逆，有限个可逆矩阵的乘积仍可逆，故 A 可逆。

证毕。

通过以上两个定理我们可以得到用初等行变换判别方阵 A 是否可逆及求 A^{-1} 的方法。由分块矩阵运算，我们对 $n \times 2n$ 矩阵 $(A \mid E)$ 施以初等行变换，把 A 化为 E 的同时就把 E 化为 A^{-1}，即

$$(A \mid E) \xrightarrow{\text{有限次初等行变换}} (E \mid A^{-1})$$

同时，我们得到了下述推论。

推论　设 A 与 B 为 $m \times n$ 矩阵，那么：

（1）A 与 B 行等价的充要条件是存在 m 阶可逆矩阵 P，使得 $PA = B$。

（2）A 与 B 列等价的充要条件是存在 n 阶可逆矩阵 Q，使得 $AQ = B$。

（3）A 与 B 等价的充要条件是存在 m 阶可逆矩阵 P 及 n 阶可逆矩阵 Q，使得 $PAQ = B$。

例2　设

$$A = \begin{pmatrix} 1 & 2 & 2 \\ 3 & 1 & 0 \\ -1 & -1 & -1 \end{pmatrix}$$

求 A^{-1}。

解： $(A \mid E) = \left(\begin{array}{ccc|ccc} 1 & 2 & 2 & 1 & 0 & 0 \\ 3 & 1 & 0 & 0 & 1 & 0 \\ -1 & -1 & -1 & 0 & 0 & 1 \end{array} \right)$

$\xrightarrow[r_3+r_1]{r_2-3r_1} \left(\begin{array}{ccc|ccc} 1 & 2 & 2 & 1 & 0 & 0 \\ 0 & -5 & -6 & -3 & 1 & 0 \\ 0 & 1 & 1 & 1 & 0 & 1 \end{array} \right) \xrightarrow{r_2 \leftrightarrow r_3} \left(\begin{array}{ccc|ccc} 1 & 2 & 2 & 1 & 0 & 0 \\ 0 & 1 & 1 & 1 & 0 & 1 \\ 0 & -5 & -6 & -3 & 1 & 0 \end{array} \right)$

$\xrightarrow[r_3+5r_2]{r_1-2r_2} \left(\begin{array}{ccc|ccc} 1 & 0 & 0 & -1 & 0 & -2 \\ 0 & 1 & 1 & 1 & 0 & 1 \\ 0 & 0 & -1 & 2 & 1 & 5 \end{array} \right) \xrightarrow{r_3 \times (-1)} \left(\begin{array}{ccc|ccc} 1 & 0 & 0 & -1 & 0 & -2 \\ 0 & 1 & 1 & 1 & 0 & 1 \\ 0 & 0 & 1 & -2 & -1 & -5 \end{array} \right)$

$\xrightarrow{r_2-r_3} \left(\begin{array}{ccc|ccc} 1 & 0 & 0 & -1 & 0 & -2 \\ 0 & 1 & 0 & 3 & 1 & 6 \\ 0 & 0 & 1 & -2 & -1 & -5 \end{array} \right)$

故

$$A^{-1} = \begin{pmatrix} -1 & 0 & -2 \\ 3 & 1 & 6 \\ -2 & -1 & -5 \end{pmatrix}$$

例 2 的 Maple 源程序如下：

```
>#example2
>with(linalg):with(LinearAlgebra):
>A:=Matrix(3,3,[1,2,2,3,1,0,-1,-1,-1]);
```

$$A := \begin{bmatrix} 1 & 2 & 2 \\ 3 & 1 & 0 \\ -1 & -1 & -1 \end{bmatrix}$$

```
>inverse(A);
```

$$\begin{bmatrix} -1 & 0 & -2 \\ 3 & 1 & 6 \\ -2 & -1 & -5 \end{bmatrix}$$

求可逆矩阵的逆矩阵，可理解为当 A 可逆时求矩阵方程 $AX = E$ 的解。据此可考虑当 A 可逆时，求矩阵方程 $AX = B$ 的解，显见唯一解为 $X = A^{-1}B$。按常规欲求 X，要先计算出 A^{-1}，再算出 $A^{-1}B$。也可根据 $A^{-1}(A \mid B) = (E \mid A^{-1}B)$，对矩阵 $(A \mid B)$ 施以初等行变换，把 A 化为单位矩阵的同时就把 B 化为 $A^{-1}B$，即：

$$(A \mid B) \xrightarrow{\text{有限次初等行变换}} (E \mid A^{-1}B)$$

例3 设

$$A = \begin{pmatrix} 1 & 1 & 1 & \cdots & 1 \\ 0 & 1 & 1 & \cdots & 1 \\ 0 & 0 & 1 & \cdots & 1 \\ \vdots & \vdots & \vdots & & \vdots \\ 0 & 0 & 0 & \cdots & 1 \end{pmatrix}_{n \times n} , \quad B = \begin{pmatrix} 1 & 2 & 3 & \cdots & n \\ 0 & 1 & 2 & \cdots & n-1 \\ 0 & 0 & 1 & \cdots & n-2 \\ \vdots & \vdots & \vdots & & \vdots \\ 0 & 0 & 0 & \cdots & 1 \end{pmatrix}_{n \times n}$$

求矩阵 X，使 $AX = B$。

解：由 $|A| = 1 \neq 0$ 知 A 可逆，因而 $X = A^{-1}B$，下面用初等行变换求出 X。

$$(A \mid B) = \begin{pmatrix} 1 & 1 & 1 & \cdots & 1 & 1 & 2 & 3 & \cdots & n \\ 0 & 1 & 1 & \cdots & 1 & 0 & 1 & 2 & \cdots & n-1 \\ 0 & 0 & 1 & \cdots & 1 & 0 & 0 & 1 & \cdots & n-2 \\ \vdots & \vdots & \vdots & & \vdots & \vdots & \vdots & \vdots & & \vdots \\ 0 & 0 & 0 & \cdots & 1 & 0 & 0 & 0 & \cdots & 1 \end{pmatrix}$$

$$\xrightarrow[\substack{r_2 - r_3 \\ \vdots \\ r_{n-1} - r_n}]{r_1 - r_2} \begin{pmatrix} 1 & 0 & 0 & \cdots & 0 & 1 & 1 & 1 & \cdots & 1 \\ 0 & 1 & 0 & \cdots & 0 & 0 & 1 & 1 & \cdots & 1 \\ 0 & 0 & 1 & \cdots & 0 & 0 & 0 & 1 & \cdots & 1 \\ \vdots & \vdots & \vdots & & \vdots & \vdots & \vdots & \vdots & & \vdots \\ 0 & 0 & 0 & \cdots & 1 & 0 & 0 & 0 & \cdots & 1 \end{pmatrix}$$

故

$$X = \begin{pmatrix} 1 & 1 & 1 & \cdots & 1 \\ 0 & 1 & 1 & \cdots & 1 \\ 0 & 0 & 1 & \cdots & 1 \\ \vdots & \vdots & \vdots & & \vdots \\ 0 & 0 & 0 & \cdots & 1 \end{pmatrix}$$

同理，当 A 可逆时，求矩阵方程 $XA = B$ 的唯一解 $X = BA^{-1}$ 亦可用初等列变换较为简便地求得

$$\left(\frac{A}{B} \right) \xrightarrow{\text{初等列变换}} \left(\frac{E}{BA^{-1}} \right)$$

于是当 A、B 均为可逆矩阵时，可用初等变换求矩阵方程 $AXB = C$ 的唯一解 $X = A^{-1}CB^{-1}$。

$$(A \mid C) \xrightarrow{\text{初等行变换}} (E \mid A^{-1}C)$$

$$\left(\frac{B}{A^{-1}C}\right) \xrightarrow{\text{初等列变换}} \left(\frac{E}{A^{-1}CB^{-1}}\right)$$

例 4　试用初等变换求矩阵方程 $AXB=C$，其中

$$A = \begin{pmatrix} 1 & 2 & 3 \\ 2 & 1 & 2 \\ 1 & 3 & 4 \end{pmatrix}, \quad B = \begin{pmatrix} 7 & 9 \\ 4 & 5 \end{pmatrix}, \quad C = \begin{pmatrix} 1 & 2 \\ 1 & 0 \\ 2 & 3 \end{pmatrix}$$

解： $|A|=1\neq 0$，$|B|=-1\neq 0$，故 A、B 均可逆。先计算

$$(A \mid C) = \begin{pmatrix} 1 & 2 & 3 & | & 1 & 2 \\ 2 & 1 & 2 & | & 1 & 0 \\ 1 & 3 & 4 & | & 2 & 3 \end{pmatrix} \xrightarrow[r_3-r_1]{r_2-2r_1} \begin{pmatrix} 1 & 2 & 3 & | & 1 & 2 \\ 0 & -3 & -4 & | & -1 & -4 \\ 0 & 1 & 1 & | & 1 & 1 \end{pmatrix}$$

$$\xrightarrow{r_2 \leftrightarrow r_3} \begin{pmatrix} 1 & 2 & 3 & | & 1 & 2 \\ 0 & 1 & 1 & | & 1 & 1 \\ 0 & -3 & -4 & | & -1 & -4 \end{pmatrix} \xrightarrow[r_3+3r_2]{r_1-2r_2} \begin{pmatrix} 1 & 0 & 1 & | & -1 & 0 \\ 0 & 1 & 1 & | & 1 & 1 \\ 0 & 0 & -1 & | & 2 & -1 \end{pmatrix}$$

$$\xrightarrow[\substack{r_2+r_3 \\ r_1\times(-1)}]{r_1+r_3} \begin{pmatrix} 1 & 0 & 0 & | & 1 & -1 \\ 0 & 1 & 0 & | & 3 & 0 \\ 0 & 0 & 1 & | & -2 & 1 \end{pmatrix}$$

故

$$A^{-1}C = \begin{pmatrix} 1 & -1 \\ 3 & 0 \\ -2 & 1 \end{pmatrix}$$

再计算

$$\left(\frac{B}{A^{-1}C}\right) = \begin{pmatrix} 7 & 9 \\ 4 & 5 \\ \hline 1 & -1 \\ 3 & 0 \\ -2 & 1 \end{pmatrix} \xrightarrow[\frac{1}{7}c_1]{c_2-\frac{9}{7}c_1} \begin{pmatrix} 1 & 0 \\ \frac{4}{7} & \frac{-1}{7} \\ \hline \frac{1}{7} & \frac{-16}{7} \\ \frac{3}{7} & \frac{-27}{7} \\ \frac{-2}{7} & \frac{25}{7} \end{pmatrix} \xrightarrow[-7c_2]{c_1+4c_2} \begin{pmatrix} 1 & 0 \\ 0 & 1 \\ \hline -9 & 16 \\ -15 & 27 \\ 14 & -25 \end{pmatrix}$$

故

$$X = A^{-1}CB^{-1} = \begin{pmatrix} -9 & 16 \\ -15 & 27 \\ 14 & -25 \end{pmatrix}$$

例 4 的 Maple 源程序如下：

```
>#example4
>with(linalg):with(LinearAlgebra):
```

```
>A:=Matrix(3,3,[1,2,3,2,1,2,1,3,4]);
```

$$A := \begin{bmatrix} 1 & 2 & 3 \\ 2 & 1 & 2 \\ 1 & 3 & 4 \end{bmatrix}$$

```
>C:=Matrix(3,2,[1,2,1,0,2,3]);
```

$$C := \begin{bmatrix} 1 & 2 \\ 1 & 0 \\ 2 & 3 \end{bmatrix}$$

```
>multiply(inverse(A),C);
```

$$\begin{bmatrix} 1 & -1 \\ 3 & 0 \\ -2 & 1 \end{bmatrix}$$

```
>E:=Matrix(3,2,[1,-1,3,0,-2,1]);
```

$$E := \begin{bmatrix} 1 & -1 \\ 3 & 0 \\ -2 & 1 \end{bmatrix}$$

```
>B:=Matrix(2,2,[7,9,4,5]);
```

$$B := \begin{bmatrix} 7 & 9 \\ 4 & 5 \end{bmatrix}$$

```
>multiply(E,inverse(B));
```

$$\begin{bmatrix} -9 & 16 \\ -15 & 27 \\ 14 & -25 \end{bmatrix}$$

习题 2.4

1．用初等行变换将下列矩阵化为行最简形矩阵：

（1）$\begin{pmatrix} 1 & -1 & 2 & 1 \\ 1 & 1 & -1 & 0 \\ 2 & 0 & 1 & 1 \end{pmatrix}$；

（2）$\begin{pmatrix} 2 & 3 & 1 & -3 & -7 \\ 1 & 2 & 0 & -2 & -4 \\ 3 & -2 & 8 & 3 & 0 \\ 2 & -3 & 7 & 4 & 3 \end{pmatrix}$

2．用初等行变换将下列矩阵化为标准形矩阵：

（1）$\begin{pmatrix} 1 & 2 & 3 \\ 3 & 1 & 2 \\ 2 & 3 & 1 \end{pmatrix}$；

（2）$\begin{pmatrix} 2 & 1 & 2 & 3 \\ 4 & 1 & 3 & 5 \\ 2 & 0 & 1 & 2 \end{pmatrix}$

3．矩阵 $A = \begin{pmatrix} 1 & -2 & 3 & -1 \\ 2 & -1 & 2 & 2 \\ 3 & 1 & 2 & 3 \end{pmatrix}$ 的行最简形是（   ）。

A. $\begin{pmatrix} 1 & 0 & 0 & 0 \\ 0 & 1 & 0 & 0 \\ 0 & 0 & 1 & 0 \\ 0 & 0 & 0 & 1 \end{pmatrix}$

B. $\begin{pmatrix} 1 & -2 & 3 & -1 \\ 0 & 1 & 1 & -2 \\ 0 & 0 & -7 & 10 \end{pmatrix}$

$$C. \begin{pmatrix} 1 & -2 & 3 & -1 \\ 0 & 1 & 1 & -2 \\ 0 & 0 & 1 & -\dfrac{10}{7} \end{pmatrix} \qquad D. \begin{pmatrix} 1 & 0 & 0 & \dfrac{15}{7} \\ 0 & 1 & 0 & -\dfrac{4}{7} \\ 0 & 0 & 1 & -\dfrac{10}{7} \end{pmatrix}$$

4. 下列矩阵中，（　　）不是初等矩阵。

$$A. \begin{pmatrix} 0 & 0 & 1 \\ 0 & 1 & 0 \\ 1 & 0 & 0 \end{pmatrix} \qquad B. \begin{pmatrix} 0 & 0 & 1 \\ 0 & -1 & 0 \\ 1 & 0 & 0 \end{pmatrix}$$

$$C. \begin{pmatrix} 1 & 0 & 0 \\ 0 & 3 & 0 \\ 0 & 0 & 1 \end{pmatrix} \qquad D. \begin{pmatrix} 1 & 0 & 0 \\ 0 & 1 & 0 \\ 5 & 0 & 1 \end{pmatrix}$$

5. 利用初等变换求下列矩阵的逆矩阵：

$$(1)\begin{pmatrix} 1 & -1 & -1 \\ 2 & -1 & -3 \\ -3 & 4 & 4 \end{pmatrix}; \qquad (2)\begin{pmatrix} 2 & 0 & 1 \\ 1 & -2 & -1 \\ -1 & 3 & 2 \end{pmatrix}$$

$$(3)\begin{pmatrix} 1 & 1 & 1 & 1 \\ 1 & 1 & 1 & 0 \\ 1 & 1 & 0 & 0 \\ 1 & 0 & 0 & 0 \end{pmatrix}; \qquad (4)\begin{pmatrix} 3 & -2 & 0 & -1 \\ 0 & 2 & 2 & 1 \\ 1 & -2 & -3 & -2 \\ 3 & 1 & 2 & 1 \end{pmatrix}$$

6. 解矩阵方程。

（1）设 $A = \begin{pmatrix} 4 & 1 & -2 \\ 2 & 2 & 1 \\ 3 & 1 & -1 \end{pmatrix}$，$B = \begin{pmatrix} 1 & -3 \\ 2 & 2 \\ 3 & -1 \end{pmatrix}$，求 X 使得 $AX = B$。

（2）设 $A = \begin{pmatrix} 0 & 2 & 1 \\ 2 & -1 & 3 \\ -3 & 3 & -4 \end{pmatrix}$，$B = \begin{pmatrix} 1 & 2 & 3 \\ 2 & -3 & 1 \end{pmatrix}$，求 X 使得 $XA = B$。

（3）设 $A = \begin{pmatrix} 0 & 1 & 0 \\ -1 & 1 & 1 \\ -1 & 0 & -1 \end{pmatrix}$，$B = \begin{pmatrix} 1 & -1 \\ 2 & 0 \\ 5 & 3 \end{pmatrix}$，$X = AX + B$，求矩阵 X。

2.5　矩阵的秩

由 2.4 节我们知道，任一矩阵 A 一定等价于标准形 $\begin{pmatrix} E_r & O \\ O & O \end{pmatrix}$，其中数 r 是线性代数中的一个很重要的量，它是矩阵的一个数字特征。本节将讨论这个量。

2.5.1 矩阵的秩的定义

矩阵的秩的定义

定义 1（k 阶子式）   设 A 是一个 $m \times n$ 矩阵，在 A 中任取 k 行和 k 列（$1 \leqslant k \leqslant m$，$1 \leqslant k \leqslant n$），位于这些行和列交叉处的 k^2 个元素按原来顺序组成的一个 k 阶行列式，称为矩阵 A 的一个 k 阶子式。

注：$m \times n$ 矩阵 A 的 k 阶子式共有 $C_m^k \cdot C_n^k$ 个。

例如，设矩阵 $A = \begin{pmatrix} 1 & 2 & 3 & 4 \\ 0 & 0 & 5 & 7 \\ 0 & 0 & 0 & 0 \end{pmatrix}$，则由 1、2 两行与 1、3 两列交叉的元素构成的 2 阶子式

为 $\begin{vmatrix} 1 & 3 \\ 0 & 5 \end{vmatrix} = 5$。

定义 2（矩阵的秩）   设 A 为 $m \times n$ 矩阵，如果存在 A 的 r 阶子式不为 0，而任何 $r+1$ 阶子式（如果存在的话）都为 0，则称数 r 为矩阵 A 的秩，记作 $R(A) = r$，并规定零矩阵的秩等于 0。

在上例中，则由 1、2 两行与 1、3 两列交叉的元素构成的 2 阶子式为 $\begin{vmatrix} 1 & 3 \\ 0 & 5 \end{vmatrix} = 5 \neq 0$，而 A 的任何 3 阶子式都为 0（因为矩阵的第 3 行元素全为 0），所以 $R(A) = 2$。

例 1   求矩阵 $A = \begin{pmatrix} 1 & -2 & 3 & 5 \\ 0 & 1 & 2 & 1 \\ 1 & -1 & 5 & 6 \end{pmatrix}$ 的秩。

解：因为 $\begin{vmatrix} 1 & -2 \\ 0 & 1 \end{vmatrix} = 1 \neq 0$，而 A 的所有 3 阶子式（共 4 个）均为 0，即

$$\begin{vmatrix} 1 & -2 & 3 \\ 0 & 1 & 2 \\ 1 & -1 & 5 \end{vmatrix} = 0, \quad \begin{vmatrix} 1 & -2 & 5 \\ 0 & 1 & 1 \\ 1 & -1 & 6 \end{vmatrix} = 0$$

$$\begin{vmatrix} -2 & 3 & 5 \\ 1 & 2 & 1 \\ -1 & 5 & 6 \end{vmatrix} = 0, \quad \begin{vmatrix} 1 & 3 & 5 \\ 0 & 2 & 1 \\ 1 & 5 & 6 \end{vmatrix} = 0$$

由定义可知 A 的秩为 2。

例 1 的 Maple 源程序如下：

```
>#example1
>with(linalg):with(LinearAlgebra):
>A:=Matrix(2,2,[1,-2,0,1]);
```

$$A := \begin{bmatrix} 1 & -2 \\ 0 & 1 \end{bmatrix}$$

```
>det(A);
 1
>B:=Matrix(3,3,[1,-2,3,0,1,2,1,-1,5]);
```

$$B := \begin{bmatrix} 1 & -2 & 3 \\ 0 & 1 & 2 \\ 1 & -1 & 5 \end{bmatrix}$$

>det(B);
  0

>C:=Matrix(3,3,[1,-2,5,0,1,1,1,-1,6]);

$$C := \begin{bmatrix} 1 & -2 & 5 \\ 0 & 1 & 1 \\ 1 & -1 & 6 \end{bmatrix}$$

>det(C);
  0

>E:=Matrix(3,3,[-2,3,5,1,2,1,-1,5,6]);

$$E := \begin{bmatrix} -2 & 3 & 5 \\ 1 & 2 & 1 \\ -1 & 5 & 6 \end{bmatrix}$$

>det(E);
  0

>F:=Matrix(3,3,[1,3,5,0,2,1,1,5,6]);

$$F := \begin{bmatrix} 1 & 3 & 5 \\ 0 & 2 & 1 \\ 1 & 5 & 6 \end{bmatrix}$$

>det(F);
  0

可以看到，Maple 给出矩阵 A 有一个 2 阶子式不等于 0，并且所有的 3 阶子式均为 0，因此由定义可知 A 的秩为 2。

例 2　求矩阵 $A = \begin{pmatrix} 1 & 0 & -1 & 2 & 1 \\ 0 & 0 & 2 & 4 & 0 \\ 0 & 0 & 0 & -3 & -2 \\ 0 & 0 & 0 & 0 & 0 \end{pmatrix}$ 的秩。

解：因为 A 的前 3 行及第 1、3 和 4 列构成的 3 阶子式 $\begin{vmatrix} 1 & -1 & 2 \\ 0 & 2 & 4 \\ 0 & 0 & -3 \end{vmatrix} = -6 \neq 0$，并且所有的 4

阶子式全为 0（因为有一行全为 0 元素），故 $R(A) = 3$。

例 2 的 Maple 源程序如下：

>#example2

>with(linalg):with(LinearAlgebra):

>A:=Matrix(3,3,[1,-1,2,0,2,4,0,0,-3]);

$$A := \begin{bmatrix} 1 & -1 & 2 \\ 0 & 2 & 4 \\ 0 & 0 & -3 \end{bmatrix}$$

>det(A);
  -6

可以看到，Maple 给出矩阵 A 有一个 3 阶子式不等于 0，并且其所有的 4 阶子式均为 0，因此由定义可知矩阵 A 的秩为 3。

显然，矩阵的秩具有以下性质：

（1）若矩阵 A 中有某个 s 阶子式不为 0，则 $R(A) \geqslant s$。

（2）若矩阵 A 中所有 t 阶子式全为 0，则 $R(A) < t$。

（3）设 A 为 $m \times n$ 矩阵，则 $0 \leqslant R(A) \leqslant \min\{m,n\}$。

（4）$R(A) = R(A^T)$。

对于 n 阶方阵 A，由于 A 的 n 阶子式只有一个，即 $|A|$，故当 $|A| \neq 0$ 时，$R(A) = n$；当 $|A| = 0$ 时，$R(A) < n$。可见可逆矩阵的秩等于矩阵的阶数。因此，可逆矩阵又称满秩矩阵，不可逆矩阵（奇异矩阵）又称降秩矩阵。

2.5.2 矩阵的秩的计算

矩阵的秩的计算

显然，行阶梯形矩阵的秩就等于它的非零行的行数。这个结论对于任意一个行阶梯形矩阵都成立。但是对于一般的 $m \times n$ 矩阵 A，利用定义明确它的秩可不是一件容易的事，那么在确定矩阵的秩时，能否先用初等变换把矩阵化为阶梯形矩阵，然后再求秩呢？下面的定理给出了肯定的回答。

定理 1   初等变换不改变矩阵的秩，即若 $A \sim B$，则 $R(A) = R(B)$。

证明：先考察一次初等行变换的情形。

设 A 经一次初等行变换变为 B，$R(A) = r$，且 A 的某个 r 阶子式 $D \neq 0$。

当 B 是由 A 经过互换变换或倍乘变换得到时，在 B 中总能找到与 D 所对应的 r 阶子式 D_1，由于 $D_1 = D$ 或 $D_1 = -D$ 或 $D_1 = kD$，因此 $D_1 \neq 0$，从而 $R(B) \geqslant r$。

当 B 是由 A 经过倍加变换得到时，由于互换任意两行时 $R(B) \geqslant r$，因此只需考虑把矩阵 A 的第 2 行乘以数 k 加到第 1 行而得到矩阵 B，分两种情形讨论：

（1）A 的 r 阶非零子式 D 不包含 A 的第 1 行，这时 D 也是 B 的一个 r 阶非零子式，故 $R(B) \geqslant r$。

（2）A 的 r 阶非零子式 D 包含 A 的第 1 行，这时把 B 中与 D 对应的一个 r 阶子式 D_1 记作：

$$D_1 = \begin{vmatrix} r_1 + kr_2 \\ r_p \\ \vdots \\ r_q \end{vmatrix} = \begin{vmatrix} r_1 \\ r_p \\ \vdots \\ r_q \end{vmatrix} + k \begin{vmatrix} r_2 \\ r_p \\ \vdots \\ r_q \end{vmatrix} = D + kD_2$$

若 $p = 2$，则 $D_1 = D \neq 0$；若 $p \neq 2$，则 D_2 也是 B 的一个 r 阶子式，由 $D_1 - kD_2 = D \neq 0$ 知 D_1 与 D_2 不同时为 0。总之，B 中存在 r 阶非零子式 D_1 或 D_2，故 $R(B) \geqslant r$。

以上证明了若 A 经一次初等行变换变为 B，则 $R(A) \leqslant R(B)$，由于 B 也可经一次初等行变换变为 A，故也有 $R(B) \leqslant R(A)$，因此 $R(A) = R(B)$。

经一次初等行变换后矩阵的秩不变，即可知经有限次初等行变换后矩阵的秩也不变。设 A 经过初等列变换变为 B，则 A^T 经过初等行变换变为 B^T，由于 $R(A^T) = R(B^T)$，又 $R(A) = R(A^T)$，

$R(B) = R(B^{\mathrm{T}})$，因此 $R(A) = R(B)$。

总之，若 A 经过有限次初等变换变为 B （即 $A \sim B$ ），则 $R(A) = R(B)$。

证毕。

根据这个定理，我们得到利用初等变换求矩阵的秩的方法：用初等行变换把矩阵变成行阶梯形矩阵，行阶梯形矩阵中非零行的行数就是该矩阵的秩。

例 3　设 $A = \begin{pmatrix} 3 & -1 & -4 & 2 & -2 \\ 1 & 0 & -1 & 1 & 0 \\ 1 & 2 & 1 & 3 & 4 \\ -1 & 4 & 3 & -3 & 0 \end{pmatrix}$，求 $R(A)$。

解：因为 $A = \begin{pmatrix} 3 & -1 & -4 & 2 & -2 \\ 1 & 0 & -1 & 1 & 0 \\ 1 & 2 & 1 & 3 & 4 \\ -1 & 4 & 3 & -3 & 0 \end{pmatrix} \xrightarrow{r_1 \leftrightarrow r_2} \begin{pmatrix} 1 & 0 & -1 & 1 & 0 \\ 3 & -1 & -4 & 2 & -2 \\ 1 & 2 & 1 & 3 & 4 \\ -1 & 4 & 3 & -3 & 0 \end{pmatrix}$

$\xrightarrow[\substack{r_3 - r_1 \\ r_4 + r_1}]{r_2 - 3r_1} \begin{pmatrix} 1 & 0 & -1 & 1 & 0 \\ 0 & -1 & -1 & -1 & -2 \\ 0 & 2 & 2 & 2 & 4 \\ 0 & 4 & 2 & -2 & 0 \end{pmatrix} \xrightarrow[r_4 + 4r_2]{r_3 + 2r_2} \begin{pmatrix} 1 & 0 & -1 & 1 & 0 \\ 0 & -1 & -1 & -1 & -2 \\ 0 & 0 & 0 & 0 & 0 \\ 0 & 0 & -2 & -6 & -8 \end{pmatrix}$

$\xrightarrow{r_3 \leftrightarrow r_4} \begin{pmatrix} 1 & 0 & -1 & 1 & 0 \\ 0 & -1 & -1 & -1 & -2 \\ 0 & 0 & -2 & -6 & -8 \\ 0 & 0 & 0 & 0 & 0 \end{pmatrix}$

所以 $R(A) = 3$。

例 3 的 Maple 源程序如下：

```
>#example3
>with(linalg):with(LinearAlgebra):
>A:=Matrix(4,5,[3,-1,-4,2,-2,1,0,-1,1,0,1,2,1,3,4,-1,4,3,-3,0]);
```

$A := \begin{bmatrix} 3 & -1 & -4 & 2 & -2 \\ 1 & 0 & -1 & 1 & 0 \\ 1 & 2 & 1 & 3 & 4 \\ -1 & 4 & 3 & -3 & 0 \end{bmatrix}$

```
>gausselim(A, 'r');
```

$\begin{bmatrix} 3 & -1 & -4 & 2 & -2 \\ 0 & \dfrac{1}{3} & \dfrac{1}{3} & \dfrac{1}{3} & \dfrac{2}{3} \\ 0 & 0 & -2 & -6 & -8 \\ 0 & 0 & 0 & 0 & 0 \end{bmatrix}$

可以看到，Maple 给出矩阵 A 的行阶梯形矩阵，非零行数为 3，可知矩阵 A 的秩为 3。

例 4　设 $A = \begin{pmatrix} a & b & b & b \\ b & a & b & b \\ b & b & a & b \\ b & b & b & a \end{pmatrix}$，求 $R(A)$。

解： $A \xrightarrow[\substack{c_1+c_2 \\ c_1+c_3 \\ c_1+c_4}]{} \begin{pmatrix} a+3b & b & b & b \\ a+3b & a & b & b \\ a+3b & b & a & b \\ a+3b & b & b & a \end{pmatrix} \xrightarrow[\substack{r_2-r_1 \\ r_3-r_1 \\ r_4-r_1}]{} \begin{pmatrix} a+3b & b & b & b \\ 0 & a-b & 0 & 0 \\ 0 & 0 & a-b & 0 \\ 0 & 0 & 0 & a-b \end{pmatrix} = B$

（1）当 $a = b = 0$ 时，$R(A) = 0$。

（2）当 a 与 b 至少有一个不为 0 时，分以下 3 种情况讨论：

① $a+3b \neq 0$ 且 $a \neq b$，$R(A) = R(B) = 4$。

② $a+3b = 0$ 且 $a \neq b$，$R(A) = R(B) = 3$。

③ $a+3b \neq 0$ 且 $a = b$，$R(A) = R(B) = 1$。

例 4 的 Maple 源程序如下：

```
>#example4
>with(linalg):with(LinearAlgebra):
>A:=Matrix(4,4,[a,b,b,b,b,a,b,b,b,b,a,b,b,b,b,a]);
```

$$A := \begin{bmatrix} a & b & b & b \\ b & a & b & b \\ b & b & a & b \\ b & b & b & a \end{bmatrix}$$

```
>gausselim(A, 'r');
```

$$\begin{bmatrix} a & b & b & b \\ 0 & \dfrac{b(a-b)}{a} & \dfrac{a^2-b^2}{a} & \dfrac{b(a-b)}{a} \\ 0 & 0 & -a+b & a-b \\ 0 & 0 & 0 & -\dfrac{a^2+2ab-3b^2}{b} \end{bmatrix}$$

```
>factor(-(a^2+2*a*b-3*b^2)/b);
```

$$-\frac{(a+3b)(a-b)}{b}$$

```
>solve(-(a^2+2*a*b-3*b^2)/b);
```

$\{a = -3b, b = b\}, \{a = b, b = b\}$

可以看到，Maple 给出矩阵 A 的行阶梯形矩阵，非零行数为矩阵 A 的秩，对 a、b 取值进行讨论即可。

例 5　设 $A = \begin{pmatrix} 1 & -1 & 1 & 2 \\ 3 & \lambda & -1 & 2 \\ 5 & 3 & \mu & 6 \end{pmatrix}$，已知 $R(A) = 2$，求 λ 和 μ 的值。

解： 因为 $A \xrightarrow[\substack{r_2-3r_1 \\ r_3-5r_1}]{} \begin{pmatrix} 1 & -1 & 1 & 2 \\ 0 & \lambda+3 & -4 & -4 \\ 0 & 8 & \mu-5 & -4 \end{pmatrix} \xrightarrow{r_2 \leftrightarrow r_3} \begin{pmatrix} 1 & -1 & 1 & 2 \\ 0 & 8 & \mu-5 & -4 \\ 0 & \lambda+3 & -4 & -4 \end{pmatrix}$

$$\xrightarrow{r_3-\frac{\lambda+3}{8}r_2} \begin{pmatrix} 1 & -1 & 1 & 2 \\ 0 & 8 & \mu-5 & -4 \\ 0 & 0 & -4-\dfrac{(\lambda+3)(\mu-5)}{8} & -4+\dfrac{(\lambda+3)}{2} \end{pmatrix}$$

又因为 $R(A)=2$，所以

$$-4+\frac{(\lambda+3)}{2}=0 , \quad -4-\frac{(\lambda+3)(\mu-5)}{8}=0$$

即得

$$\lambda=5 , \quad \mu=1$$

例 5 的 Maple 源程序如下：

>#example5

>with(linalg):with(LinearAlgebra):

>A:=Matrix(4,4,[1,-1,1,2,3,a,-1,2,5,3,b,6]);

$$A:=\begin{bmatrix} 1 & -1 & 1 & 2 \\ 3 & \lambda & -1 & 2 \\ 5 & 3 & \mu & 6 \\ 0 & 0 & 0 & 0 \end{bmatrix}$$

>gausselim(A, 'r');

$$\begin{bmatrix} 1 & -1 & 1 & 2 \\ 0 & 8 & \mu-5 & -4 \\ 0 & 0 & -\dfrac{17}{8}-\dfrac{1}{8}\lambda\mu+\dfrac{5}{8}\lambda-\dfrac{3}{8}\mu & -\dfrac{5}{2}+\dfrac{\lambda}{2} \\ 0 & 0 & 0 & 0 \end{bmatrix}$$

>R(A)=2;

>eq:={-17/8-1/8*lambda*mu+5/8*lambda-3/8*mu=0,-5/2+1/2*lambda=0};

$$eq:=\{-\frac{5}{2}+\frac{\lambda}{2}=0, -\frac{17}{8}-\frac{1}{8}\lambda\mu+\frac{5}{8}\lambda-\frac{3}{8}\mu=0\}$$

>solve(-5/2+lambda/2=0,lambda);

　5

>solve(-17/8-1/8*5*mu+5/8*5-3/8*mu=0,mu);

　1

下面介绍几个常用的矩阵的秩的性质。

性质 1　若 P、Q 可逆，则 $R(PAQ)=R(A)$。

性质 2　$\max\{R(A),R(B)\}\leqslant R(A,B)\leqslant R(A)+R(B)$。

特别地，当 $B=b\neq 0$ 时，有

$$R(A)\leqslant R(A,b)\leqslant R(A)+1$$

证明：因为 A 的最高阶非零子式总是 (A,B) 的非零子式，所以 $R(A)\leqslant R(A,B)$，同理 $R(B)\leqslant R(A,B)$，从而得到

$$\max\{R(A),R(B)\}\leqslant R(A,B)$$

设 $R(A)=r$，$R(B)=t$，对 A 和 B 分别作列变换化为列阶梯形 $\tilde{A}$ 和 $\tilde{B}$，则 $\tilde{A}$ 和 $\tilde{B}$ 中分别含有 r 个和 t 个非零列，记作：

$$\tilde{A}=(\tilde{a}_1,\tilde{a}_2,\cdots,\tilde{a}_r,0,0,\cdots0),\quad \tilde{B}=(\tilde{b}_1,\tilde{b}_2,\cdots,\tilde{b}_t,0,0,\cdots0)$$

由于 $(\tilde{A},\tilde{B})$ 中只含 $r+t$ 个非零列，因此 $R(\tilde{A},\tilde{B})\leqslant r+t$，而 $R(A,B)=R(\tilde{A},\tilde{B})$，故 $R(A,B)\leqslant r+t$，即 $R(A,B)\leqslant R(A)+R(B)$。所以 $\max\{R(A),R(B)\}\leqslant R(A,B)\leqslant R(A)+R(B)$。

证毕。

性质 3　$R(A+B)\leqslant R(A)+R(B)$。

证明：不妨设 A、B 为 $m\times n$ 矩阵，对 $(A+B,B)$ 作列变换 c_i-c_{n+i}（$i=1,2,\cdots,n$）得 (A,B)，于是

$$R(A+B)\leqslant R(A+B,B)=R(A,B)\leqslant R(A)+R(B)$$

证毕。

性质 4　设 A 是 $m\times s$ 矩阵，B 是 $s\times n$ 矩阵，则 $R(AB)\leqslant\min\{R(A),R(B)\}$。

证明：设 $R(A)=p$，$R(B)=q$，存在 m 阶可逆矩阵 P 和 n 阶可逆矩阵 Q，使

$$A=P\begin{pmatrix}\alpha_1^{\mathrm{T}}\\\vdots\\\alpha_p^{\mathrm{T}}\\0\\\vdots\\0\end{pmatrix},\quad B=(\beta_1,\cdots,\beta_q,0,\cdots,0)Q$$

$$AB=P\begin{pmatrix}\alpha_1^{\mathrm{T}}\\\vdots\\\alpha_p^{\mathrm{T}}\\0\\\vdots\\0\end{pmatrix}(\beta_1,\cdots,\beta_q,0,\cdots,0)Q=P\begin{pmatrix}\alpha_1^{\mathrm{T}}\beta_1&\cdots&\alpha_1^{\mathrm{T}}\beta_q&\\\vdots&&\vdots&O\\\alpha_p^{\mathrm{T}}\beta_1&\cdots&\alpha_p^{\mathrm{T}}\beta_q&\\&O&&\end{pmatrix}Q\xlongequal{\text{记作}}PCQ$$

矩阵 C 左上角是 p 行 q 列非零子块，其他元素全为 0，故 $R(C)\leqslant\min\{p,q\}$，所以

$$R(AB)=R(C)\leqslant\min\{p,q\}=\min\{R(A),R(B)\}$$

证毕。

习题 2.5

1．判断题。

（1）对于任何 $m\times n$ 矩阵 A，$R(A)\leqslant\min\{m,n\}$。　　　　　　　　　　　　（　）

（2）矩阵 A 的秩与转置矩阵 A^{T} 的秩相等。　　　　　　　　　　　　　　（　）

（3）设 A 为 $m\times n$ 矩阵，矩阵 A 的秩为 r，则任何 r 阶子式不为 0。　　　（　）

2．填空题。

（1）矩阵 $A = \begin{pmatrix} 2 & -3 & 2 \\ 2 & 12 & 12 \\ 1 & 3 & 4 \end{pmatrix}$ 的秩为_____，$B = \begin{pmatrix} 2 & -1 & 0 & 3 & -2 \\ 0 & 1 & 1 & -2 & 0 \\ 0 & 0 & 0 & -5 & 1 \\ 0 & 0 & 0 & 0 & 0 \end{pmatrix}$ 的秩为_____。

（2）设 6 阶方阵 A 的秩为 2，则其伴随矩阵 A^* 的秩为_____。

3．用初等行变换求下列矩阵的秩：

（1）$\begin{pmatrix} 3 & 1 & 0 & 2 \\ 1 & -1 & 2 & -1 \\ 1 & 3 & -4 & 4 \end{pmatrix}$；

（2）$\begin{pmatrix} 1 & 0 & 0 & 1 \\ 1 & 2 & 0 & -1 \\ 3 & -1 & 0 & 4 \\ 1 & 4 & 5 & 1 \end{pmatrix}$

（3）$\begin{pmatrix} 1 & -2 & 2 & -1 \\ 2 & -4 & 8 & 0 \\ -2 & 4 & -2 & 3 \\ 3 & -6 & 0 & -6 \end{pmatrix}$；

（4）$\begin{pmatrix} 2 & -1 & -1 & 1 & 2 \\ 1 & 1 & -2 & 1 & 4 \\ 4 & -6 & 2 & -2 & 4 \\ 3 & 6 & -9 & 7 & 9 \end{pmatrix}$

4．求矩阵 $A = \begin{pmatrix} 3 & 2 & -1 & -3 & -1 \\ 2 & -1 & 3 & 1 & -3 \\ 7 & 0 & 5 & -1 & -8 \end{pmatrix}$ 的秩，并求出它的一个最高阶非零子式。

5．设矩阵 $A = \begin{pmatrix} 1 & -2k & 3k \\ -1 & 2k & -3 \\ k & -2 & 3 \end{pmatrix}$，问 k 取何值时可使下列情况成立：

（1）$R(A) = 1$。

（2）$R(A) = 2$。

（3）$R(A) = 3$。

第 3 章　向量与线性方程组

线性方程组在科学技术和经济管理领域都有着广泛的应用，求解线性方程组是"线性代数"的主要任务之一。本章主要学习线性方程组解的判定、向量组的线性相关性、向量组的秩和线性方程组解的结构。

3.1　线性方程组解的判定

设有 n 元线性方程组

$$\begin{cases} a_{11}x_1 + a_{12}x_2 + \cdots + a_{1n}x_n = b_1 \\ a_{21}x_1 + a_{22}x_2 + \cdots + a_{2n}x_n = b_2 \\ \qquad\qquad\qquad \vdots \\ a_{m1}x_1 + a_{m2}x_2 + \cdots + a_{mn}x_n = b_m \end{cases} \qquad ①$$

令 $A = \begin{pmatrix} a_{11} & a_{12} & \cdots & a_{1n} \\ a_{21} & a_{22} & \cdots & a_{2n} \\ \vdots & \vdots & & \vdots \\ a_{m1} & a_{m2} & \cdots & a_{mn} \end{pmatrix}_{m \times n}$ ，$x = \begin{pmatrix} x_1 \\ x_2 \\ \vdots \\ x_n \end{pmatrix}$ ，$b = \begin{pmatrix} b_1 \\ b_2 \\ \vdots \\ b_m \end{pmatrix}$ ，$\overline{A} = (A, b)$ ，则线性方程组①可以

写为

$$Ax = b \qquad ②$$

称 A 为线性方程组②的系数矩阵，x 为未知向量，b 为常数向量，$\overline{A}$ 为增广矩阵。如果 $b = 0$ ，线性方程组②称为齐次线性方程组；如果 $b \neq 0$ ，线性方程组②称为非齐次线性方程组。

若线性方程组②有解，则称其为相容方程组，否则称为不相容方程组。对于线性方程组②，我们有以下几个问题需要讨论：

（1）方程组的相容条件，即解的存在性判定问题。

（2）相容方程组解的个数判定问题。

（3）方程组解的结构，即一般解（通解）的表示问题。

（4）相容方程组解的计算问题。

这一节主要解决前两个问题，后两个问题将在本章第四节解决。

非齐次线性
方程组解的判定

3.1.1　非齐次线性方程组解的判定

非齐次线性方程组

$$Ax = b \qquad ③$$

其中，$A \in \mathbb{R}^{m \times n}$，$x \in \mathbb{R}^n$，$b \in \mathbb{R}^m$ 且 $b \neq 0$。下面利用系数矩阵 A 和增广矩阵 $\bar{A} = (A, b)$ 的秩讨论非齐次线性方程组③解的判定。

1. 相容性问题

定理 1　如果 $R(A) = R(\bar{A})$，则非齐次线性方程组③有解；如果 $R(A) < R(\bar{A})$，则非齐次线性方程组③无解。

证明： 设 $R(A) = r$，为叙述方便，不妨设 $\bar{A} = (A, b)$ 的行最简形矩阵为

$$\bar{A}_1 = \begin{pmatrix} 1 & 0 & \cdots & 0 & b_{11} & \cdots & b_{1,n-r} & d_1 \\ 0 & 1 & \cdots & 0 & b_{21} & \cdots & b_{2,n-r} & d_2 \\ \vdots & \vdots & & \vdots & \vdots & & \vdots & \vdots \\ 0 & 0 & \cdots & 1 & b_{r1} & \cdots & b_{r,n-r} & d_r \\ 0 & 0 & \cdots & 0 & 0 & \cdots & 0 & d_{r+1} \\ 0 & 0 & \cdots & 0 & 0 & \cdots & 0 & 0 \\ \vdots & \vdots & & \vdots & \vdots & & \vdots & \vdots \\ 0 & 0 & \cdots & 0 & 0 & \cdots & 0 & 0 \end{pmatrix}$$

当 $R(A) = R(\bar{A})$ 时，$\bar{A}_1$ 中的 $d_{r+1} = 0$，$\bar{A}_1$ 对应的方程组为

$$\begin{cases} x_1 = -b_{11}x_{r+1} - \cdots - b_{1,n-r}x_n + d_1 \\ x_2 = -b_{21}x_{r+1} - \cdots - b_{2,n-r}x_n + d_2 \\ \qquad\qquad\qquad \vdots \\ x_r = -b_{r1}x_{r+1} - \cdots - b_{r,n-r}x_n + d_r \end{cases} \tag{④}$$

从而非齐次线性方程组③有解。

当 $R(A) < R(\bar{A})$ 时，$\bar{A}_1$ 中的 $d_{r+1} = 1$，于是 $\bar{A}_1$ 的第 $r+1$ 行对应矛盾方程 $0 = 1$，故非齐次线性方程组③无解。

证毕。

2. 个数判定问题

定理 2　如果 $R(A) = R(\bar{A}) = n$，则非齐次线性方程组③有唯一解；如果 $R(A) = R(\bar{A}) < n$，则非齐次线性方程组③有无穷多个解。

证明： 在定理 1 的基础上，当 $R(A) = R(\bar{A}) = n$ 时，不仅 $\bar{A}_1$ 中的 $d_{r+1} = 0$，而且 b_{ij} 都不出现，故 $\bar{A}_1$ 对应的方程组为

$$\begin{cases} x_1 = d_1 \\ x_2 = d_2 \\ \quad \vdots \\ x_n = d_n \end{cases}$$

故非齐次线性方程组③有唯一解。

当 $R(A) = R(\bar{A}) < n$ 时，在方程组④的基础上令自由未知量 $x_{r+1} = c_1$，$\cdots$，$x_n = c_{n-r}$，得到非齐次线性方程组③的含有 $n - r$ 个参数的解

$$\begin{pmatrix} x_1 \\ \vdots \\ x_r \\ x_{r+1} \\ \vdots \\ x_n \end{pmatrix} = \begin{pmatrix} -b_{11}c_1 - \cdots - b_{1,n-r}c_{n-r} + d_1 \\ \vdots \\ -b_{r1}c_1 - \cdots - b_{r,n-r}c_{n-r} + d_r \\ c_1 \\ \vdots \\ c_{n-r} \end{pmatrix} = c_1 \begin{pmatrix} -b_{11} \\ \vdots \\ -b_{r1} \\ 1 \\ \vdots \\ 0 \end{pmatrix} + \cdots + c_{n-r} \begin{pmatrix} -b_{1,n-r} \\ \vdots \\ -b_{r,n-r} \\ 0 \\ \vdots \\ 1 \end{pmatrix} + \begin{pmatrix} d_1 \\ \vdots \\ d_r \\ 0 \\ \vdots \\ 0 \end{pmatrix} \qquad ⑤$$

由于参数 c_1，$\cdots$，c_{n-r} 的任意取值，故非齐次线性方程组③有无穷多个解。

证毕。

推论 1　当 $m = n$ 时，如果 $|A| \neq 0$，则非齐次线性方程组③有唯一解 $x = A^{-1}b$；如果 $|A| = 0$，则非齐次线性方程组③有无穷多个解。

例 1　当 λ 为何值时，下面的方程组有唯一解、无解、无穷多解？

$$\begin{cases} x_1 + 2x_3 = \lambda \\ 2x_2 - x_3 = \lambda^2 \\ 2x_1 + \lambda^2 x_3 = 4 \end{cases}$$

解：对增广矩阵 $\overline{A}$ 施行初等行变换，化为行阶梯形矩阵：

$$\overline{A} = \begin{pmatrix} 1 & 0 & 2 & \vline & \lambda \\ 0 & 2 & -1 & \vline & \lambda^2 \\ 2 & 0 & \lambda^2 & \vline & 4 \end{pmatrix} \xrightarrow{r_3 - 2r_1} \begin{pmatrix} 1 & 0 & 2 & \vline & \lambda \\ 0 & 2 & -1 & \vline & \lambda^2 \\ 0 & 0 & \lambda^2 - 4 & \vline & 4 - 2\lambda \end{pmatrix}$$

（1）当 $\lambda \neq 2$ 且 $\lambda \neq -2$ 时，$R(\overline{A}) = R(A) = 3$，方程组有唯一解。

（2）当 $\lambda = -2$ 时，$R(\overline{A}) = 3$，$R(A) = 2$，方程组无解。

（3）当 $\lambda = 2$ 时，$R(\overline{A}) = R(A) = 2 < 3$，方程组有无穷多个解。

例 1 的 Maple 源程序如下：

```
>#example1
>with(linalg):with(LinearAlgebra):
>eq:={x1+2*x3=lambda,2*x2-x3=lambda^2,2*x1+lambda^2*x3=4};
```
$eq := \{ x1 + 2\ x3 = \lambda,\ 2\ x2 - x3 = \lambda^2,\ x3\ \lambda^2 + 2\ x1 = 4 \}$
```
>A:= genmatrix(eq, [x1, x2, x3],'flag');
```
$A := \begin{bmatrix} 1 & 0 & 2 & \lambda \\ 0 & 2 & -1 & \lambda^2 \\ 2 & 0 & \lambda^2 & 4 \end{bmatrix}$
```
>gausselim(A,'r');
```
$\begin{bmatrix} 1 & 0 & 2 & \lambda \\ 0 & 2 & -1 & \lambda^2 \\ 0 & 0 & \lambda^2 - 4 & 4 - 2\lambda \end{bmatrix}$
```
>eq:={4-2*lambda=0,lambda^2-4=0};
```
$eq := \{ 4 - 2\lambda = 0,\ \lambda^2 - 4 = 0 \}$
```
>solve(4-2*lambda=0,lambda);
                  2
>solve(lambda^2-4=0,lambda);
                2, -2
```

可以看到，Maple 给出增广矩阵 $\overline{A}$ 的行阶梯形矩阵，当 $\lambda = 2$ 时，$R(\overline{A}) = R(A) = 2 < 3$，方

程组有无穷多个解；当 $\lambda = -2$ 时，$R(\bar{A}) = 3$，$R(A) = 2$，方程组无解；当 $\lambda \neq 2$ 且 $\lambda \neq -2$ 时，$R(\bar{A}) = R(A) = 3$，方程组有唯一解。

例2　讨论 k 取何值时，非齐次线性方程组 $\begin{cases} x_1 - 2x_2 - x_3 - x_4 = 2 \\ 2x_1 - 4x_2 + 5x_3 + 3x_4 = 0 \\ 3x_1 - 6x_2 + 4x_3 + 3x_4 = 3 \\ 4x_1 - 8x_2 + 17x_3 + 11x_4 = k \end{cases}$　有解。

解：$\bar{A} = \begin{pmatrix} 1 & -2 & -1 & -1 & 2 \\ 2 & -4 & 5 & 3 & 0 \\ 3 & -6 & 4 & 3 & 3 \\ 4 & -8 & 17 & 11 & k \end{pmatrix} \xrightarrow[\substack{r_2 - 2r_1 \\ r_3 - 3r_1 \\ r_4 - 4r_1}]{} \begin{pmatrix} 1 & -2 & -1 & -1 & 2 \\ 0 & 0 & 7 & 5 & -4 \\ 0 & 0 & 7 & 6 & -3 \\ 0 & 0 & 21 & 15 & k-8 \end{pmatrix}$

$\xrightarrow[\substack{r_3 - r_2 \\ r_4 - 3r_2}]{} \begin{pmatrix} 1 & -2 & -1 & -1 & 2 \\ 0 & 0 & 7 & 5 & -4 \\ 0 & 0 & 0 & 1 & 1 \\ 0 & 0 & 0 & 0 & k+4 \end{pmatrix}$

显然，当 $k \neq -4$ 时，方程组无解；当 $k = -4$ 时，方程组有无穷多个解。

例 2 的 Maple 源程序如下：

```
>#example2
>with(linalg):with(LinearAlgebra):
>eq:={x1-2*x2-x3-x4=2,2*x1-4*x2+5*x3+3*x4=0,3*x1-6*x2+4*x3+3*x4=3,4*x1-8*x2+17*x3+11*x4=k};
```
$eq := \{x1 - 2\,x2 - x3 - x4 = 2,\ 2\,x1 - 4\,x2 + 5\,x3 + 3\,x4 = 0,$
　　$3\,x1 - 6\,x2 + 4\,x3 + 3\,x4 = 3,\ 4\,x1 - 8\,x2 + 17\,x3 + 11\,x4 = k\}$

```
>A:= genmatrix(eq,[x1,x2,x3,x4],'flag');
```
$A := \begin{bmatrix} 1 & -2 & -1 & -1 & 2 \\ 2 & -4 & 5 & 3 & 0 \\ 3 & -6 & 4 & 3 & 3 \\ 4 & -8 & 17 & 11 & k \end{bmatrix}$

```
>gausselim(A,'r');
```
$\begin{bmatrix} 1 & -2 & -1 & -1 & 2 \\ 0 & 0 & 7 & 5 & -4 \\ 0 & 0 & 0 & 1 & 1 \\ 0 & 0 & 0 & 0 & k+4 \end{bmatrix}$

可以看到，Maple 给出增广矩阵 $\bar{A}$ 的行阶梯形矩阵，当 $k \neq -4$ 时，$R(\bar{A}) \neq R(A)$，方程组无解；当 $k = -4$ 时，$R(\bar{A}) = R(A)$，方程组有无穷多个解。

3.1.2　齐次线性方程组解的判定

齐次线性方程组

$$Ax = 0 \qquad ⑥$$

其中，$A \in \mathbb{R}^{m \times n}$，$x \in \mathbb{R}^n$。下面利用系数矩阵 A 的秩来讨论齐次线性方程组解的判定。

1．相容性问题

显然，由于零向量是齐次线性方程组⑥的解，所以齐次线性方程组⑥是相容方程组，即

齐次线性方程组
解的判定

齐次线性方程组⑥一定有解。

2．个数判定问题

定理 3 如果 $R(A) = r < n$ ，则齐次线性方程组⑥有无穷多个解，且有非零解；如果 $R(A) = r = n$ ，则齐次线性方程组⑥有唯一零解。

实际上，齐次线性方程组⑥是非齐次线性方程组③当常数 $b_1 = b_2 = \cdots = b_m = 0$ 时的特殊情形，所以该证明也可以利用定理 1 的证明给出。

推论 2 当 $m = n$ 时，如果 $|A| \neq 0$ ，则齐次线性方程组⑥有唯一零解；如果 $|A| = 0$ ，则齐次线性方程组⑥有无穷多个解，且有非零解。

推论 3 当 $m < n$ 时，即齐次线性方程组⑥中方程个数小于未知量的个数时，必有 $R(A) < n$ ，则齐次线性方程组⑥有无穷多个解，且有非零解。

例 3 当 k 为何值时，线性方程组

$$\begin{cases} x_1 - x_2 + x_3 = 0 \\ 2x_1 + kx_2 = 0 \\ kx_1 + 2x_2 + x_3 = 0 \end{cases}$$

有零解。

解：方法一： 对系数矩阵 A 施行初等行变换，化为行阶梯形矩阵：

$$A = \begin{pmatrix} 1 & -1 & 1 \\ 2 & k & 0 \\ k & 2 & 1 \end{pmatrix} \xrightarrow[r_3 - kr_1]{r_2 - 2r_1} \begin{pmatrix} 1 & -1 & 1 \\ 0 & k+2 & -2 \\ 0 & 2+k & 1-k \end{pmatrix} \xrightarrow{r_3 - r_2} \begin{pmatrix} 1 & -1 & 1 \\ 0 & k+2 & -2 \\ 0 & 0 & 3-k \end{pmatrix}$$

故当 $R(A) = 3$ ，即 $k \neq -2$ 且 $k \neq 3$ 时。

方法二：

$$|A| = \begin{vmatrix} 1 & -1 & 1 \\ 2 & k & 0 \\ k & 2 & 1 \end{vmatrix} = (k+2)(3-k)$$

故当 $|A| \neq 0$ ，即 $k \neq -2$ 且 $k \neq 3$ 时。

例 3 方法一的 **Maple** 源程序如下：

```
>#example3
>with(linalg):with(LinearAlgebra):
>eq:={x1-x2+x3=0,2*x1+k*x2=0,k*x1+2*x2+x3=0};
 eq := {x1 - x2 + x3 = 0, k x2 + 2 x1 = 0, k x1 + 2 x2 + x3 = 0}
>A:=genmatrix(eq,[x1,x2,x3]);
        ⎡1  -1  1⎤
 A :=   ⎢2   k  0⎥
        ⎣k   2  1⎦
> gausselim(A);
  ⎡1  -1    1 ⎤
  ⎢0  k+2  -2 ⎥
  ⎣0   0   3-k⎦
```

例 3 方法二的 Maple 源程序如下：

```
＞with(linalg):with(LinearAlgebra):
> eq:={x1-x2+x3=0,2*x1+k*x2=0,k*x1+2*x2+x3=0};
```
$eq := \{ x1 - x2 + x3 = 0, k\,x2 + 2\,x1 = 0, k\,x1 + 2\,x2 + x3 = 0 \}$

```
＞A:=genmatrix(eq,[x1,x2,x3]);
```
$$A := \begin{bmatrix} 1 & -1 & 1 \\ 2 & k & 0 \\ k & 2 & 1 \end{bmatrix}$$

```
＞det(A);
```
$-k^2 + k + 6$

```
> factor(-k^2+k+6);
```
$-(k+2)(k-3)$

```
＞solve(-k^2+k+6=0,k);
```
$-2, 3$

可以看到，Maple 给出系数矩阵 A 的行阶梯形矩阵，当 $k \neq -2$ 且 $k \neq 3$ 时，$|A| \neq 0$，方程组有零解。

习题 3.1

1. 设 $A = \begin{pmatrix} 1 & 2 & 1 \\ 2 & 3 & a+2 \\ 1 & a & -2 \end{pmatrix}$，$b = \begin{pmatrix} 1 \\ 3 \\ 0 \end{pmatrix}$，$x = \begin{pmatrix} x_1 \\ x_2 \\ x_3 \end{pmatrix}$，若线性方程组 $Ax = b$ 无解，则 $a =$＿＿＿＿＿＿。

2. 设 n 元齐次线性方程组 $Ax = 0$ 的系数矩阵的秩为 r，则 $Ax = 0$ 有非零解的充分必要条件是（　　　）。

　　A．$r = n$　　　　　　B．$r < n$　　　　　　C．$r \geqslant n$　　　　　　D．$r > n$

3. 设 A 是 $m \times n$ 矩阵，则线性方程组 $Ax = b$ 有无穷解的充要条件是（　　　）。

　　A．$R(A) < m$　　　　　　　　　　　　B．$R(A) < n$

　　C．$R(A \mid b) = R(A) < m$　　　　　　D．$R(A \mid b) = R(A) < n$

4. 设 A 是 $m \times n$ 矩阵，非齐次线性方程组 $Ax = b$ 的导出组为 $Ax = 0$，若 $m < n$，则（　　　）。

　　A．$Ax = b$ 必有无穷多个解　　　　　B．$Ax = b$ 必有唯一解

　　C．$Ax = 0$ 必有非零解　　　　　　　D．$Ax = 0$ 必有唯一解

5. 方程组 $\begin{cases} x_1 + 2x_2 - x_3 = 4 \\ x_2 + 2x_3 = 2 \\ (\lambda - 2)x_3 = -(\lambda - 3)(\lambda - 4)(\lambda - 1) \end{cases}$ 无解的充分条件是 $\lambda =$（　　　）。

　　A．1　　　　　　　B．2　　　　　　　C．3　　　　　　　D．4

6. 方程组 $\begin{cases} x_1 + x_2 + x_3 = \lambda - 1 \\ 2x_2 - x_3 = \lambda - 2 \\ x_3 = \lambda - 4 \\ (\lambda - 1)x_3 = -(\lambda - 3)(\lambda - 1) \end{cases}$ 有唯一解的充分条件是 $\lambda =$（　　　）。

　　A．1　　　　　　　B．2　　　　　　　C．3　　　　　　　D．4

7. 方程组 $\begin{cases} x_1 + 2x_2 - x_3 = \lambda - 1 \\ 3x_2 - x_3 = \lambda - 2 \\ \lambda x_2 - x_3 = (\lambda - 3)(\lambda - 4) + (\lambda - 2) \end{cases}$ 有无穷解的充分条件是 $\lambda = ($　　$)$。

A. 1　　　　　　　　B. 2　　　　　　　　C. 3　　　　　　　　D. 4

8. 设 A 为 $m \times n$ 矩阵，则下列结论中正确的是（　　）。

　A. 若 $Ax = 0$ 仅有零解，则 $Ax = b$ 有唯一解

　B. 若 $Ax = 0$ 有非零解，则 $Ax = b$ 有无穷多个解

　C. 若 $Ax = b$ 有无穷多个解，则 $Ax = 0$ 仅有零解

　D. 若 $Ax = b$ 有无穷多个解，则 $Ax = 0$ 有非零解

9. 线性方程组 $\begin{cases} x_1 + x_2 + x_3 = 1 \\ x_1 + 2x_2 + 3x_3 = 0 \\ 4x_1 + 7x_2 + 10x_3 = 1 \end{cases}$ （　　）。

　A. 无解　　　　　　　　　　　　　　B. 有唯一解

　C. 有无穷多个解　　　　　　　　　　D. 其导出组只有零解

3.2　向量组的线性相关性

3.2.1　向量及其线性运算

向量及其
线性运算

在空间解析几何里我们已经学习了三维向量的概念及其运算，比如，在取定坐标下，一个三维向量可以用坐标表示成 (x, y, z)，其中 x、y、z 都是实数。但是在许多实际问题中往往需要用更多的数量来描述某些物理现象。例如，导弹在空中飞行的状态需要用 7 个数量来刻画，即导弹的质量 m、导弹在空中的位置 x、y、z 以及它的 3 个速度分量 v_x、v_y、v_z，这样可以把确定导弹飞行状态的量理解为一个七维向量，记为 $(m, x, y, z, v_x, v_y, v_z)$。按此类推，我们有 n 维向量的定义。

定义 1（n 维向量）　n 个有序的数 a_1，a_2，$\cdots$，a_n 所组成的数组 α 称为一个 n 维向量，记作

$$\alpha = (a_1, a_2, \cdots, a_n)$$

或

$$\alpha = \begin{pmatrix} a_1 \\ a_2 \\ \vdots \\ a_n \end{pmatrix}$$

其中 a_i（$i = 1, 2, \cdots, n$）称为 n 维向量 α 的第 i 个分量（或坐标）。

n 维向量可以写成一行，也可以写成一列，分别称为行向量和列向量，也就是行矩阵和列矩阵，并规定行向量和列向量都按矩阵的运算规则进行运算。因此，用矩阵转置的记号，列向量也记作 $\alpha = (a_1, a_2, \cdots, a_n)^{\mathrm{T}}$。

分量全为 0 的向量称为零向量，两个 n 维向量相等指的是对应分量相等。

定义 2（向量的加法）　两个 n 维向量 $\alpha = (a_1, a_2, \cdots, a_n)$ 和 $\beta = (b_1, b_2, \cdots, b_n)$ 的各对应分量之和所组成的向量称为向量 α 和 β 的和，记作 $\alpha + \beta$，即

$$\alpha + \beta = (a_1 + b_1, a_2 + b_2, \cdots, a_n + b_n)$$

定义 3（向量的数乘）　n 维向量 $\alpha = (a_1, a_2, \cdots, a_n)$ 的各分量都乘以数 k 所组成的向量称为数 k 与向量 α 的数乘，记作 $k\alpha$，即

$$k\alpha = (ka_1, ka_2, \cdots, ka_n)$$

特别地，若取 $k = -1$，向量 $(-1)\alpha = (-a_1, -a_2, \cdots, -a_n)$ 称为 α 的负向量，记作 $-\alpha$。由向量的加法和负向量的定义我们可以定义向量的减法。

定义 4（向量的减法）　$\alpha - \beta = \alpha + (-\beta)$ 称为 α 和 β 的差。

向量的加法和数乘运算统称为向量的线性运算。

例 1　设向量 $\alpha = (4, 7, -3, 2)$，$\beta = (11, -12, 8, 58)$，求满足 $5\gamma - 2\alpha = 2(\beta - 5\gamma)$ 的向量 γ。

解：由 $5\gamma - 2\alpha = 2(\beta - 5\gamma)$ 得

$$5\gamma - 2\alpha = 2\beta - 10\gamma$$

即

$$15\gamma = 2\alpha + 2\beta$$

所以 $\gamma = \dfrac{2}{15}(\alpha + \beta) = \dfrac{2}{15}(15, -5, 5, 60) = \left(2, -\dfrac{2}{3}, \dfrac{2}{3}, 8\right)$。

例 1 的 Maple 源程序如下：

```
>#example1
>with(linalg):with(LinearAlgebra):
>alpha:=Matrix(1,4,[4,7,-3,2]);
 α := [4  7  -3  2]
>beta:=Matrix(1,4,[11,-12,8,58]);
 β := [11  -12  8  58]
>gamma=2/15*(alpha+beta);
```

$$\gamma = \left[\begin{array}{cccc} 2 & \dfrac{-2}{3} & \dfrac{2}{3} & 8 \end{array}\right]$$

n 元线性方程组为

$$\begin{cases} a_{11}x_1 + a_{12}x_2 + \cdots + a_{1n}x_n = b_1 \\ a_{21}x_1 + a_{22}x_2 + \cdots + a_{2n}x_n = b_2 \\ \qquad\qquad\qquad \vdots \\ a_{m1}x_1 + a_{m2}x_2 + \cdots + a_{mn}x_n = b_m \end{cases}$$

由未知量系数构成的 m 行 n 列的矩阵 A 为系数矩阵，即

$$A = \begin{pmatrix} a_{11} & a_{12} & \cdots & a_{1n} \\ a_{21} & a_{22} & \cdots & a_{2n} \\ \vdots & \vdots & & \vdots \\ a_{m1} & a_{m2} & \cdots & a_{mn} \end{pmatrix}$$

这个矩阵也可以写为 $A = (\alpha_1, \alpha_2, \cdots, \alpha_n)$，其中 $\alpha_j = (a_{1j}, a_{2j}, \cdots, a_{mj})^\mathrm{T}$，$j = 1, 2, \cdots, n$。记 $x = (x_1, x_2, \cdots, x_n)^\mathrm{T}$，$b = (b_1, b_2, \cdots, b_m)^\mathrm{T}$，则线性方程组可表示为

$$x_1\alpha_1 + x_2\alpha_2 + \cdots + x_n\alpha_n = b$$

3.2.2 线性组合与线性表示

线性组合
与线性表示

定义 5（线性组合与线性表示） n 维向量组 $\alpha_1, \alpha_2, \cdots, \alpha_m$，对于任何一组数 $k_1, k_2, \cdots, k_m$，向量 $k_1\alpha_1 + k_2\alpha_2 + \cdots + k_m\alpha_m$ 称为向量组 $\alpha_1, \alpha_2, \cdots, \alpha_m$ 的一个线性组合，$k_1, k_2, \cdots, k_m$ 称为这个线性组合的系数。如果 n 维向量 β 可以写成 $\alpha_1, \alpha_2, \cdots, \alpha_m$ 的线性组合，即 $\beta = k_1\alpha_1 + k_2\alpha_2 + \cdots + k_m\alpha_m$，则称 β 可以由 $\alpha_1, \alpha_2, \cdots, \alpha_m$ 线性表示（线性表出）。

例 2   判断下列给定向量 η 是否可以由相应的向量组线性表示。

（1）$\eta = \begin{pmatrix} x_1 \\ x_2 \\ \vdots \\ x_n \end{pmatrix}$，向量组 $\varepsilon_1 = \begin{pmatrix} 1 \\ 0 \\ \vdots \\ 0 \end{pmatrix}$，$\varepsilon_2 = \begin{pmatrix} 0 \\ 1 \\ \vdots \\ 0 \end{pmatrix}$，$\cdots$，$\varepsilon_n = \begin{pmatrix} 0 \\ 0 \\ \vdots \\ 1 \end{pmatrix}$

（2）$\eta = \begin{pmatrix} 1 \\ -1 \\ 1 \end{pmatrix}$，向量组 $\alpha_1 = \begin{pmatrix} 1 \\ -2 \\ 0 \end{pmatrix}$，$\alpha_2 = \begin{pmatrix} 1 \\ 0 \\ 2 \end{pmatrix}$，$\alpha_3 = \begin{pmatrix} -1 \\ 2 \\ 0 \end{pmatrix}$

（3）$\eta = \begin{pmatrix} 1 \\ 2 \\ 1 \end{pmatrix}$，向量组 $\alpha_1 = \begin{pmatrix} 1 \\ -2 \\ 0 \end{pmatrix}$，$\alpha_2 = \begin{pmatrix} 1 \\ 0 \\ 2 \end{pmatrix}$

解：（1）观察可知，$\eta = x_1\varepsilon_1 + x_2\varepsilon_2 + \cdots + x_n\varepsilon_n$，故 η 可以由 $\varepsilon_1, \varepsilon_2, \cdots, \varepsilon_n$ 线性表示。

（2）设 $\eta = x\alpha_1 + y\alpha_2 + z\alpha_3$，则

$$\begin{cases} x + y - z = 1 \\ -2x + 2z = -1 \\ 2y = 1 \end{cases}$$

容易求得 $y = \dfrac{1}{2}$，$x = \dfrac{1}{2} + z$，z 取任意值，这样对于任意的 z，$\eta = \left(\dfrac{1}{2} + z\right)\alpha_1 + \dfrac{1}{2}\alpha_2 + z\alpha_3$，故 η 可以由 $\alpha_1, \alpha_2, \alpha_3$ 线性表示。

（3）设 $\eta = x\alpha_1 + y\alpha_2$，则

$$\begin{cases} x + y = 1 \\ -2x = 2 \\ 2y = 1 \end{cases}$$

显然，这是不可能的，故 η 不能由 α_1 和 α_2 线性表示。

定理 1   设

$$\beta = \begin{pmatrix} b_1 \\ b_2 \\ \vdots \\ b_m \end{pmatrix}, \quad \alpha_1 = \begin{pmatrix} a_{11} \\ a_{21} \\ \vdots \\ a_{m1} \end{pmatrix}, \quad \alpha_2 = \begin{pmatrix} a_{12} \\ a_{22} \\ \vdots \\ a_{m2} \end{pmatrix}, \quad \cdots, \quad \alpha_n = \begin{pmatrix} a_{1n} \\ a_{2n} \\ \vdots \\ a_{mn} \end{pmatrix}$$

则 β 是否可以由向量组 $\alpha_1, \alpha_2, \cdots, \alpha_n$ 线性表出可以通过线性方程组 $x_1\alpha_1 + x_2\alpha_2 + \cdots + x_n\alpha_n = \beta$ 是否有解来判断。

根据非齐次线性方程组解的判定可得下述结论。

定理 2　向量 β 可由向量组 A： $\alpha_1, \alpha_2, \cdots, \alpha_m$ 线性表示的充要条件是矩阵 $A = (\alpha_1, \alpha_2, \cdots, \alpha_m)$ 与矩阵 $\overline{A} = (\alpha_1, \alpha_2, \cdots, \alpha_m, \beta)$ 的秩相等。

当 $R(A) = R(\overline{A}) = m$ （向量组所含向量个数）时，向量 β 可由向量组 A： $\alpha_1, \alpha_2, \cdots, \alpha_m$ 线性表示，且表示是唯一的；当 $R(A) = R(\overline{A}) < m$ （向量组所含向量个数）时，向量 β 可由向量组 A： $\alpha_1, \alpha_2, \cdots, \alpha_m$ 线性表示，且表示不唯一。

例 3　判定向量 $\beta_1 = (4,3,-1,11)$ 与 $\beta_2 = (4,3,0,11)$ 是否可由向量组 $\alpha_1 = (1,2,-1,5)$，$\alpha_2 = (2,-1,1,1)$ 线性表示。若可以，写出线性表示式。

解：只要考虑方程组

$$x_1\alpha_1^{\mathrm{T}} + x_2\alpha_2^{\mathrm{T}} = \beta_1^{\mathrm{T}} \qquad\qquad ①$$

和

$$y_1\alpha_1^{\mathrm{T}} + y_2\alpha_2^{\mathrm{T}} = \beta_2^{\mathrm{T}} \qquad\qquad ②$$

是否有解。

对线性方程组①的增广矩阵作初等行变换：

$$\overline{A} = \left(\alpha_1^{\mathrm{T}}, \alpha_2^{\mathrm{T}} \mid \beta_1^{\mathrm{T}}\right) = \begin{pmatrix} 1 & 2 & 4 \\ 2 & -1 & 3 \\ -1 & 1 & -1 \\ 5 & 1 & 11 \end{pmatrix} \rightarrow \begin{pmatrix} 1 & 2 & 4 \\ 0 & -5 & -5 \\ 0 & 3 & 3 \\ 0 & -9 & -9 \end{pmatrix} \rightarrow \begin{pmatrix} 1 & 2 & 4 \\ 0 & 1 & 1 \\ 0 & 0 & 0 \\ 0 & 0 & 0 \end{pmatrix} \rightarrow \begin{pmatrix} 1 & 0 & 2 \\ 0 & 1 & 1 \\ 0 & 0 & 0 \\ 0 & 0 & 0 \end{pmatrix}$$

因为 $R(A) = R(\overline{A}) = 2$ ，所以 β_1 可以由 α_1 和 α_2 线性表示，且 $\beta_1 = 2\alpha_1 + \alpha_2$ 。

对线性方程组②的增广矩阵作初等行变换：

$$\overline{A} = \left(\alpha_1^{\mathrm{T}}, \alpha_2^{\mathrm{T}} \mid \beta_2^{\mathrm{T}}\right) = \begin{pmatrix} 1 & 2 & 4 \\ 2 & -1 & 3 \\ -1 & 1 & 0 \\ 5 & 1 & 11 \end{pmatrix} \rightarrow \begin{pmatrix} 1 & 2 & 4 \\ 0 & -5 & -5 \\ 0 & 3 & 4 \\ 0 & -9 & -9 \end{pmatrix} \rightarrow \begin{pmatrix} 1 & 2 & 4 \\ 0 & 1 & 1 \\ 0 & 0 & 1 \\ 0 & 0 & 0 \end{pmatrix}$$

因为 $R(A) = 2$ ， $R(\overline{A}) = 3$ ，所以 β_2 不能由 α_1 和 α_2 线性表示。

例 3 的 Maple 源程序如下：

```
>#examplc3(1)
>with(linalg):with(LinearAlgebra):
>eq:={x1+2*x2=4,2*x1-x2=3,-x1+x2=-1,5*x1+x2=11};
 eq := {-x1 + x2 = -1, x1 + 2 x2 = 4, 2 x1 - x2 = 3, 5 x1 + x2 = 11 }
>A:= genmatrix(eq, [x1, x2],'flag');
         [ -1   1   -1 ]
         [  1   2    4 ]
  A :=   [  2  -1    3 ]
         [  5   1   11 ]
>B:=gausselim(A); C:=rref(B);
```

$$B := \begin{bmatrix} -1 & 1 & -1 \\ 0 & 3 & 3 \\ 0 & 0 & 0 \\ 0 & 0 & 0 \end{bmatrix}$$

$$C := \begin{bmatrix} 1 & 0 & 2 \\ 0 & 1 & 1 \\ 0 & 0 & 0 \\ 0 & 0 & 0 \end{bmatrix}$$

```
>restart;
>#example3(2)
>with(linalg):with(LinearAlgebra):
>eq:={x1+2*x2=4,2*x1-x2=3,-x1+x2=0,5*x1+x2=11};
```
$$eq := \{-x1 + x2 = 0, x1 + 2\,x2 = 4, 2\,x1 - x2 = 3, 5\,x1 + x2 = 11\}$$
```
>A:= genmatrix(eq, [x1, x2],'flag');
```

$$A := \begin{bmatrix} -1 & 1 & 0 \\ 1 & 2 & 4 \\ 2 & -1 & 3 \\ 5 & 1 & 11 \end{bmatrix}$$

```
>B:=gausselim(A); C:=rref(B);
```

$$B := \begin{bmatrix} -1 & 1 & 0 \\ 0 & 3 & 4 \\ 0 & 0 & 3 \\ 0 & 0 & 0 \end{bmatrix}$$

$$C := \begin{bmatrix} 1 & 0 & 0 \\ 0 & 1 & 0 \\ 0 & 0 & 1 \\ 0 & 0 & 0 \end{bmatrix}$$

根据定理 2，即可判定 β_1 可以由 α_1 和 α_2 线性表示， β_2 不能由 α_1 和 α_2 线性表示。

3.2.3　线性相关性与线性无关性

线性相关性
与线性无关性

定义 6（线性相关与线性无关）　对于向量组 $\alpha_1, \alpha_2, \cdots, \alpha_s$ ，如果存在不全为 0 的数 $k_1, k_2, \cdots, k_s$ ，使得 $k_1\alpha_1 + k_2\alpha_2 + \cdots + k_s\alpha_s = 0$ ，则称向量组 $\alpha_1, \alpha_2, \cdots, \alpha_s$ 线性相关；否则称向量组 $\alpha_1, \alpha_2, \cdots, \alpha_s$ 线性无关。

几个结论：

（1）单个零向量线性相关，单个非零向量线性无关。

（2）任何包含零向量在内的向量组必线性相关。

（3）两个向量 α_1 和 α_2 线性相关，当且仅当它们的对应分量成比例；两个向量 α_1 和 α_2 线性无关，当且仅当它们的对应分量不成比例。

（4）向量组 $\alpha_1, \alpha_2, \cdots, \alpha_s$ 线性相关的充要条件是齐次线性方程组

$$x_1\alpha_1 + x_2\alpha_2 + \cdots + x_s\alpha_s = 0$$

有非零解。

（5）向量组 $\alpha_1, \alpha_2, \cdots, \alpha_s$ 线性无关的充分必要条件是齐次线性方程组

$$x_1\alpha_1 + x_2\alpha_2 + \cdots + x_s\alpha_s = 0$$

只有零解。

根据齐次线性方程组解的判定可得下述定理。

定理 3　向量组 $\alpha_1, \alpha_2, \cdots, \alpha_m$ 线性相关的充要条件是它所构成的矩阵 $A = (\alpha_1, \alpha_2, \cdots, \alpha_m)$ 的秩小于向量的个数 m，向量组 $\alpha_1, \alpha_2, \cdots, \alpha_m$ 线性无关的充要条件是 $R(A) = m$。

推论　n 个 n 维向量 $\alpha_1, \alpha_2, \cdots, \alpha_n$ 线性相关（线性无关）的充要条件是 $|A| = 0$（$|A| \neq 0$），其中 $A = (\alpha_1, \alpha_2, \cdots, \alpha_n)$。

例 4　判断向量组 $\alpha_1 = (1, -1, 2, 3)^{\mathrm{T}}, \alpha_2 = (2, 2, 0, -1)^{\mathrm{T}}, \alpha_3 = (0, 2, 5, 8)^{\mathrm{T}}, \alpha_4 = (-1, 7, -1, -2)^{\mathrm{T}}$ 的线性相关性。

解法 1：（利用矩阵的秩）

$$A = (\alpha_1, \alpha_2, \alpha_3, \alpha_4) = \begin{pmatrix} 1 & 2 & 0 & -1 \\ -1 & 2 & 2 & 7 \\ 2 & 0 & 5 & -1 \\ 3 & -1 & 8 & -2 \end{pmatrix} \xrightarrow[\substack{r_3 - 2r_1 \\ r_4 - 3r_1}]{r_2 + r_1} \begin{pmatrix} 1 & 2 & 0 & -1 \\ 0 & 4 & 2 & 6 \\ 0 & -4 & 5 & 1 \\ 0 & -7 & 8 & 1 \end{pmatrix}$$

$$\xrightarrow[\substack{r_4 - 2r_3 \\ r_2 \leftrightarrow r_4}]{} \begin{pmatrix} 1 & 2 & 0 & -1 \\ 0 & 1 & -2 & -1 \\ 0 & -4 & 5 & 1 \\ 0 & 4 & 2 & 6 \end{pmatrix} \xrightarrow[\substack{r_4 + r_3 \\ r_3 + 4r_2}]{} \begin{pmatrix} 1 & 2 & 0 & -1 \\ 0 & 1 & -2 & -1 \\ 0 & 0 & -3 & -3 \\ 0 & 0 & 7 & 7 \end{pmatrix} \xrightarrow[\substack{r_3 \times \left(-\frac{1}{3}\right) \\ r_4 - 7r_3 \\ r_2 + 2r_3 \\ r_1 - 2r_2}]{} \begin{pmatrix} 1 & 0 & 0 & -3 \\ 0 & 1 & 0 & 1 \\ 0 & 0 & 1 & 1 \\ 0 & 0 & 0 & 0 \end{pmatrix}$$

所以 $R(A) = 3 < 4$，故 $\alpha_1, \alpha_2, \alpha_3, \alpha_4$ 线性相关。

解法 2：（利用行列式）

$$|\alpha_1 \quad \alpha_2 \quad \alpha_3 \quad \alpha_4| = \begin{vmatrix} 1 & 2 & 0 & -1 \\ -1 & 2 & 2 & 7 \\ 2 & 0 & 5 & -1 \\ 3 & -1 & 8 & -2 \end{vmatrix} \xrightarrow[\substack{c_4 + c_1}]{c_2 - 2c_1} \begin{vmatrix} 1 & 0 & 0 & 0 \\ -1 & 4 & 2 & 6 \\ 2 & -4 & 5 & 1 \\ 3 & -7 & 8 & 1 \end{vmatrix} \xrightarrow{c_3 + c_2} \begin{vmatrix} 1 & 0 & 0 & 0 \\ -1 & 4 & 6 & 6 \\ 2 & -4 & 1 & 1 \\ 3 & -7 & 1 & 1 \end{vmatrix} = 0$$

所以 $\alpha_1, \alpha_2, \alpha_3, \alpha_4$ 线性相关。

例 4 的 Maple 源程序如下：

```
>#example4(1)
>with(linalg):with(LinearAlgebra):
>A:=Matrix(4,4,[1,2,0,-1,-1,2,2,7,2,0,5,-1,3,-1,8,-2]);
```

$$A := \begin{bmatrix} 1 & 2 & 0 & -1 \\ -1 & 2 & 2 & 7 \\ 2 & 0 & 5 & -1 \\ 3 & -1 & 8 & -2 \end{bmatrix}$$

```
>B:=gausselim(A,'r');
```

$$B := \begin{bmatrix} 1 & 2 & 0 & -1 \\ 0 & 4 & 2 & 6 \\ 0 & 0 & 7 & 7 \\ 0 & 0 & 0 & 0 \end{bmatrix}$$

```
>C:=rref(A);
```

$$C := \begin{bmatrix} 1 & 0 & 0 & -3 \\ 0 & 1 & 0 & 1 \\ 0 & 0 & 1 & 1 \\ 0 & 0 & 0 & 0 \end{bmatrix}$$

```
>#example4(2)
>det(A);
 0
```

可以看到，Maple 给出矩阵 A 的行阶梯形矩阵，$R(A)=R(\alpha_1,\alpha_2,\alpha_3,\alpha_4)=3<4$（或 $|A|=0$），故 $\alpha_1,\alpha_2,\alpha_3,\alpha_4$ 线性相关。

例 5 证明当 $\alpha_1,\alpha_2,\alpha_3$ 线性无关时，$\alpha_1+\alpha_2,\alpha_2+\alpha_3,\alpha_3+\alpha_1$ 也线性无关。

证明：要证 $\alpha_1+\alpha_2,\alpha_2+\alpha_3,\alpha_3+\alpha_1$ 也线性无关，即判定方程组

$$k_1(\alpha_1+\alpha_2)+k_2(\alpha_2+\alpha_3)+k_3(\alpha_3+\alpha_1)=0$$

只有零解。由方程组有

$$(k_1+k_3)\alpha_1+(k_1+k_2)\alpha_2+(k_2+k_3)\alpha_3=0$$

因为 $\alpha_1,\alpha_2,\alpha_3$ 线性无关，所以有

$$\begin{cases} k_1+k_3=0 \\ k_1+k_2=0 \\ k_2+k_3=0 \end{cases}$$

解得此方程组只有零解 $k_1=k_2=k_3=0$，所以向量组 $\alpha_1+\alpha_2,\alpha_2+\alpha_3,\alpha_3+\alpha_1$ 线性无关。

证毕。

例 5 的 Maple 源程序如下：

```
>#example5
>with(linalg):with(LinearAlgebra):
>eq:={k1+k3=0,k1+k2=0,k2+k3=0};
 eq := {k1 + k2 = 0, k1 + k3 = 0, k2 + k3 = 0}
>solve({k1+k3=0,k1+k2=0,k2+k3=0},{k1,k2,k3});
 {k1 = 0, k2 = 0, k3 = 0}
```

可以看到，Maple 给出了方程组的解：$k_1=0$，$k_2=0$，$k_3=0$（Maple 显示形式为 $\{k_1=0,k_2=0,k_3=0\}$），故 $\alpha_1,\alpha_2,\alpha_3$ 线性无关。

定理 4 n 维向量组 $\alpha_1,\alpha_2,\cdots,\alpha_s$（$s\geq 2$）线性相关的充要条件是向量组 $\alpha_1,\alpha_2,\cdots,\alpha_s$ 中至少存在某一向量可由其余 $s-1$ 个向量线性表示。

证明：由于 $\alpha_1,\alpha_2,\cdots,\alpha_s$ 线性相关，故存在不全为 0 的数 $k_1,k_2,\cdots,k_s$ 使得

$$k_1\alpha_1+k_2\alpha_2+\cdots+k_s\alpha_s=0$$

假设不为 0 的数为 k_m（$1\leq m\leq s$），则有

$$\alpha_m=-\frac{k_1}{k_m}\alpha_1-\frac{k_2}{k_m}\alpha_2-\cdots-\frac{k_{m-1}}{k_m}\alpha_{m-1}-\frac{k_{m+1}}{k_m}\alpha_{m+1}-\cdots-\frac{k_s}{k_m}\alpha_s$$

即 α_m 可由其余 $s-1$ 个向量线性表示。

反之，如果 α_m 可由其余 $s-1$ 个向量线性表示，即

$$\alpha_m=l_1\alpha_1+l_2\alpha_2+\cdots+l_{m-1}\alpha_{m-1}+l_{m+1}\alpha_{m+1}+\cdots+l_s\alpha_s$$

那么有 $l_1\alpha_1+l_2\alpha_2+\cdots+l_{m-1}\alpha_{m-1}-\alpha_m+l_{m+1}\alpha_{m+1}+\cdots+l_s\alpha_s=0$。

系数 $l_1,l_2,\cdots,l_{m-1},-1,l_{m+1},\cdots,l_s$ 不全为 0，所以向量组 $\alpha_1,\alpha_2,\cdots,\alpha_s$ 线性相关。

证毕。

定理 5　若向量组 $\alpha_1,\alpha_2,\cdots,\alpha_n$ 线性无关，$\alpha_1,\alpha_2,\cdots,\alpha_n,\beta$ 线性相关，则 β 可由 $\alpha_1,\alpha_2,\cdots,\alpha_n$ 线性表示，且表示唯一。

证明： 由于 $\alpha_1,\alpha_2,\cdots,\alpha_n,\beta$ 线性相关，故存在不全为 0 的数 $k_1,k_2,\cdots,k_n,\beta$ 使得

$$k_1\alpha_1+k_2\alpha_2+\cdots+k_n\alpha_n+k\beta=0$$

假设 $k=0$，则有

$$k_1\alpha_1+k_2\alpha_2+\cdots+k_n\alpha_n=0$$

且 $k_1,k_2,\cdots,k_n$ 不全为 0，然而由于 $\alpha_1,\alpha_2,\cdots,\alpha_n$ 线性无关，故当 $k_1\alpha_1+k_2\alpha_2+\cdots+k_n\alpha_n=0$ 时，$k_1,k_2,\cdots,k_n$ 只能全为 0。所以假设 $k=0$ 不成立，故有 $k\neq0$，即

$$\beta=-\frac{k_1}{k}\alpha_1-\frac{k_2}{k}\alpha_2-\cdots-\frac{k_n}{k}\alpha_n$$

则 β 可由 $\alpha_1,\alpha_2,\cdots,\alpha_n$ 线性表示，且表示唯一。

证毕。

定理 6　若向量组 $\alpha_1,\alpha_2,\cdots,\alpha_r$ 线性相关，则 $\alpha_1,\alpha_2,\cdots,\alpha_r,\alpha_{r+1},\cdots,\alpha_m$（$m\geq r$）线性相关。

证明： 由于向量组 $\alpha_1,\alpha_2,\cdots,\alpha_r$ 线性相关，故存在不全为 0 的数 $k_1,k_2,\cdots,k_r$ 使得

$$k_1\alpha_1+k_2\alpha_2+\cdots+k_r\alpha_r=0$$

故存在不全为 0 的数 $k_1,k_2,\cdots,k_r,0,0,\cdots,0$（$m-r$ 个 0），有

$$k_1\alpha_1+k_2\alpha_2+\cdots+k_r\alpha_r+0\alpha_{r+1}+\cdots+0\alpha_m=0$$

所以 $\alpha_1,\alpha_2,\cdots,\alpha_r,\alpha_{r+1},\cdots,\alpha_m$ 线性相关。

证毕。

定理 7　如果向量组 $\alpha_1,\alpha_2,\cdots,\alpha_s$ 线性无关，那么向量组 $\alpha_1,\alpha_2,\cdots,\alpha_s$ 中任意部分向量组 $\alpha_{i_1},\alpha_{i_2},\cdots,\alpha_{i_r}$（$1\leq i_1,\cdots,i_r\leq s$）线性无关。（该定理也可表述为无关向量组减去部分向量后构成的向量组仍然无关）

证明： 如果向量组 $\alpha_{i_1},\alpha_{i_2},\cdots,\alpha_{i_r}$（$1\leq i_1,\cdots,i_r\leq s$）线性相关，则由定理 6 有 $\alpha_1,\alpha_2,\cdots,\alpha_s$ 线性相关，然而 $\alpha_1,\alpha_2,\cdots,\alpha_s$ 线性无关，故假设不成立，即 $\alpha_{i_1},\alpha_{i_2},\cdots,\alpha_{i_r}$ 线性无关。

证毕。

定理 8　r 维向量组线性无关，给每个向量添加 m（$m\geq0$）个分量后变成 $r+m$ 维向量组，则 $r+m$ 维向量组仍线性无关。

证明： 以列向量为例。设 r 维向量组 $\alpha_1,\alpha_2,\cdots,\alpha_s$，每个向量添加 m（$m\geq0$）个分量后变成 $r+m$ 维向量组 $\beta_1,\beta_2,\cdots,\beta_s$，设 $A_1=(\alpha_1,\alpha_2,\cdots,\alpha_s)$，$(\beta_1,\beta_2,\cdots,\beta_s)=\begin{pmatrix}A_1\\A_2\end{pmatrix}$，如果 $\beta_1,\beta_2,\cdots,\beta_s$ 线性相关，则存在一个非零的 $s\times1$ 矩阵 X 使得

$$(\beta_1,\beta_2,\cdots,\beta_s)X=\begin{pmatrix}A_1\\A_2\end{pmatrix}X=\begin{pmatrix}A_1X\\A_2X\end{pmatrix}=0$$

从而 $(\alpha_1,\alpha_2,\cdots,\alpha_s)X=A_1X=0$，因此 $\alpha_1,\alpha_2,\cdots,\alpha_s$ 线性相关。

用反证法容易证明定理 8。

证毕。

定理 9 r 维向量组线性相关，给每个向量减去 m（$0 \leqslant m < r$）个分量后变成 $r-m$ 维向量组，则 $r-m$ 维向量组线性相关。

定理 10   向量个数大于向量维数的向量组是线性相关的。

证明：m 个 n 维向量 $\alpha_1, \alpha_2, \cdots, \alpha_m$ 构成矩阵 $A_{n \times m} = (a_1, a_2, \cdots, a_m)$，有 $R(A) \leqslant n$。当 $n < m$ 时，有 $R(A) < m$，故 m 个向量 $\alpha_1, \alpha_2, \cdots, \alpha_m$ 线性相关。

证毕。

定理 11   如果矩阵 A 经过有限次初等行（列）变换得到矩阵 B，则 A 的任意 r 个列（行）向量与 B 的对应的 r 个列（行）向量有相同的线性相关性。

证明：矩阵 A 经过有限次初等行（列）变换得到矩阵 B，则 $A \sim B$，因此 $R(A) = R(B)$，则 A 的任意 r 个列（行）向量与 B 的对应的 r 个列（行）向量有相同的线性相关性。

证毕。

习题 3.2

1．判断题。

（1）向量组 $\alpha_1, \alpha_2, \cdots, \alpha_n$ 线性相关，则 α_n 必可由 $\alpha_1, \alpha_2, \cdots, \alpha_{n-1}$ 线性表出。   （   ）

（2）若有不全为 0 的数 $\lambda_1, \cdots, \lambda_m$ 使 $\lambda_1 \alpha_1 + \lambda_2 \alpha_2 + \cdots + \lambda_m \alpha_m + \lambda_1 \beta_1 + \lambda_2 \beta_2 + \cdots \lambda_m \beta_m = 0$ 成立，则 $\alpha_1, \alpha_2, \cdots, \alpha_m$ 线性相关，$\beta_1, \beta_2, \cdots, \beta_m$ 也线性相关。   （   ）

（3）如果一个向量可以由某个向量组线性表示，则表示式唯一。   （   ）

2．填空题。

（1）向量组 $\alpha_1 = (0, 0, 0)^{\mathrm{T}}, \alpha_2 = (1, 2, 3)^{\mathrm{T}}, \alpha_3 = (3, -2, 2)^{\mathrm{T}}$ 线性_____。

（2）若向量组 $\alpha_1, \alpha_2, \alpha_3$ 线性相关，则向量组 $\alpha_1 + \alpha_2, \alpha_2 + \alpha_3, \alpha_3 + \alpha_1$ 线性_____。

（3）设行向量组 $(2, 1, 1, 1), (2, 1, a, a), (3, 2, 1, a), (4, 3, 2, 1)$ 线性相关，且 $a \neq 1$，则 $a =$ _____。

（4）设 $x = (2, 3, 7)^{\mathrm{T}}$，$y = (4, 0, 2)^{\mathrm{T}}$，$z = (1, 0, 2)^{\mathrm{T}}$，且 $2(x - a) + 3(y + a) = z$，则 $a =$ _____。

（5）已知向量 $\alpha_1 = (1, 2, -1, 1)$，$\alpha_2 = (2, -3, 1, 2)$，则 $\alpha_3 = (4, 1, -1, 4)$ 可由 α_1 和 α_2 线性表示为_____。

3．选择题。

（1）设 $\alpha_1, \alpha_2, \cdots, \alpha_s$ 均为 n 维向量，下列结论中不正确的是（   ）。

    A．若对于任意一组不全为 0 的数 $k_1, k_2, \cdots, k_s$ 都有 $k_1 \alpha_1 + k_2 \alpha_2 + \cdots + k_s \alpha_s \neq 0$，则 $\alpha_1, \alpha_2, \cdots, \alpha_s$ 线性无关

    B．若 $\alpha_1, \alpha_2, \cdots, \alpha_s$ 线性相关，则对于任意一组不全为 0 的数 $k_1, k_2, \cdots, k_s$ 都有 $k_1 \alpha_1 + k_2 \alpha_2 + \cdots + k_s \alpha_s = 0$

    C．$\alpha_1, \alpha_2, \cdots, \alpha_s$ 线性无关的充要条件是此向量组对应矩阵的秩为 s

D. $\alpha_1, \alpha_2, \cdots, \alpha_s$ 线性无关的必要条件是其中任意两个向量线性无关

（2）已知 $\alpha_1 = \begin{pmatrix} 2 \\ 0 \\ 0 \end{pmatrix}$，$\alpha_2 = \begin{pmatrix} 0 \\ 0 \\ -3 \end{pmatrix}$，当 $\beta = ($ $)$ 时，β 是 α_1 和 α_2 的线性组合。

A. $\begin{pmatrix} -3 \\ 0 \\ 4 \end{pmatrix}$ B. $\begin{pmatrix} 0 \\ 1 \\ 0 \end{pmatrix}$ C. $\begin{pmatrix} 1 \\ 1 \\ 0 \end{pmatrix}$ D. $\begin{pmatrix} 0 \\ -1 \\ 1 \end{pmatrix}$

4. 已知矩阵 $A = \begin{pmatrix} 1 & 2 & -2 \\ 2 & 1 & 2 \\ 3 & 0 & 4 \end{pmatrix}$，$\alpha = \begin{pmatrix} a \\ 1 \\ 1 \end{pmatrix}$，$A\alpha$ 与 α 线性相关，求常数 a。

5. 将 β 表示为 $\alpha_1, \alpha_2, \alpha_3$ 的线性组合。

（1）$\alpha_1 = (1, 1, -1)^{\mathrm{T}}$，$\alpha_2 = (1, 2, 1)^{\mathrm{T}}$，$\alpha_3 = (0, 0, 1)^{\mathrm{T}}$，$\beta = (1, 0, -2)^{\mathrm{T}}$。

（2）$\alpha_1 = (1, 2, 3)^{\mathrm{T}}$，$\alpha_2 = (1, 0, 4)^{\mathrm{T}}$，$\alpha_3 = (1, 3, 1)^{\mathrm{T}}$，$\beta = (3, 1, 11)^{\mathrm{T}}$。

6. 判别下列向量组的线性相关性：

（1）$\alpha_1 = (1, 1, 0)^{\mathrm{T}}$，$\alpha_2 = (0, 1, 1)^{\mathrm{T}}$，$\alpha_3 = (3, 0, 0)^{\mathrm{T}}$。

（2）$\alpha_1 = (1, 1, 3)^{\mathrm{T}}$，$\alpha_2 = (2, 4, 5)^{\mathrm{T}}$，$\alpha_3 = (1, -1, 0)^{\mathrm{T}}$，$\alpha_4 = (2, 2, 6)^{\mathrm{T}}$。

（3）$\alpha_1 = (2, -1, 7, 3)^{\mathrm{T}}$，$\alpha_2 = (1, 4, 11, -2)^{\mathrm{T}}$，$\alpha_3 = (3, -6, 3, 8)^{\mathrm{T}}$。

7. 设 $\beta_1 = \alpha_1 + \alpha_2$，$\beta_2 = 3\alpha_2 - \alpha_1$，$\beta_3 = 2\alpha_1 - \alpha_2$，试证 $\beta_1, \beta_2, \beta_3$ 线性相关。

8. 已知 $\alpha_1, \alpha_2, \cdots, \alpha_r$ 线性无关，且 $\beta_1 = \alpha_1, \beta_2 = \alpha_1 + \alpha_2, \cdots, \beta_r = \alpha_1 + \alpha_2 + \cdots + \alpha_r$，证明：$\beta_1, \beta_2, \cdots, \beta_r$ 线性无关。

3.3 向量组的秩

3.3.1 极大线性无关组

定义 1（向量组的等价） 两个向量组 $\alpha_1, \alpha_2, \cdots, \alpha_r$ 与 $\beta_1, \beta_2, \cdots, \beta_s$，如果 $\alpha_1, \alpha_2, \cdots, \alpha_r$ 中的任一向量都可以由 $\beta_1, \beta_2, \cdots, \beta_s$ 线性表出，同时 $\beta_1, \beta_2, \cdots, \beta_s$ 中的任一向量都可以由 $\alpha_1, \alpha_2, \cdots, \alpha_r$ 线性表出，则称向量组 $\alpha_1, \alpha_2, \cdots, \alpha_r$ 与向量组 $\beta_1, \beta_2, \cdots, \beta_s$ 等价。

极大线性无关组

由定义 1 不难看出，任意向量组都与自身等价，且有以下性质：

（1）反身性：每一个向量组都与它自身等价。

（2）对称性：向量组 A 与向量组 B 等价，则向量组 B 与向量组 A 等价。

（3）传递性：向量组 A 与向量组 B 等价，向量组 B 与向量组 C 等价，则向量组 A 与向量组 C 等价。

例 1 判定下列向量组 A：$\alpha_1 = (-1, 1, 0)^{\mathrm{T}}, \alpha_2 = (-1, 2, 1)^{\mathrm{T}}$ 与 B：$\beta_1 = (0, 1, 1)^{\mathrm{T}}, \beta_2 = (1, 0, 1)^{\mathrm{T}}$，$\beta_3 = (2, 1, 2)^{\mathrm{T}}$ 是否等价。

解：假设 $\alpha_1 = x_1\beta_1 + x_2\beta_2 + x_3\beta_3$，则解得 $x_1 = 1$，$x_2 = -1$，$x_3 = 0$，同理可计算得 $\alpha_2 = 2\beta_1 - \beta_2 + 0\beta_3$，故向量组 A 可由向量组 B 线性表出。

由 $\alpha_1 = \beta_1 - \beta_2 + 0\beta_3$，$\alpha_2 = 2\beta_1 - \beta_2 + 0\beta_3$，可得 $\beta_1 = \alpha_2 - \alpha_1$，$\beta_2 = \alpha_2 - 2\alpha_1$，设 $\beta_3 = k_1\alpha_1 + k_2\alpha_2$，故有

$$\begin{cases} -k_1 - k_2 = 2 \\ k_1 + 2k_2 = 1 \\ k_2 = 2 \end{cases}$$

方程组无解，故 β_3 不能由 α_1 与 α_2 线性表出，所以向量组 B 不可由向量组 A 线性表出，因而向量组 A 与向量组 B 不等价。

定理 1 两个向量组 $\alpha_1, \alpha_2, \cdots, \alpha_r$ 与 $\beta_1, \beta_2, \cdots, \beta_s$，如果 $\alpha_1, \alpha_2, \cdots, \alpha_r$ 能由 $\beta_1, \beta_2, \cdots, \beta_s$ 线性表出，且 $r > s$，则 $\alpha_1, \alpha_2, \cdots, \alpha_r$ 线性相关。

证明：令 $A = (\alpha_1, \alpha_2, \cdots, \alpha_r)$，$B = (\beta_1, \beta_2, \cdots, \beta_s)$，则存在 $s \times r$ 矩阵 K 有 $BK = A$。

考虑方程组 $Kx = 0$，它含有 s 个方程、r 个未知数，由于 $r > s$，有 $x \neq 0$，故有 $BKx = Ax = 0$，所以 $\alpha_1, \alpha_2, \cdots, \alpha_r$ 线性相关。

证毕。

推论 1 两个向量组 $\alpha_1, \alpha_2, \cdots, \alpha_r$ 与 $\beta_1, \beta_2, \cdots, \beta_s$，如果 $\alpha_1, \alpha_2, \cdots, \alpha_r$ 能由 $\beta_1, \beta_2, \cdots, \beta_s$ 线性表出，且 $\alpha_1, \alpha_2, \cdots, \alpha_r$ 线性无关，则 $r \leqslant s$。

推论 2 等价线性无关向量组所含向量个数相等。

定义 2（极大线性无关组） 若向量组 A 中的部分向量 $\alpha_1, \alpha_2, \cdots, \alpha_r$ 线性无关，而 A 中任意向量都是 $\alpha_1, \alpha_2, \cdots, \alpha_r$ 的线性组合，则称 $\alpha_1, \alpha_2, \cdots, \alpha_r$ 是向量组 A 的一个极大线性无关组。

定义 2'（极大线性无关组） 若向量组 A 中的部分向量组 $\alpha_1, \alpha_2, \cdots, \alpha_r$ 线性无关，A 中另外的任一向量 α_{r+1} 可以使 $\alpha_1, \alpha_2, \cdots, \alpha_r, \alpha_{r+1}$ 线性相关，则 $\alpha_1, \alpha_2, \cdots, \alpha_r$ 称为向量组 A 的极大线性无关组。

几个结论：

（1）一个向量组的极大线性无关组不是唯一的。

（2）向量组的任意两个极大线性无关组是等价的。

（3）线性无关的向量组的极大线性无关组是向量组本身。

（4）零向量组（所有向量都是零向量）的极大线性无关组是空集。

定理 2 如果 $\alpha_{i_1}, \cdots, \alpha_{i_r}$ 是 $\alpha_1, \cdots, \alpha_s$ 的线性无关部分组，则它是极大线性无关组的充要条件是 $\alpha_1, \cdots, \alpha_s$ 中的每一个向量都可以由 $\alpha_{i_1}, \cdots, \alpha_{i_r}$ 线性表示。

证明：（必要性）若 $\alpha_{i_1}, \cdots, \alpha_{i_r}$ 是 $\alpha_1, \cdots, \alpha_s$ 的一个极大线性无关组，则当 i 是 $i_1, \cdots, i_r$ 中的数时，显然 α_i 可由 $\alpha_{i_1}, \cdots, \alpha_{i_r}$ 线性表示；当 i 不是 $i_1, \cdots, i_r$ 中的数时，由于 $\alpha_{i_1}, \cdots, \alpha_{i_r}$ 是极大线性无关组，所以 $\alpha_i, \alpha_{i_1}, \cdots, \alpha_{i_r}$ 线性相关，且 α_i 可由 $\alpha_{i_1}, \cdots, \alpha_{i_r}$ 线性表示。

（充分性）如果 $\alpha_1, \cdots, \alpha_s$ 的每一个向量都可以由 $\alpha_{i_1}, \cdots, \alpha_{i_r}$ 线性表示，由于 $\alpha_{i_1}, \cdots, \alpha_{i_r}$ 是 $\alpha_1, \cdots, \alpha_s$ 的线性无关部分组，则根据定义可知，$\alpha_{i_1}, \cdots, \alpha_{i_r}$ 是 $\alpha_1, \cdots, \alpha_s$ 的极大线性无关组。

证毕。

推论 3　向量组与其极大线性无关组可相互线性表示，即向量组与其极大线性无关组等价。

定义 3（向量组的秩）　向量组中的极大线性无关组所含有向量的个数为称向量组的秩，且规定由零向量组成的向量组的秩为 0。

例 2　设向量组 $\alpha_1 = (1,1,1)^T, \alpha_2 = (1,3,0)^T, \alpha_3 = (2,4,1)^T$，试求向量组的一个极大线性无关组及它的秩。

解：由于 α_1, α_2 对应分量不成比例，所以 α_1, α_2 线性无关，而 $\alpha_3 = \alpha_1 + \alpha_2$，即 α_3 可由 α_1, α_2 线性表出，故 α_1, α_2 是向量组的一个极大线性无关组，且秩为 2。

定理 3　等价向量组的秩相等。

证明：由于线性无关向量组本身就是它的极大线性无关组，所以向量组线性无关的充要条件为它的秩与它所含向量的个数相同，而每个向量组都与它的极大线性无关组等价，由等价的传递性知，任意两个等价的向量组的极大无关组也等价，又因为两个等价的线性无关向量组必含有相同个数的向量，所以等价向量组的秩相等。

证毕。

3.3.2　矩阵的秩与向量组的秩的关系

矩阵的秩与向量组的秩的关系

定理 4　矩阵的秩等于矩阵列向量组的秩，也等于矩阵行向量组的秩。

证明：设矩阵 $A = (\alpha_1, \cdots, \alpha_n)$，且 $R(A) = r$，则矩阵 A 的 r 阶子式 $D_r \neq 0$，即 r 阶子式对应的 r 阶矩阵 $A_{r \times r}$ 所构成的线性方程 $A_{r \times r} x = 0$ 只有零解，故 $A_{r \times r}$ 中的 r 个列向量线性无关，所以相对应的 A 中的 r 个列向量线性无关。另外，由于矩阵 A 的 $r+1$ 阶子式全为 0，所以任意 A 中的 $r+1$ 个列向量线性相关，所以矩阵 A 的列向量组的秩为 r，即矩阵的秩等于矩阵列向量组的秩。又由于矩阵的 $R(A) = R(A^T)$，所以 A^T 的秩等于 A^T 的列向量组的秩，即 A^T 的秩等于矩阵 A 行向量组的秩，所以矩阵的秩等于矩阵行向量组的秩。

证毕。

注：若对矩阵 A 仅施以初等行变换得到矩阵 B，则 B 的列向量组与 A 的列向量组有相同的线性关系，即初等行变换保持了列向量的线性无关性和线性相关性，因此以向量组中各向量为列向量组成矩阵后，实施初等行变换将该矩阵化为行阶梯形矩阵，则可直接写出所求向量组的极大线性无关组（行阶梯形矩阵中每一行第一个非零元所在的列对应的向量组）。同理，也可以由向量组中各向量为行向量组成矩阵，通过进行初等列变换来求向量组的极大线性无关组。

例 3　设向量组 $\alpha_1 = (1,0,-2)^T, \alpha_2 = (3,2,0)^T, \alpha_3 = (-2,-1,0)^T, \alpha_4 = (2,4,6)^T$，试求向量组的一个极大线性无关组及其秩。

解：构造矩阵 $A = (\alpha_1, \alpha_2, \alpha_3, \alpha_4)$，对矩阵 A 施以初等行变换：

$$A = \begin{pmatrix} 1 & 3 & -2 & 2 \\ 0 & 2 & -1 & 4 \\ -2 & 0 & 0 & 6 \end{pmatrix} \xrightarrow{r_3 + 2r_1} \begin{pmatrix} 1 & 3 & -2 & 2 \\ 0 & 2 & -1 & 4 \\ 0 & 6 & -4 & 10 \end{pmatrix} \xrightarrow{r_3 - 3r_2} \begin{pmatrix} 1 & 3 & -2 & 2 \\ 0 & 2 & -1 & 4 \\ 0 & 0 & -1 & -2 \end{pmatrix}$$

可得 $R(A)=R(\alpha_1,\alpha_2,\alpha_3,\alpha_4)=3$，所以向量组的秩为 3。

因为最后一个矩阵的第 1、2、3 列是由矩阵 $(\alpha_1,\alpha_2,\alpha_3)$ 经过初等行变换而来的，所以矩阵 $(\alpha_1,\alpha_2,\alpha_3)$ 与矩阵 $\begin{pmatrix} 1 & 3 & -2 \\ 0 & 2 & -1 \\ 0 & 0 & -1 \end{pmatrix}$ 等价，于是 $R(\alpha_1,\alpha_2,\alpha_3)=3$，因此 α_1，α_2，α_3 线性无关，故 $\alpha_1,\alpha_2,\alpha_3$ 是所给向量组的一个极大线性无关组。

例 3 的 Maple 源程序如下：

```
>#example3
>with(linalg):with(LinearAlgebra):
>A:=Matrix(3,4,[1,3,-2,2,0,2,-1,4,-2,0,0,6]);
```
$$A:=\begin{bmatrix} 1 & 3 & -2 & 2 \\ 0 & 2 & -1 & 4 \\ -2 & 0 & 0 & 6 \end{bmatrix}$$
```
>gausselim(A, 'r');
```
$$\begin{bmatrix} 1 & 3 & -2 & 2 \\ 0 & 2 & -1 & 4 \\ 0 & 0 & -1 & -2 \end{bmatrix}$$

可以看到，Maple 给出矩阵 A 的行阶梯形矩阵，$R(A)=R(\alpha_1,\alpha_2,\alpha_3,\alpha_4)=3$。

例 4 求向量组 $\alpha_1=(1,2,-1,1)$，$\alpha_2=(2,0,t,0)$，$\alpha_3=(0,-4,5,-2)$，$\alpha_4=(3,-2,t+4,-1)$ 的秩和一个极大线性无关组。

解： 向量的分量中含有参数 t，所以向量组的秩和极大线性无关组与 t 的取值有关。将向量转置变为列向量并构成矩阵：

$$(\alpha_1^{\mathrm{T}},\alpha_2^{\mathrm{T}},\alpha_3^{\mathrm{T}},\alpha_4^{\mathrm{T}})=\begin{pmatrix} 1 & 2 & 0 & 3 \\ 2 & 0 & -4 & -2 \\ -1 & t & 5 & t+4 \\ 1 & 0 & -2 & -1 \end{pmatrix} \rightarrow \begin{pmatrix} 1 & 2 & 0 & 3 \\ 0 & -4 & -4 & -8 \\ 0 & t+2 & 5 & t+7 \\ 0 & -2 & -2 & -4 \end{pmatrix} \rightarrow \begin{pmatrix} 1 & 2 & 0 & 3 \\ 0 & 1 & 1 & 2 \\ 0 & 0 & 3-t & 3-t \\ 0 & 0 & 0 & 0 \end{pmatrix}$$

当 $t=3$ 时，$R(\alpha_1,\alpha_2,\alpha_3,\alpha_4)=R(\alpha_1^{\mathrm{T}},\alpha_2^{\mathrm{T}},\alpha_3^{\mathrm{T}},\alpha_4^{\mathrm{T}})=2$，$\alpha_1,\alpha_2$ 是极大线性无关组。

当 $t\neq 3$ 时，$R(\alpha_1,\alpha_2,\alpha_3,\alpha_4)=R(\alpha_1^{\mathrm{T}},\alpha_2^{\mathrm{T}},\alpha_3^{\mathrm{T}},\alpha_4^{\mathrm{T}})=3$，$\alpha_1,\alpha_2,\alpha_3$ 是极大线性无关组。

例 4 的 Maple 源程序如下：

```
>#example4
>with(linalg):with(LinearAlgebra):
>A:=Matrix(4,4,[1,2,0,3,2,0,-4,-2,-1,t,5,t+4,1,0,-2,-1]);
```
$$A:=\begin{bmatrix} 1 & 2 & 0 & 3 \\ 2 & 0 & -4 & -2 \\ -1 & t & 5 & t+4 \\ 1 & 0 & -2 & -1 \end{bmatrix}$$
```
>gausselim(A, 'r');
```
$$\begin{bmatrix} 1 & 2 & 0 & 3 \\ 0 & -4 & -4 & -8 \\ 0 & 0 & 3-t & 3-t \\ 0 & 0 & 0 & 0 \end{bmatrix}$$

```
>solve(3-t=0);
 3
>t=3;
>B:=Matrix(4,4,[1,2,0,3,0,-4,-4,-8,0,0,0,0,0,0,0,0]);
```

$$B := \begin{bmatrix} 1 & 2 & 0 & 3 \\ 0 & -4 & -4 & -8 \\ 0 & 0 & 0 & 0 \\ 0 & 0 & 0 & 0 \end{bmatrix}$$

可以看到，Maple 给出矩阵 A 的行阶梯形矩阵，当 $t=3$ 时，$R(\alpha_1,\alpha_2,\alpha_3,\alpha_4)=2$，当 $t \neq 3$ 时，$R(\alpha_1,\alpha_2,\alpha_3,\alpha_4)=3$。

习题 3.3

1．求下列向量组的秩和一个极大线性无关组：

（1）$\alpha_1 = \begin{pmatrix} 1 \\ 2 \\ -1 \\ 4 \end{pmatrix}$，$\alpha_2 = \begin{pmatrix} 9 \\ 100 \\ 10 \\ 4 \end{pmatrix}$，$\alpha_3 = \begin{pmatrix} -2 \\ -4 \\ 2 \\ -8 \end{pmatrix}$

（2）$\alpha_1 = \begin{pmatrix} 1 \\ 2 \\ 1 \\ 3 \end{pmatrix}$，$\alpha_2 = \begin{pmatrix} 4 \\ -1 \\ -5 \\ -6 \end{pmatrix}$，$\alpha_3 = \begin{pmatrix} 1 \\ -3 \\ -4 \\ -7 \end{pmatrix}$

（3）$\alpha_1 = \begin{pmatrix} 1 \\ 4 \\ 1 \\ 0 \end{pmatrix}$，$\alpha_2 = \begin{pmatrix} 2 \\ 9 \\ -1 \\ -3 \end{pmatrix}$，$\alpha_3 = \begin{pmatrix} 1 \\ 0 \\ -3 \\ -1 \end{pmatrix}$，$\alpha_4 = \begin{pmatrix} 3 \\ 10 \\ -7 \\ -7 \end{pmatrix}$

（4）$\alpha_1 = \begin{pmatrix} 1 \\ 0 \\ 2 \\ 1 \end{pmatrix}$，$\alpha_2 = \begin{pmatrix} 1 \\ 2 \\ 0 \\ 1 \end{pmatrix}$，$\alpha_3 = \begin{pmatrix} 2 \\ 1 \\ 3 \\ 0 \end{pmatrix}$，$\alpha_4 = \begin{pmatrix} 2 \\ 5 \\ -1 \\ 4 \end{pmatrix}$，$\alpha_5 = \begin{pmatrix} 1 \\ -1 \\ 3 \\ -1 \end{pmatrix}$

2．求下列向量组的一个极大线性无关组，并将其余向量用此极大线性无关组线性表示：
（1）$\alpha_1 = (1,1,3,1)$，$\alpha_2 = (-1,1,-1,3)$，$\alpha_3 = (5,-2,8,-9)$，$\alpha_4 = (-1,3,1,7)$
（2）$\alpha_1 = (1,1,2,3)$，$\alpha_2 = (1,-1,1,1)$，$\alpha_3 = (1,3,3,5)$，$\alpha_4 = (4,-2,5,6)$，$\alpha_5 = (-3,-1,-5,-7)$

3．设向量组 $\begin{pmatrix} a \\ 3 \\ 1 \end{pmatrix}, \begin{pmatrix} 2 \\ b \\ 3 \end{pmatrix}, \begin{pmatrix} 1 \\ 2 \\ 1 \end{pmatrix}, \begin{pmatrix} 2 \\ 3 \\ 1 \end{pmatrix}$ 的秩为 2，求 a 和 b。

4. 求下列矩阵的列向量组的一个极大线性无关组：

$$(1)\begin{pmatrix} 1 & 1 & 2 & 2 & 1 \\ 0 & 2 & 1 & 5 & -1 \\ 2 & 0 & 3 & -1 & 3 \\ 1 & 1 & 0 & 4 & -1 \end{pmatrix};\qquad (2)\begin{pmatrix} 2 & 4 & 2 & -3 \\ -1 & -2 & -1 & 2 \\ 3 & 5 & 2 & -1 \\ 1 & 4 & 3 & -2 \end{pmatrix}$$

5. 设两向量组 $\alpha_1,\alpha_2,\cdots,\alpha_m$ 与 $\beta_1,\beta_2,\cdots,\beta_s$ 的秩相同，且 $\alpha_1,\alpha_2,\cdots,\alpha_m$ 能由 $\beta_1,\beta_2,\cdots,\beta_s$ 线性表示。证明：$\alpha_1,\alpha_2,\cdots,\alpha_m$ 与 $\beta_1,\beta_2,\cdots,\beta_s$ 等价。

3.4　线性方程组解的结构

本章第一节已经学习了线性方程组解的判定，即解的存在性问题，接下来将继续学习线性方程组解的结构，即通解的表示问题。

3.4.1　齐次线性方程组解的结构

齐次线性方程组解的结构

齐次线性方程组

$$Ax = 0 \qquad ①$$

其中，$A\in\mathbb{R}^{m\times n}$，$x\in\mathbb{R}^n$。

定理 1　如果 $\xi_1,\xi_2,\cdots,\xi_s$ 是齐次线性方程组①的解，则 $k_1\xi_1+k_2\xi_2+\cdots+k_s\xi_s$ 也是齐次线性方程组①的解。

如果 S 是齐次线性方程组①的解集，且 $\xi_1,\xi_2,\cdots,\xi_s$ 是 S 的极大线性无关组，即 S 中的解向量都可以用 $\xi_1,\xi_2,\cdots,\xi_s$ 线性表示，则齐次线性方程组①的任一解（通解）都可以表示成：

$$k_1\xi_1+k_2\xi_2+\cdots+k_s\xi_s$$

其中 $k_1,k_2,\cdots,k_s$ 为任意常数。

定义 1（基础解系）　齐次线性方程组①的解集 S 的极大线性无关组 $\xi_1,\xi_2,\cdots,\xi_s$ 称为齐次线性方程组①的基础解系。

如果 $R(A)=r<n$，则齐次线性方程组①有无穷多个解，且有非零解。对 A 施以初等行变换得到同解方程组：

$$\begin{cases} x_1 = -c_{1,r+1}x_{r+1}-\cdots-c_{1n}x_n \\ x_2 = -c_{2,r+1}x_{r+1}-\cdots-c_{1n}x_n \\ \quad\vdots \\ x_r = -c_{r,r+1}x_{r+1}-\cdots-c_{rn}x_n \end{cases} \qquad ②$$

其中 $x_{r+1},x_{r+2},\cdots,x_n$ 为自由未知量，分别取

$$\begin{pmatrix} x_{r+1} \\ x_{r+2} \\ \vdots \\ x_n \end{pmatrix}=\begin{pmatrix} 1 \\ 0 \\ \vdots \\ 0 \end{pmatrix},\begin{pmatrix} x_{r+1} \\ x_{r+2} \\ \vdots \\ x_n \end{pmatrix}=\begin{pmatrix} 0 \\ 1 \\ \vdots \\ 0 \end{pmatrix},\cdots,\begin{pmatrix} x_{r+1} \\ x_{r+2} \\ \vdots \\ x_n \end{pmatrix}=\begin{pmatrix} 0 \\ \vdots \\ 0 \\ 1 \end{pmatrix}$$

可得齐次线性方程组①的一组解 $\xi_1, \cdots, \xi_{n-r}$，且

$$\xi_1 = \begin{pmatrix} -c_{1,r+1} \\ -c_{2,r+1} \\ \vdots \\ -c_{r,r+1} \\ 1 \\ 0 \\ \vdots \\ 0 \end{pmatrix}, \quad \xi_2 = \begin{pmatrix} -c_{1,r+2} \\ -c_{2,r+2} \\ \vdots \\ -c_{r,r+2} \\ 0 \\ 1 \\ \vdots \\ 0 \end{pmatrix}, \quad \cdots, \quad \xi_{n-r} = \begin{pmatrix} -c_{1,n} \\ -c_{2,n} \\ \vdots \\ -c_{r,n} \\ 0 \\ \vdots \\ 0 \\ 1 \end{pmatrix}$$

显然 $\xi_1, \cdots, \xi_{n-r}$ 是线性无关的。另外，对于齐次线性方程组①的任一解 $\xi = (d_1, d_2, \cdots, d_r, d_{r+1}, \cdots, d_n)$，根据②式有

$$\begin{cases} d_1 = -c_{1,r+1}d_{r+1} - \cdots - c_{1n}d_n \\ d_2 = -c_{2,r+1}d_{r+1} - \cdots - c_{1n}d_n \\ \quad\vdots \\ d_r = -c_{r,r+1}d_{r+1} - \cdots - c_{rn}d_n \\ d_{r+1} = d_{r+1} \\ \quad\vdots \\ d_n = d_n \end{cases} \rightarrow \begin{pmatrix} d_1 \\ d_2 \\ \vdots \\ d_r \\ d_{r+2} \\ d_{r+3} \\ \vdots \\ d_n \end{pmatrix} = d_{r+1}\begin{pmatrix} -c_{1,r+1} \\ -c_{2,r+1} \\ \vdots \\ -c_{r,r+1} \\ 1 \\ 0 \\ \vdots \\ 0 \end{pmatrix} + d_{r+2}\begin{pmatrix} -c_{1,r+2} \\ -c_{2,r+2} \\ \vdots \\ -c_{r,r+2} \\ 0 \\ 1 \\ \vdots \\ 0 \end{pmatrix} + \cdots + d_n\begin{pmatrix} -c_{1,n} \\ -c_{2,n} \\ \vdots \\ -c_{r,n} \\ 0 \\ 0 \\ \vdots \\ 1 \end{pmatrix}$$

故 $\xi = d_{r+1}\xi_1 + d_{r+2}\xi_2 \cdots + d_n\xi_{n-r}$，即任一解向量都可以用 $\xi_1, \cdots, \xi_{n-r}$ 线性表示。所以 $\xi_1, \cdots, \xi_{n-r}$ 为线性方程组的一个基础解系。

例 1　求齐次线性方程组 $\begin{cases} x_1 + 2x_2 + x_3 - x_4 = 0 \\ 3x_1 + 6x_2 - x_3 - 3x_4 = 0 \\ 5x_1 + 10x_2 + x_3 - 5x_4 = 0 \end{cases}$ 的基础解系与通解。

解：对该方程组的系数矩阵 A 进行初等行变换，化为行最简形矩阵：

$$A = \begin{pmatrix} 1 & 2 & 1 & -1 \\ 3 & 6 & -1 & -3 \\ 5 & 10 & 1 & -5 \end{pmatrix} \xrightarrow{\substack{r_2-3r_1 \\ r_3-5r_1}} \begin{pmatrix} 1 & 2 & 1 & -1 \\ 0 & 0 & -4 & 0 \\ 0 & 0 & -4 & 0 \end{pmatrix}$$

$$\xrightarrow{r_3-r_2} \begin{pmatrix} 1 & 2 & 1 & -1 \\ 0 & 0 & -4 & 0 \\ 0 & 0 & 0 & 0 \end{pmatrix} \xrightarrow{-\frac{1}{4}r_2} \begin{pmatrix} 1 & 2 & 1 & -1 \\ 0 & 0 & 1 & 0 \\ 0 & 0 & 0 & 0 \end{pmatrix} \xrightarrow{r_1-r_2} \begin{pmatrix} 1 & 2 & 0 & -1 \\ 0 & 0 & 1 & 0 \\ 0 & 0 & 0 & 0 \end{pmatrix}$$

由于 $R(A) = 2 < n = 4$，所以方程组有无穷多个解，且方程组为

$$\begin{cases} x_1 = -2x_2 + x_4 \\ x_3 = 0 \end{cases}$$

自由未知量的个数为 $n - r = 2$，其中 x_2 和 x_4 为自由未知量。取 $\begin{pmatrix} x_2 \\ x_4 \end{pmatrix} = \begin{pmatrix} 1 \\ 0 \end{pmatrix}$ 及 $\begin{pmatrix} 0 \\ 1 \end{pmatrix}$，则基础解系

为 $\xi_1 = \begin{pmatrix} -2 \\ 1 \\ 0 \\ 0 \end{pmatrix}$，$\xi_2 = \begin{pmatrix} 1 \\ 0 \\ 0 \\ 1 \end{pmatrix}$，所以方程组的通解为 $x = k_1\xi_1 + k_2\xi_2$，其中 k_1、k_2 为任意常数。

例 1 的 Maple 源程序如下：

```
>#example1
>with(linalg):with(LinearAlgebra):
> eq:={x1+2*x2+x3-x4=0,3*x1+6*x2-x3-3*x4=0,5*x1+10*x2+x3-5*x4=0};
```
$$eq := \{ x1 + 2\,x2 + x3 - x4 = 0,\ 3\,x1 + 6\,x2 - x3 - 3\,x4 = 0,\ 5\,x1 + 10\,x2 + x3 - 5\,x4 = 0 \}$$
```
>A:= genmatrix(eq, [x1, x2, x3,x4],'flag');
```
$$A := \begin{bmatrix} 1 & 2 & 1 & -1 & 0 \\ 3 & 6 & -1 & -3 & 0 \\ 5 & 10 & 1 & -5 & 0 \end{bmatrix}$$
```
>B:=gausselim(A); C:=rref(B);
```
$$B := \begin{bmatrix} 1 & 2 & 1 & -1 & 0 \\ 0 & 0 & -4 & 0 & 0 \\ 0 & 0 & 0 & 0 & 0 \end{bmatrix}$$
$$C := \begin{bmatrix} 1 & 2 & 0 & -1 & 0 \\ 0 & 0 & 1 & 0 & 0 \\ 0 & 0 & 0 & 0 & 0 \end{bmatrix}$$
```
>backsub(C,false,'t');
```
$$[-2\,t_2 + t_1,\ t_2,\ 0,\ t_1]$$

可以看到，Maple 给出了方程组的解：$x_1 = -2t_2 + t_1$，$x_2 = t_2$，$x_3 = 0$，$x_4 = t_1$（Maple 显示形式为 $[-2t_2+t_1, t_2, 0, t_1]$）。所以方程组的通解为 $x = t_2 \begin{pmatrix} -2 \\ 1 \\ 0 \\ 0 \end{pmatrix} + t_1 \begin{pmatrix} 1 \\ 0 \\ 0 \\ 1 \end{pmatrix}$，其中 t_1、t_2 为任意常数。

例 2　求齐次线性方程组 $\begin{cases} x_1 + 2x_2 + 2x_3 + x_4 = 0 \\ 2x_1 + x_2 - 2x_3 - 2x_4 = 0 \\ x_1 - x_2 - 4x_3 - 3x_4 = 0 \end{cases}$ 的基础解系和通解。

解：对该方程组的系数矩阵 A 进行初等行变换，化为行最简形矩阵：

$$A = \begin{pmatrix} 1 & 2 & 2 & 1 \\ 2 & 1 & -2 & -2 \\ 1 & -1 & -4 & -3 \end{pmatrix} \xrightarrow[r_3 - r_1]{r_2 - 2r_1} \begin{pmatrix} 1 & 2 & 2 & 1 \\ 0 & -3 & -6 & -4 \\ 0 & -3 & -6 & -4 \end{pmatrix}$$

$$\xrightarrow[\frac{1}{3} \times r_2]{r_3 - r_2} \begin{pmatrix} 1 & 2 & 2 & 1 \\ 0 & 1 & 2 & \dfrac{4}{3} \\ 0 & 0 & 0 & 0 \end{pmatrix} \xrightarrow{r_1 - 2r_2} \begin{pmatrix} 1 & 0 & -2 & -\dfrac{5}{3} \\ 0 & 1 & 2 & \dfrac{4}{3} \\ 0 & 0 & 0 & 0 \end{pmatrix}$$

可见，$R(A) = 2 < n = 4$，所以方程组有无穷多个解，且同解方程组为

$$\begin{cases} x_1 = 2x_3 + \dfrac{5}{3}x_4 \\ x_2 = -2x_3 - \dfrac{4}{3}x_4 \end{cases}$$

取 $\begin{pmatrix} x_3 \\ x_4 \end{pmatrix} = \begin{pmatrix} 1 \\ 0 \end{pmatrix}$ 及 $\begin{pmatrix} 0 \\ 1 \end{pmatrix}$，则基础解系为 $\xi_1 = \begin{pmatrix} 2 \\ -2 \\ 1 \\ 0 \end{pmatrix}$，$\xi_2 = \begin{pmatrix} \dfrac{5}{3} \\ -\dfrac{4}{3} \\ 0 \\ 1 \end{pmatrix}$，所以方程组的通解为

$x = k_1\xi_1 + k_2\xi_2$，其中 k_1、k_2 为任意常数。

注：在解方程组的过程中，因为自由未知量的选择方法不唯一，所以基础解系不唯一，通解的表示形式也不唯一。如取 $\begin{pmatrix} x_3 \\ x_4 \end{pmatrix} = \begin{pmatrix} 1 \\ 0 \end{pmatrix}$ 及 $\begin{pmatrix} 0 \\ 3 \end{pmatrix}$，则基础解系为 $\xi_1 = \begin{pmatrix} 2 \\ -2 \\ 1 \\ 0 \end{pmatrix}$，$\xi_2 = \begin{pmatrix} 5 \\ -4 \\ 0 \\ 3 \end{pmatrix}$，所以

方程组的通解为 $x = k_1\xi_1 + k_2\xi_2$，其中 k_1、k_2 为任意常数。

例 2 的 Maple 源程序如下：

```
>#example2
>with(linalg):with(LinearAlgebra):
>eq:={x1+2*x2+2*x3+x4=0,2*x1+x2-2*x3-2*x4=0,x1-x2-4*x3-3*x4=0};
```
$eq := \{x1 - x2 - 4\,x3 - 3\,x4 = 0,\ x1 + 2\,x2 + 2\,x3 + x4 = 0,\ 2\,x1 + x2 - 2\,x3 - 2\,x4 = 0\}$

```
>A:= genmatrix(eq, [x1, x2, x3,x4],'flag');
```
$A := \begin{bmatrix} 1 & -1 & -4 & -3 & 0 \\ 1 & 2 & 2 & 1 & 0 \\ 2 & 1 & -2 & -2 & 0 \end{bmatrix}$

```
>B:=gausselim(A); C:=rref(B);
```
$B := \begin{bmatrix} 1 & -1 & -4 & -3 & 0 \\ 0 & 3 & 6 & 4 & 0 \\ 0 & 0 & 0 & 0 & 0 \end{bmatrix}$

$C := \begin{bmatrix} 1 & 0 & -2 & \dfrac{-5}{3} & 0 \\ 0 & 1 & 2 & \dfrac{4}{3} & 0 \\ 0 & 0 & 0 & 0 & 0 \end{bmatrix}$

```
>backsub(C,false,'t');
```
$\left[2\,t_2 + \dfrac{5}{3}\,t_1,\ -2\,t_2 - \dfrac{4}{3}\,t_1,\ t_2,\ t_1 \right]$

可以看到，Maple 给出了方程组的解：$x_1 = 2t_2 + \dfrac{5}{3}t_1$，$x_2 = -2t_2 - \dfrac{4}{3}t_1$，$x_3 = t_2$，$x_4 = t_1$（Maple

显示形式为 $\left[2t_2+\dfrac{5}{3}t_1,-2t_2-\dfrac{4}{3}t_1,t_2,t_1\right]$）。所以方程组的通解为 $x=t_2\begin{pmatrix}2\\-2\\1\\0\end{pmatrix}+t_1\begin{pmatrix}\dfrac{5}{3}\\-\dfrac{4}{3}\\0\\1\end{pmatrix}$，其中 t_1、t_2

为任意常数。

3.4.2 非齐次线性方程组解的结构

非齐次线性方程
组解的结构

非齐次线性方程组

$$Ax=b \qquad\qquad ③$$

其中 $A\in\mathbb{R}^{m\times n}$，$x\in\mathbb{R}^n$，$b\in\mathbb{R}^m$，$b\neq0$。

定理 2　非齐次线性方程组③的任意两个解 η_1 与 η_2，则 $\eta_1-\eta_2$ 是其对应齐次线性方程组（导出方程组）$Ax=0$ 的解。

证明：因为

$$A(\eta_1-\eta_2)=A\eta_1-A\eta_2=b-b=0$$

所以 $\eta_1-\eta_2$ 是其对应齐次线性方程组（导出方程组）$Ax=0$ 的解。

证毕。

定理 3　如果非齐次线性方程组③的任意解 η，且其对应齐次线性方程组（导出方程组）$Ax=0$ 的解为 ξ，则 $\eta+k\xi$（k 为任意常数）为非齐次线性方程组③的解。

证明：因为 $A(\eta+k\xi)=A\eta+A(k\xi)=A\eta+k(A\xi)=b+0k=b$

所以 $\eta+k\xi$（k 为任意常数）为非齐次线性方程组③的解。

证毕。

推论 1　设非齐次线性方程组③的某一个解（特解）为 η，系数矩阵 A 的秩为 r，对应齐次线性方程组 $Ax=0$ 的基础解系为 $\xi_1,\cdots,\xi_{n-r}$，则非齐次线性方程组③的通解为

$$x=\eta+k_1\xi_1+\cdots+k_{n-r}\xi_{n-r}$$

其中 $k_1,k_2,\cdots,k_{n-r}$ 为任意常数。

例 3　求非齐次线性方程组

$$\begin{cases}x_1+x_2-3x_3-x_4=1\\3x_1-x_2-3x_3+4x_4=4\\x_1+5x_2-9x_3-8x_4=0\end{cases}$$

的通解。

解：对该方程组的增广矩阵 $\bar{A}$ 进行初等行变换，化为行最简形矩阵：

$$\bar{A}=\begin{pmatrix}1&1&-3&-1&\vline&1\\3&-1&-3&4&\vline&4\\1&5&-9&-8&\vline&0\end{pmatrix}\xrightarrow[r_3-r_1]{r_2-3r_1}\begin{pmatrix}1&1&-3&-1&\vline&1\\0&-4&6&7&\vline&1\\0&4&-6&-7&\vline&-1\end{pmatrix}$$

$$\xrightarrow[-\frac{1}{4}r_2]{r_3+r_2} \begin{pmatrix} 1 & 1 & -3 & -1 & 1 \\ 0 & 1 & -\dfrac{3}{2} & -\dfrac{7}{4} & -\dfrac{1}{4} \\ 0 & 0 & 0 & 0 & 0 \end{pmatrix} \xrightarrow{r_1-r_2} \begin{pmatrix} 1 & 0 & -\dfrac{3}{2} & \dfrac{3}{4} & \dfrac{5}{4} \\ 0 & 1 & -\dfrac{3}{2} & -\dfrac{7}{4} & -\dfrac{1}{4} \\ 0 & 0 & 0 & 0 & 0 \end{pmatrix}$$

可见，$R(\bar{A}) = R(A) = 2 < 4$，所以原方程组有无穷多个解，且同解方程组为

$$\begin{cases} x_1 = \dfrac{5}{4} + \dfrac{3}{2}x_3 - \dfrac{3}{4}x_4 \\ x_2 = -\dfrac{1}{4} + \dfrac{3}{2}x_3 + \dfrac{7}{4}x_4 \end{cases}$$

取 $x_3 = x_4 = 0$，得到原方程组的一个特解：

$$\eta = \begin{pmatrix} \dfrac{5}{4} \\ -\dfrac{1}{4} \\ 0 \\ 0 \end{pmatrix}$$

又由于导出方程组的同解方程组为

$$\begin{cases} x_1 = \dfrac{3}{2}x_3 - \dfrac{3}{4}x_4 \\ x_2 = \dfrac{3}{2}x_3 + \dfrac{7}{4}x_4 \end{cases}$$

取 $\begin{pmatrix} x_3 \\ x_4 \end{pmatrix} = \begin{pmatrix} 1 \\ 0 \end{pmatrix}$ 及 $\begin{pmatrix} x_3 \\ x_4 \end{pmatrix} = \begin{pmatrix} 0 \\ 1 \end{pmatrix}$，则基础解系为

$$\xi_1 = \begin{pmatrix} \dfrac{3}{2} \\ \dfrac{3}{2} \\ 1 \\ 0 \end{pmatrix}, \quad \xi_2 = \begin{pmatrix} -\dfrac{3}{4} \\ \dfrac{7}{4} \\ 0 \\ 1 \end{pmatrix}$$

所以通解为 $x = \eta + k_1\xi_1 + k_2\xi_2$，其中 k_1、k_2 为任意常数。

例 3 的 Maple 源程序如下：

```
>#example3
>with(linalg):with(LinearAlgebra):
>eq:={x1+x2-3*x3-x4=1,3*x1-x2-3*x3+4*x4=4,x1+5*x2-9*x3-8*x4=0};
 eq := {x1 + x2 − 3 x3 − x4 = 1, x1 + 5 x2 − 9 x3 − 8 x4 = 0, 3 x1 − x2 − 3 x3 + 4 x4 = 4}
>A:= genmatrix(eq, [x1, x2, x3,x4],'flag');
```

$$A := \begin{bmatrix} 1 & 1 & -3 & -1 & 1 \\ 1 & 5 & -9 & -8 & 0 \\ 3 & -1 & -3 & 4 & 4 \end{bmatrix}$$

```
>B:=gausselim(A); C:=rref(B);
```

$$B := \begin{bmatrix} 1 & 1 & -3 & -1 & 1 \\ 0 & 4 & -6 & -7 & -1 \\ 0 & 0 & 0 & 0 & 0 \end{bmatrix}$$

$$C := \begin{bmatrix} 1 & 0 & \dfrac{-3}{2} & \dfrac{3}{4} & \dfrac{5}{4} \\ 0 & 1 & \dfrac{-3}{2} & \dfrac{-7}{4} & \dfrac{-1}{4} \\ 0 & 0 & 0 & 0 & 0 \end{bmatrix}$$

```
>backsub(C,false,'t');
```

$$\left[\frac{5}{4} + \frac{3}{2}t_2 - \frac{3}{4}t_1, -\frac{1}{4} + \frac{3}{2}t_2 + \frac{7}{4}t_1, t_2, t_1 \right]$$

可以看到,Maple 给出了方程组的解:$x_1 = \dfrac{5}{4} + \dfrac{3}{2}t_2 - \dfrac{3}{4}t_1$,$x_2 = -\dfrac{1}{4} + \dfrac{3}{2}t_2 + \dfrac{7}{4}t_1$,$x_3 = t_2$,$x_4 = t_1$

（Maple 显示形式为 $\left[\dfrac{5}{4} + \dfrac{3}{2}t_2 - \dfrac{3}{4}t_1, -\dfrac{1}{4} + \dfrac{3}{2}t_2 + \dfrac{7}{4}t_1, t_2, t_1 \right]$）。所以原方程组的通解为

$$x = \begin{pmatrix} \dfrac{5}{4} \\ -\dfrac{1}{4} \\ 0 \\ 0 \end{pmatrix} + t_1 \begin{pmatrix} -\dfrac{3}{4} \\ \dfrac{7}{4} \\ 0 \\ 1 \end{pmatrix} + t_2 \begin{pmatrix} \dfrac{3}{2} \\ \dfrac{3}{2} \\ 1 \\ 0 \end{pmatrix}, \quad \text{其中 } t_1 \text{、} t_2 \text{为任意常数。}$$

例 4　求非齐次线性方程组

$$\begin{cases} x_1 - x_2 + x_3 - x_4 = 1 \\ x_1 - x_2 - x_3 + x_4 = 0 \\ 2x_1 - 2x_2 - 4x_3 + 4x_4 = -1 \end{cases}$$

的通解。

解：对该方程组的增广矩阵 $\overline{A}$ 进行初等行变换,化为行最简形矩阵：

$$\overline{A} = \begin{pmatrix} 1 & -1 & 1 & -1 & 1 \\ 1 & -1 & -1 & 1 & 0 \\ 2 & -2 & -4 & 4 & -1 \end{pmatrix} \xrightarrow[r_3 - 2r_1]{r_2 - r_1} \begin{pmatrix} 1 & -1 & 1 & -1 & 1 \\ 0 & 0 & -2 & 2 & -1 \\ 0 & 0 & -6 & 6 & -3 \end{pmatrix}$$

$$\xrightarrow{r_3 - 3r_2} \begin{pmatrix} 1 & -1 & 1 & -1 & 1 \\ 0 & 0 & -2 & 2 & -1 \\ 0 & 0 & 0 & 0 & 0 \end{pmatrix} \xrightarrow{-\frac{1}{2}r_2} \begin{pmatrix} 1 & -1 & 1 & -1 & 1 \\ 0 & 0 & 1 & -1 & \dfrac{1}{2} \\ 0 & 0 & 0 & 0 & 0 \end{pmatrix}$$

$$\xrightarrow{r_1 - r_2} \begin{pmatrix} 1 & -1 & 0 & 0 & \dfrac{1}{2} \\ 0 & 0 & 1 & -1 & \dfrac{1}{2} \\ 0 & 0 & 0 & 0 & 0 \end{pmatrix}$$

可见,$R(\overline{A}) = R(A) = 2 < 4$,所以原方程组有无穷多个解,且同解方程组为

$$\begin{cases} x_1 = x_2 + \dfrac{1}{2} \\ x_3 = x_4 + \dfrac{1}{2} \end{cases}$$

取 $x_2 = x_4 = 0$，得到原方程组的一个特解 $\eta = \begin{pmatrix} \frac{1}{2} \\ 0 \\ \frac{1}{2} \\ 0 \end{pmatrix}$。又由于导出方程组的同解方程组为

$\begin{cases} x_1 = x_2 \\ x_3 = x_4 \end{cases}$，取 $\begin{pmatrix} x_2 \\ x_4 \end{pmatrix} = \begin{pmatrix} 1 \\ 0 \end{pmatrix}$ 及 $\begin{pmatrix} 0 \\ 1 \end{pmatrix}$，可得基础解系为 $\xi_1 = \begin{pmatrix} 1 \\ 1 \\ 0 \\ 0 \end{pmatrix}$，$\xi_2 = \begin{pmatrix} 0 \\ 0 \\ 1 \\ 1 \end{pmatrix}$。所以原方程组的通解为

$x = \eta + k_1\xi_1 + k_2\xi_2$，其中 k_1、k_2 为任意常数。

例 4 的 Maple 源程序如下：
```
>#example4
>with(linalg):with(LinearAlgebra):
>eq:={x1-x2+x3-x4=1,x1-x2-x3+x4=0,2*x1-2*x2-4*x3+4*x4=-1};
```
$eq := \{x1 - x2 - x3 + x4 = 0, x1 - x2 + x3 - x4 = 1, 2x1 - 2x2 - 4x3 + 4x4 = -1\}$
```
>A:= genmatrix(eq, [x1, x2, x3,x4],'flag');
```
$A := \begin{bmatrix} 1 & -1 & -1 & 1 & 0 \\ 1 & -1 & 1 & -1 & 1 \\ 2 & -2 & -4 & 4 & -1 \end{bmatrix}$
```
>B:=gausselim(A); C:=rref(B);
```
$B := \begin{bmatrix} 1 & -1 & -1 & 1 & 0 \\ 0 & 0 & 2 & -2 & 1 \\ 0 & 0 & 0 & 0 & 0 \end{bmatrix}$

$C := \begin{bmatrix} 1 & -1 & 0 & 0 & \frac{1}{2} \\ 0 & 0 & 1 & -1 & \frac{1}{2} \\ 0 & 0 & 0 & 0 & 0 \end{bmatrix}$
```
>backsub(C,false,'t');
```
$\left[\frac{1}{2} + t_2, t_2, \frac{1}{2} + t_1, t_1 \right]$

可以看到，Maple 给出了方程组的解：$x_1 = \dfrac{1}{2} + t_2$，$x_2 = t_2$，$x_3 = \dfrac{1}{2} + t_1$，$x_4 = t_1$（Maple

显示形式为 $\left[\frac{1}{2} + t_2, t_2, \frac{1}{2} + t_1, t_1 \right]$）。所以原方程组的通解为 $x = t_1 \begin{pmatrix} 0 \\ 0 \\ 1 \\ 1 \end{pmatrix} + t_2 \begin{pmatrix} 1 \\ 1 \\ 0 \\ 0 \end{pmatrix} + \begin{pmatrix} \frac{1}{2} \\ 0 \\ \frac{1}{2} \\ 0 \end{pmatrix}$，其中 t_1、t_2 为

任意常数。

习题 3.4

1. 求解下列齐次线性方程组：

（1）$\begin{cases} x_1 + 2x_2 - x_3 = 0 \\ 2x_1 + 4x_2 + 7x_3 = 0 \end{cases}$

（2）$\begin{cases} x_1 + 2x_2 + 2x_3 + x_4 = 0 \\ 2x_1 + x_2 - 2x_3 - 2x_4 = 0 \\ x_1 - x_2 - 4x_3 - 3x_4 = 0 \end{cases}$

（3）$\begin{cases} x_1 + 2x_2 - x_3 - 2x_4 = 0 \\ 2x_1 - x_2 - x_3 + x_4 = 0 \\ 3x_1 + x_2 - 2x_3 - x_4 = 0 \end{cases}$

（4）$\begin{cases} x_1 - x_2 + 5x_3 - x_4 = 0 \\ x_1 + 3x_2 - 9x_3 + 7x_4 = 0 \\ 2x_1 - 2x_2 + 10x_3 - 2x_4 = 0 \\ 3x_1 - x_2 + 8x_3 + x_4 = 0 \end{cases}$

2. 求解下列非齐次线性方程组：

（1）$\begin{cases} x_1 + x_2 + x_3 + x_4 = 2 \\ 2x_1 + 3x_2 + x_3 + x_4 = 1 \\ x_1 + 2x_3 + 2x_4 = 5 \end{cases}$

（2）$\begin{cases} x_1 - x_2 - x_3 + x_4 = 0 \\ x_1 - x_2 - 2x_3 + 3x_4 = -1 \\ x_1 - x_2 + x_3 - 3x_4 = 2 \end{cases}$

（3）$\begin{cases} x_1 - 2x_2 - x_3 - x_4 = -1 \\ 2x_1 + x_2 - 3x_3 = 2 \\ x_1 - 2x_2 - x_3 - x_4 = -1 \end{cases}$

（4）$\begin{cases} x_1 + x_2 + 2x_3 + 4x_4 = 6 \\ x_1 + 2x_2 + 2x_3 + 5x_4 = 8 \\ x_1 + 3x_2 + 4x_3 + 6x_4 = 10 \\ x_1 + 4x_2 + 5x_3 + 7x_4 = 12 \end{cases}$

3. 求非齐次线性方程组 $\begin{cases} x_1 - x_2 - x_3 + x_4 = 0 \\ x_1 - x_2 + x_3 - 3x_4 = 1 \\ x_1 - x_2 - 2x_3 + 3x_4 = -\dfrac{1}{2} \end{cases}$ 的一个解及对应的齐次线性方程组的基础解系。

4. 设四元非齐次线性方程组的系数矩阵的秩为 3，已知 η_1、η_2、η_3 是它的三个解向量，

且 $\eta_1 = \begin{pmatrix} 2 \\ 3 \\ 4 \\ 5 \end{pmatrix}$，$\eta_2 + \eta_3 = \begin{pmatrix} 1 \\ 2 \\ 3 \\ 4 \end{pmatrix}$，求该方程组的通解。

5. 设四元齐次线性方程组为（I）：$\begin{cases} x_1 + x_2 = 0 \\ x_2 - x_4 = 0 \end{cases}$

（1）求（I）的一个基础解系。

（2）如果 $k_1(0,1,1,0)^{\mathrm{T}} + k_2(-1,2,2,1)^{\mathrm{T}}$ 是某齐次线性方程组（II）的通解，问方程组（I）和

（II）是否有非零的公共解？若有，求出其全部非零公共解；若无，说明理由。

3.5　向量空间

定义 1（向量空间）　设 V 是非空的 n 维向量集合，P 为数域，如果集合 V 对于向量的加法和数乘运算满足以下条件：

（1）对于任意的 $\alpha, \beta \in V$，有 $\alpha + \beta \in V$。

（2）对于任意的 $\alpha \in V$，$k \in P$，有 $k\alpha \in V$。

则称 V 为向量空间。

向量空间也可以简单表述为对向量的加法和数乘运算封闭的非空向量集合。

例 1　n 维实向量的全体 $\mathbb{R}^n$ 是一个向量空间。这是因为两个 n 维实向量的和仍为 n 维实向量；任意一个 n 维实向量与数的乘积仍为 n 维实向量。

注： $n = 3$ 时，三维向量空间 $\mathbb{R}^3$ 表示实体空间。

$n = 2$ 时，二维向量空间 $\mathbb{R}^2$ 表示平面。

$n = 1$ 时，一维向量空间 $\mathbb{R}$ 表示数轴。

例 2　$\mathbb{R}^3$ 的子集 $W = \{(x, y, z)^{\mathrm{T}} \in \mathbb{R}^3 \mid x + 2y - 3z = 1\}$。容易验证，$\alpha = (1, 0, 0)^{\mathrm{T}} \in W$，但 $2\alpha = (2, 0, 0)^{\mathrm{T}} \notin W$，因此 W 关于向量的数乘运算不封闭，故 W 不是向量空间。

例 3　齐次线性方程组的解集

$$S = \{x \mid Ax = 0\}$$

是一个向量空间（称为齐次线性方程组的解空间）。因为齐次线性方程组的解集对向量的线性运算封闭。

例 4　非齐次线性方程组的解集

$$S = \{x \mid Ax = b\}$$

不是向量空间。因为当 S 为空集时，S 不是向量空间；当 S 非空时，若 $\eta \in S$，则 $A(2\eta) = 2b \neq b$，知 $2\eta \notin S$。

例 5　设 α 和 β 为两个已知的 n 维向量，集合

$$L = \{\xi = \lambda\alpha + \mu\beta \mid \lambda, \mu \in R\}$$

试判断集合 L 是否为向量空间。

解：　若 $\xi_1 = \lambda_1\alpha + \mu_1\beta$，$\xi_2 = \lambda_2\alpha + \mu_2\beta$，则有 $\xi_1 + \xi_2 = (\lambda_1 + \lambda_2)\alpha + (\mu_1 + \mu_2)\beta \in L$，$k\xi_1 = (k\lambda_1)\alpha + (k\mu_1)\beta \in L$，即 L 对于向量的线性运算封闭。所以，L 是一个向量空间。

这个向量空间称为由向量 α 和 β 所生成的向量空间。

一般地，由向量组 $\alpha_1, \alpha_2, \cdots, \alpha_m$ 所生成的向量空间记为：

$$V = \{\xi = \lambda_1\alpha_1 + \lambda_2\alpha_2 + \cdots \lambda_m\alpha_m \mid \lambda_1, \lambda_2, \cdots, \lambda_m \in R\}$$

定义 2（子空间）　设有向量空间 V_1 和 V_2，若 $V_1 \subset V_2$，则称向量空间 V_1 是 V_2 的子空间。

例 6　$\mathbb{R}^3$ 中过原点的平面是 $\mathbb{R}^3$ 的子空间。

证明： $\mathbb{R}^3$ 中过原点的平面可以看作集合

$$V = \{(a, b, c) \in \mathbb{R}^3 \mid ax + by + cz = 0, (x, y, z) \in \mathbb{R}^3\}$$

若 $(a_1,b_1,c_1) \in V$ ，$(a_2,b_2,c_2) \in V$ ，即 $a_1 x + b_1 y + c_1 z = 0$ ，$a_2 x + b_2 y + c_2 z = 0$ ，则有 $(a_1 + a_2)x + (b_1 + b_2)y + (c_1 + c_2)z = 0$ ，$(ka_1)x + (kb_1)y + (kc_1)z = 0$ ，即 $(a_1,b_1,c_1) + (a_2,b_2,c_2) \subset V$ ，故 $\mathbb{R}^3$ 中过原点的平面是 $\mathbb{R}^3$ 的子空间。

定义 3（基与维数） 设 V 是向量空间，如果 r 个向量 $\alpha_1,\alpha_2,\cdots,\alpha_r \in V$ ，且满足：

（1）$\alpha_1,\alpha_2,\cdots,\alpha_r$ 线性无关。

（2）V 中任一向量都可以由 $\alpha_1,\alpha_2,\cdots,\alpha_r$ 线性表示。

则称向量组 $\alpha_1,\alpha_2,\cdots,\alpha_r$ 为向量空间 V 的一个基，数 r 称为向量空间 V 的维数，记为 $\dim V = r$ ，并称 V 为 r 维向量空间。

注：（1）只含零向量的向量空间称为 0 维向量空间，它没有基。

（2）若把向量空间 V 看作向量组，则 V 的基就是向量组的极大线性无关组，V 的维数就是向量组的秩。

例 7 证明单位向量组 $\varepsilon_1 = (1,0,0,\cdots,0)^{\mathrm{T}}$ ，$\varepsilon_2 = (0,1,0,\cdots,0)^{\mathrm{T}}$ ，$\cdots$ ，$\varepsilon_n = (0,0,0,\cdots,1)^{\mathrm{T}}$ 是 n 维向量空间 $\mathbb{R}^n$ 的一个基。

证明：n 维向量组 $\varepsilon_1,\varepsilon_2,\cdots,\varepsilon_n$ 线性无关，对 n 维向量空间 $\mathbb{R}^n$ 的任意一个向量 $\alpha = (a_1,a_2,\cdots,a_n)^{\mathrm{T}}$ ，有 $\alpha = a_1 \varepsilon_1 + a_2 \varepsilon_2 + \cdots + a_n \varepsilon_n$ ，即 $\mathbb{R}^n$ 中任一向量都可由 $\varepsilon_1,\varepsilon_2,\cdots,\varepsilon_n$ 线性表示，因此向量组 $\varepsilon_1,\varepsilon_2,\cdots,\varepsilon_n$ 是 n 维向量空间 $\mathbb{R}^n$ 的一个基。

定义 4（坐标） 若在向量空间 V 中取定一个基 $\alpha_1,\alpha_2,\cdots,\alpha_r$ ，那么 V 中任意向量 α 可唯一表示为 $\alpha = \lambda_1 \alpha_1 + \lambda_2 \alpha_2 + \cdots + \lambda_r \alpha_r$ ，称有序数组 $\lambda_1,\lambda_2,\cdots,\lambda_r$ 为向量 α 在基 $\alpha_1,\alpha_2,\cdots,\alpha_r$ 下的坐标，记作 $(\lambda_1,\lambda_2,\cdots,\lambda_r)^{\mathrm{T}}$ 。

特别地，在 n 维向量空间 $\mathbb{R}^n$ 中取单位向量组 $\varepsilon_1,\varepsilon_2,\cdots,\varepsilon_n$ 为基，则以 $x_1,x_2,\cdots,x_n$ 为分量的向量 α 可表示为

$$\alpha = x_1 \varepsilon_1 + x_2 \varepsilon_2 + \cdots + x_n \varepsilon_n$$

可见向量在基 $\varepsilon_1,\varepsilon_2,\cdots,\varepsilon_n$ 下的坐标就是该向量的分量。因此 $\varepsilon_1,\varepsilon_2,\cdots,\varepsilon_n$ 叫作 $\mathbb{R}^n$ 中的自然基。

习题 3.5

1. 验证 $\mathbb{R}^n$ 的子集 $W = \left\{ (x_1,\cdots,x_n)^{\mathrm{T}} \in R^n \mid \sum_{i=1}^{n} x_i = 0 \right\}$ 关于向量的线性运算封闭，从而构成一个向量空间。

2. 试证由 $a_1 = (0,1,1)^{\mathrm{T}}$ ，$a_2 = (1,0,1)^{\mathrm{T}}$ ，$a_3 = (1,1,0)^{\mathrm{T}}$ 所生成的向量空间就是 $\mathbb{R}^3$ 。

3. 由 $a_1 = (1,1,0,0)^{\mathrm{T}}$ ，$a_2 = (1,0,1,1)^{\mathrm{T}}$ 所生成的向量空间记作 L_1 ，由 $b_1 = (2,-1,3,3)^{\mathrm{T}}$ ，$b_2 = (0,1,-1,-1)^{\mathrm{T}}$ 所生成的向量空间记作 L_2 ，试证 $L_1 = L_2$ 。

第 4 章　相似矩阵

本章主要介绍方阵的特征值、特征向量及方阵的相似与对角化问题，这些问题在数学理论研究领域及其他科学领域和数量经济分析过程中都有广泛的应用。其中涉及向量的内积、长度、正交等知识，下面就先来学习这些知识。

4.1　向量的内积与正交向量组

4.1.1　向量的内积

定义 1（向量的内积）　设有 n 维向量 $\alpha = (a_1, a_2, \cdots, a_n)^{\mathrm{T}}$，$\beta = (b_1, b_2, \cdots, b_n)^{\mathrm{T}}$，令

$$(\alpha, \beta) = a_1 b_1 + a_2 b_2 + \cdots + a_n b_n = \alpha^{\mathrm{T}} \beta$$

称 (α, β) 为向量 α 与 β 的内积。

注：内积是两个向量之间的一种运算，其结果是一个实数。

向量的内积运算具有以下性质：

（1）对称关系：$(\alpha, \beta) = (\beta, \alpha)$。

（2）数乘关系：$(k\alpha, \beta) = k(\alpha, \beta)$。

（3）加法关系：$(\alpha + \beta, \gamma) = (\alpha, \gamma) + (\beta, \gamma)$。

（4）非负关系：$(\alpha, \alpha) \geqslant 0$，且 $(\alpha, \alpha) = 0 \Leftrightarrow \alpha = 0$。

这里 α、β、γ 是 n 维向量，k 是实数。

定义 2（向量的长度）　设有向量 $\alpha = (a_1, a_2, \cdots, a_n)^{\mathrm{T}}$，称 $\sqrt{(\alpha, \alpha)}$ 为向量 α 的长度（或模、范数），记为 $\|\alpha\|$。特别地，当 $\|\alpha\| = 1$ 时，称 α 为单位向量。当 $\|\alpha\| \neq 0$ 时，不难验证 $\dfrac{1}{\|\alpha\|} \alpha$ 是单位向量，这种求单位向量的方法称为将向量 α 单位化。

定理 1（柯西-布涅柯夫斯基-施瓦茨（Cauchy-Buniakowsky-Schwarz）不等式）　对于任意两个向量 α 和 β，恒有 $|(\alpha, \beta)| \leqslant \|\alpha\| \cdot \|\beta\|$，且等号成立的充要条件是 α 与 β 线性相关。

证明：如果 α 与 β 线性相关，不妨设 $\alpha = k\beta$，则

$$|(\alpha, \beta)| = |(k\beta, \beta)| = |k| (\beta, \beta)，\quad \|\alpha\| = \|k\beta\| = |k| \cdot \|\beta\|$$

故

$$\|\alpha\| \cdot \|\beta\| = |k| \cdot \|\beta\|^2 = |k| (\beta, \beta) = |(\alpha, \beta)|$$

这就证明了当 α 与 β 线性相关时，等号成立。现设 α 与 β 线性无关，则对任意实数 t 而言，$t\alpha + \beta \neq 0$，故

$$f(t) = (t\alpha + \beta, t\alpha + \beta) > 0$$

即

$$f(t) = t^2 (\alpha, \alpha) + 2t(\alpha, \beta) + (\beta, \beta) > 0$$

上式中的 $f(t)$ 是关于 t 的二次多项式，对任意实数 t 而言，它都是正数，所以它的判别式一定小于 0，即

$$(\alpha,\beta)^2 - (\alpha,\alpha)(\beta,\beta) < 0$$

即得

$$|(\alpha,\beta)| < \|\alpha\| \cdot \|\beta\|$$

至此，已经证明了不等式 $|(\alpha,\beta)| \leqslant \|\alpha\| \cdot \|\beta\|$ 成立，且当 α 与 β 线性相关时等号成立。

如果等号成立，则 $t^2(\alpha,\alpha) + 2t(\alpha,\beta) + (\beta,\beta) = 0$ 有解，则必存在某实数 t_0 有

$$(t_0\alpha + \beta, t_0\alpha + \beta) = 0$$

故 $t_0\alpha + \beta = 0$，所以 α 与 β 线性相关。

证毕。

由柯西-布涅柯夫斯基-施瓦茨不等式有

$$|(\alpha,\beta)| < \|\alpha\| \cdot \|\beta\|$$

故 $\left| \dfrac{(\alpha,\beta)}{\|\alpha\| \cdot \|\beta\|} \right| \leqslant 1$（$\|\alpha\| \cdot \|\beta\| \neq 0$）

因此，可以利用内积定义 n 维向量的夹角。

定义 3（向量的夹角）   设有两个非零向量 α 与 β，α 与 β 的夹角 $\langle \alpha,\beta \rangle$ 定义为

$$\langle \alpha,\beta \rangle = \arccos \frac{(\alpha,\beta)}{\|\alpha\| \cdot \|\beta\|}, \quad 0 \leqslant \langle \alpha,\beta \rangle \leqslant \pi$$

4.1.2 标准正交基与 Schmidt 正交化

标准正交基
与 Schmidt 正交化

定义 4（向量的正交）   设有两个向量 α 与 β，若 $(\alpha,\beta) = 0$，则称 α 与 β 正交（或相互垂直），记为 $\alpha \perp \beta$。

注：零向量与任何向量都正交。

定义 5（正交向量组）   若非零向量组 $\alpha_1, \alpha_2, \cdots, \alpha_n$ 中任意两个向量 α_i 和 α_j（$i \neq j$）都正交，称该向量组为正交向量组。

定理 2   向量 α 与 β 正交，则 $\|\alpha + \beta\|^2 = \|\alpha\|^2 + \|\beta\|^2$。

证明：$\|\alpha + \beta\|^2 = (\alpha + \beta, \alpha + \beta) = (\alpha,\alpha) + 2(\alpha,\beta) + (\beta,\beta)$

由于 $(\alpha,\beta) = 0$，所以 $\|\alpha + \beta\|^2 = (\alpha,\alpha) + (\beta,\beta) = \|\alpha\|^2 + \|\beta\|^2$。

证毕。

定理 3   正交向量组是线性无关的。

证明：设 $\alpha_1, \alpha_2, \cdots, \alpha_t$ 为一个正交向量组，如果

$$\lambda_1\alpha_1 + \lambda_2\alpha_2 + \cdots + \lambda_t\alpha_t = 0$$

对任意的 i（$1 \leqslant i \leqslant t$），$\alpha_i \neq 0$，$\alpha_i$ 与上式左右两端做内积，得

$$0 = (\alpha_i, 0) = (\alpha_i, \lambda_1\alpha_1 + \lambda_2\alpha_2 + \cdots + \lambda_t\alpha_t)$$
$$= \lambda_1(\alpha_i,\alpha_1) + \lambda_2(\alpha_i,\alpha_2) + \cdots + \lambda_t(\alpha_i,\alpha_t) = \lambda_i(\alpha_i,\alpha_i)$$

因为 $\alpha_i \neq 0$，所以 $(\alpha_i, \alpha_i) \neq 0$，因此 $\lambda_i = 0$，故 $\alpha_1, \alpha_2, \cdots, \alpha_t$ 是线性无关的。

证毕。

定义 6（标准正交基）　在 n 维向量空间中，由 n 个向量组成的正交向量组称为正交基，由单位向量组成的正交基称为标准正交基（或单位正交基）。容易看出，如果有了正交基，对其单位化即可得到标准正交基。

一组基 $\alpha_1, \alpha_2, \cdots, \alpha_n$ 转化为标准正交基 $\eta_1, \eta_2, \cdots, \eta_n$ 的方法（施密特（Schmidt）正交化）

令 $\beta_1 = \alpha_1$

利用 $\beta_i = \alpha_i - \dfrac{(\alpha_i, \beta_1)}{(\beta_1, \beta_1)}\beta_1 - \cdots - \dfrac{(\alpha_i, \beta_{i-1})}{(\beta_{i-1}, \beta_{i-1})}\beta_{i-1}$ 计算出 $\beta_2, \cdots, \beta_n$

将 $\beta_1, \beta_2, \cdots, \beta_n$ 单位化，可得 $\eta_i = \dfrac{1}{\|\beta_i\|}\beta_i$，$1 \leq i \leq n$。

例 1　设 $\alpha_1 = \begin{pmatrix} 1 \\ 0 \\ -1 \end{pmatrix}$，$\alpha_2 = \begin{pmatrix} -1 \\ 1 \\ 0 \end{pmatrix}$，$\alpha_3 = \begin{pmatrix} 0 \\ 1 \\ 1 \end{pmatrix}$，试用施密特正交化方法将其标准正交化。

解：取 $\beta_1 = \alpha_1 = \begin{pmatrix} 1 \\ 0 \\ -1 \end{pmatrix}$，则

$$\beta_2 = \alpha_2 - \frac{(\alpha_2, \beta_1)}{(\beta_1, \beta_1)}\beta_1 = \begin{pmatrix} -1 \\ 1 \\ 0 \end{pmatrix} - \left(-\frac{1}{2}\right)\begin{pmatrix} 1 \\ 0 \\ -1 \end{pmatrix} = -\frac{1}{2}\begin{pmatrix} 1 \\ -2 \\ 1 \end{pmatrix}$$

$$\beta_3 = \alpha_3 - \frac{(\alpha_3, \beta_1)}{(\beta_1, \beta_1)}\beta_1 - \frac{(\alpha_3, \beta_2)}{(\beta_2, \beta_2)}\beta_2 = \begin{pmatrix} 0 \\ 1 \\ 1 \end{pmatrix} + \frac{1}{2}\begin{pmatrix} 1 \\ 0 \\ -1 \end{pmatrix} + \frac{1}{6}\begin{pmatrix} 1 \\ -2 \\ 1 \end{pmatrix} = \frac{2}{3}\begin{pmatrix} 1 \\ 1 \\ 1 \end{pmatrix}$$

单位化有

$$\eta_1 = \frac{1}{\|\beta_1\|}\beta_1 = \frac{1}{\sqrt{2}}\begin{pmatrix} 1 \\ 0 \\ -1 \end{pmatrix}, \quad \eta_2 = \frac{1}{\|\beta_2\|}\beta_2 = -\frac{1}{\sqrt{6}}\begin{pmatrix} 1 \\ -2 \\ 1 \end{pmatrix}, \quad \eta_3 = \frac{1}{\|\beta_3\|}\beta_3 = \frac{1}{\sqrt{3}}\begin{pmatrix} 1 \\ 1 \\ 1 \end{pmatrix}。$$

例 1 的 Maple 源程序如下：

```
>#example1
>with(linalg):with(LinearAlgebra):
>Q:=GramSchmidt([<1,0,-1>,<-1,1,0>,<0,1,1>],normalized);
```

$$Q := \left[\begin{bmatrix} \frac{\sqrt{2}}{2} \\ 0 \\ -\frac{\sqrt{2}}{2} \end{bmatrix}, \begin{bmatrix} -\frac{\sqrt{6}}{6} \\ \frac{\sqrt{6}}{3} \\ -\frac{\sqrt{6}}{6} \end{bmatrix}, \begin{bmatrix} \frac{\sqrt{3}}{3} \\ \frac{\sqrt{3}}{3} \\ \frac{\sqrt{3}}{3} \end{bmatrix} \right]$$

4.1.3 正交矩阵

定义 7（正交矩阵）　如果 n 阶方阵 Q 满足 $Q^{\mathrm{T}}Q = E$（即 $Q^{-1} = Q^{\mathrm{T}}$），称 Q 为正交矩阵。

性质 1（正交矩阵的性质）

（1）由 $Q^{\mathrm{T}}Q = E$ 得 $|Q|^2 = 1$，所以 $|Q| = \pm 1$。

（2）正交矩阵 Q 必可逆，且 $Q^{-1} = Q^{\mathrm{T}}$。

（3）若 P、Q 是同阶正交矩阵，则 PQ 也是正交矩阵。

例 2　验证 $\begin{pmatrix} 1 & 0 \\ 0 & 1 \end{pmatrix}$，$\begin{pmatrix} 0 & 1 \\ 1 & 0 \end{pmatrix}$，$\begin{pmatrix} \cos\theta & -\sin\theta \\ \sin\theta & \cos\theta \end{pmatrix}$，$\begin{pmatrix} \dfrac{1}{\sqrt{2}} & \dfrac{1}{\sqrt{6}} & -\dfrac{1}{\sqrt{3}} \\ -\dfrac{1}{\sqrt{2}} & \dfrac{1}{\sqrt{6}} & -\dfrac{1}{\sqrt{3}} \\ 0 & \dfrac{2}{\sqrt{6}} & \dfrac{1}{\sqrt{3}} \end{pmatrix}$ 都是正交矩阵。

证明：由正交矩阵的定义 $Q^{\mathrm{T}}Q = E$ 加以验证（参见下方程序的结果）。

例 2 的 Maple 源程序如下：

```
>#example2
>with(linalg):with(LinearAlgebra):
>A:=Matrix(2,2,[1,0,0,1]);
```
$$A := \begin{bmatrix} 1 & 0 \\ 0 & 1 \end{bmatrix}$$
```
>multiply(transpose(A),A);
```
$$\begin{bmatrix} 1 & 0 \\ 0 & 1 \end{bmatrix}$$
```
>B:=Matrix(2,2,[0,1,1,0]);
```
$$B := \begin{bmatrix} 0 & 1 \\ 1 & 0 \end{bmatrix}$$
```
>multiply(transpose(B),B);
```
$$\begin{bmatrix} 1 & 0 \\ 0 & 1 \end{bmatrix}$$
```
>C:=Matrix(2,2,[cos(theta),-sin(theta),sin(theta),cos(theta)]);
```
$$C := \begin{bmatrix} \cos(\theta) & -\sin(\theta) \\ \sin(\theta) & \cos(\theta) \end{bmatrix}$$
```
>simplify(multiply(transpose(C),C));
```
$$\begin{bmatrix} 1 & 0 \\ 0 & 1 \end{bmatrix}$$
```
>F:=Matrix(3,3,[1/sqrt(2),1/sqrt(6),-1/sqrt(3),-1/sqrt(2),1/sqrt(6),-1/sqrt(3),0,2/sqrt(6),1/sqrt(3)]);
```
$$F := \begin{bmatrix} \dfrac{\sqrt{2}}{2} & \dfrac{\sqrt{6}}{6} & -\dfrac{\sqrt{3}}{3} \\ -\dfrac{\sqrt{2}}{2} & \dfrac{\sqrt{6}}{6} & -\dfrac{\sqrt{3}}{3} \\ 0 & \dfrac{\sqrt{6}}{3} & \dfrac{\sqrt{3}}{3} \end{bmatrix}$$

```
>multiply(transpose(F),F);
```

$$\begin{bmatrix} 1 & 0 & 0 \\ 0 & 1 & 0 \\ 0 & 0 & 1 \end{bmatrix}$$

例 3 设对称方阵 A 满足 $A^2 - 4A + 3E = O$，验证 $A - 2E$ 为正交矩阵。

证明：

$$(A-2E)^{\mathrm{T}}(A-2E) = (A^{\mathrm{T}} - 2E)(A - 2E) = (A - 2E)(A - 2E)$$
$$= A^2 - 4A + 4E = (A^2 - 4A + 3E) + E = E$$

故 $A - 2E$ 为正交矩阵。

证毕。

定理 4 n 阶实方阵 Q 是正交矩阵的充要条件是 Q 的 n 个列向量是标准正交向量组。

事实上定理 4 也是判别一个方阵是否为正交矩阵的方法。

由于 Q 的行向量组就是 Q^{T} 的列向量组，Q 是正交矩阵，当且仅当 Q^{T} 是正交矩阵。因此只要对行向量组或列向量组检验标准正交性即可。

例 4 验证方阵 $A = \dfrac{1}{3}\begin{pmatrix} 2 & -1 & 2 \\ -1 & 2 & 2 \\ 2 & 2 & -1 \end{pmatrix}$ 是正交矩阵。

证明： 每个列向量都是单位向量，而且两两正交，所以它是正交矩阵（见下述程序的结果）。

例 4 的 Maple 源程序如下：

```
>#example4
>with(linalg):with(LinearAlgebra):
>A:=Matrix(3,3,[2/3,-1/3,2/3,-1/3,2/3,2/3,2/3,2/3,-1/3]);
```

$$A := \begin{bmatrix} \dfrac{2}{3} & \dfrac{-1}{3} & \dfrac{2}{3} \\ \dfrac{-1}{3} & \dfrac{2}{3} & \dfrac{2}{3} \\ \dfrac{2}{3} & \dfrac{2}{3} & \dfrac{-1}{3} \end{bmatrix}$$

```
>multiply(col(A,1),col(A,2));
 0
>multiply(col(A,1),col(A,3));
 0
>multiply(col(A,2),col(A,3));
 0
>norm(col(A,1),2);
 1
>norm(col(A,2),2);
 1
>norm(col(A,3),2);
 1
```

定义 8（线性变换） 设两组变量 $x_1, x_2, \cdots, x_n$ 与 $y_1, y_2, \cdots, y_m$ 具有如下关系：

$$\begin{cases} y_1 = a_{11}x_1 + a_{12}x_2 + \cdots + a_{1n}x_n \\ y_2 = a_{21}x_1 + a_{22}x_2 + \cdots + a_{2n}x_n \\ \qquad\qquad\qquad \vdots \\ y_m = a_{m1}x_1 + a_{m2}x_2 + \cdots + a_{mn}x_n \end{cases} \qquad ①$$

称为由 $x_1, x_2, \cdots, x_n$ 到 $y_1, y_2, \cdots, y_m$ 的线性变换，其中 a_{ij} 为常数。线性变换①的系数 a_{ij} 构成系数矩阵 $A = (a_{ij})_{m \times n}$。

给定了线性变换，它的系数矩阵也就确定了。反之，如果给出一个矩阵作为线性变换的系数矩阵，则线性变换也就确定了。在这个意义上，线性变换和矩阵之间存在着一一对应的关系。

定义 9（正交变换） 若 P 为正交矩阵，则线性变换 $y = Px$ 称为正交变换。

设 $y = Px$ 为正交变换，则有

$$\|y\| = \sqrt{y^{\mathrm{T}}y} = \sqrt{x^{\mathrm{T}}P^{\mathrm{T}}Px} = \sqrt{x^{\mathrm{T}}x} = \|x\|$$

由于 $\|x\|$ 表示向量的长度，相当于线段的长度，因此 $\|y\| = \|x\|$ 说明经正交变换后线段长度保持不变（从而三角形的形状保持不变），这是正交变换的优良特性。

习题 4.1

1. 判断题。
（1）非零的正交向量组必是线性无关的向量组。 （　）
（2）向量空间的基必是正交向量组。 （　）
（3）施密特正交化过程可以将任意向量组规范正交化。 （　）
（4）正交矩阵的乘积仍是正交矩阵。 （　）
（5）正交矩阵的和仍是正交矩阵。 （　）

2. 填空题。
（1）已知向量 $\alpha = (1, -2, 1)^{\mathrm{T}}$，$\beta = (3, x, 5)^{\mathrm{T}}$，$(\alpha, \beta) = 10$，则 $x = $ _____。
（2）向量 x_0 的长度为 2，且 A 为正交矩阵，则 $\|Ax_0\| = $ _____。
（3）若 $\|\alpha\| = 2$，$\|\beta\| = 1$，$(\alpha, \beta) = 2$，则向量 α 与 β 之间的夹角为_____。

3. 在 $\mathbb{R}^4$ 中求 α 与 β 之间的夹角，设：
（1）$\alpha = (2, 1, 3, 2)$，$\beta = (1, 2, -2, 1)$。
（2）$\alpha = (1, 2, 2, 3)$，$\beta = (3, 1, 5, 1)$。

4. 利用施密特正交化方法将下列向量组正交化：
（1）$\alpha_1 = (1, 1, 1)^{\mathrm{T}}$，$\alpha_2 = (1, 2, 3)^{\mathrm{T}}$，$\alpha_3 = (1, 4, 9)^{\mathrm{T}}$。
（2）$\alpha_1 = (1, 0, -1, 1)^{\mathrm{T}}$，$\alpha_2 = (1, -1, 0, 1)^{\mathrm{T}}$，$\alpha_3 = (-1, 1, 1, 0)^{\mathrm{T}}$。

5. 利用施密特正交化方法将向量组 $\alpha_1 = (1, 1, 1, 1)^{\mathrm{T}}$，$\alpha_2 = (1, -1, 0, 4)^{\mathrm{T}}$，$\alpha_3 = (3, 5, 1, -1)^{\mathrm{T}}$ 规范正交化。

6. 在 $\mathbb{R}^4$ 中求一单位向量与 $(1,1,-1,1)$、$(1,-1,-1,1)$ 和 $(2,1,1,3)$ 均正交。

7. 已知 $\alpha_1 = \begin{pmatrix} 1 \\ -1 \\ 1 \end{pmatrix}$，求向量 α_2 和 α_3，使 $\alpha_1, \alpha_2, \alpha_3$ 为正交向量组。

8. 验证矩阵 $P = \begin{pmatrix} 1/2 & -1/2 & 1/2 & -1/2 \\ 1/2 & -1/2 & -1/2 & 1/2 \\ 0 & 0 & 1/\sqrt{2} & 1/\sqrt{2} \\ 1/\sqrt{2} & 1/\sqrt{2} & 0 & 0 \end{pmatrix}$ 是正交矩阵。

9. 设 A 与 B 都是正交矩阵，证明 AB 也是正交矩阵。

4.2　方阵的特征值与特征向量

特征值与特征向量
的定义

4.2.1　特征值与特征向量的定义

定义 1（特征值与特征向量）　设 A 是 n 阶矩阵，如果数 λ 和 n 维非零列向量 x，使得

$$Ax = \lambda x \qquad\qquad ①$$

成立，那么称数 λ 为矩阵 A 的特征值，称非零向量 x 为 A 对应于特征值 λ 的特征向量。

①式可写成

$$(\lambda E - A)x = 0$$

由于特征向量 x 是非零向量，所以 $x \neq 0$，因而齐次线性方程组 $(\lambda E - A)x = 0$ 有非零解，故 $|\lambda E - A| = 0$，即

$$\begin{vmatrix} \lambda - a_{11} & -a_{12} & \cdots & -a_{1n} \\ -a_{21} & \lambda - a_{22} & \cdots & -a_{2n} \\ \vdots & \vdots & & \vdots \\ -a_{n1} & -a_{n2} & \cdots & \lambda - a_{nn} \end{vmatrix} = 0$$

定义 2（特征多项式与特征方程）　设 A 是 n 阶矩阵，λ 是一个数，则矩阵 $\lambda E - A$ 的行列式 $|\lambda E - A|$ 称为 A 的特征多项式，方程 $|\lambda E - A| = 0$ 称为 A 的特征方程。

事实上，令 $f(\lambda) = |\lambda E - A|$，则 $f(\lambda) = \lambda^n - (a_{11} + \cdots + a_{nn})\lambda^{n-1} + \cdots + (-1)^n |A|$ 是一个 n 次多项式。

4.2.2　特征值与特征向量的求法

由前面的分析可知，若 λ 为方阵 A 的一个特征值，则 λ 为特征方程 $|\lambda E - A| = 0$ 的一个根，反之，如果 λ 为特征方程 $|\lambda E - A| = 0$ 的一个根，则齐次线性方程组 $(\lambda E - A)x = 0$ 有非零解 x，即 λ 为方阵 A 的一个特征值。因此，非零解 x 也称为矩阵 A 对应于（或属于）特征值 λ 的特征向量，因此 kx（$k \neq 0$）是矩阵 A 对应于特征值 λ 的所有特征向量。

特征值与特征向量
的求法

确定特征值与特征向量的步骤：

（1）计算 n 阶矩阵 A 的特征方程 $|\lambda E - A| = 0$ 的全部根，记作 λ_i（$i = 1, 2, \cdots, n$），即矩阵 A 的全部特征值。

（2）对于每个特征值 λ_i，求相应的齐次线性方程组 $(\lambda_i E - A)x = 0$ 的一个基础解系
$$\xi_1, \xi_2, \cdots, \xi_r$$
则 $k_1\xi_1 + k_2\xi_2 + \cdots + k_r\xi_r$（$k_1, k_2, \cdots, k_r$ 是不同时为 0 的常数）为对应于 λ_i 的全部特征向量。

例1　求矩阵 $A = \begin{pmatrix} 3 & -1 \\ -1 & 3 \end{pmatrix}$ 的特征值和特征向量。

解： 由 $|\lambda E - A| = 0$，即

$$|\lambda E - A| = \begin{vmatrix} \lambda - 3 & 1 \\ 1 & \lambda - 3 \end{vmatrix} = (\lambda - 2)(\lambda - 4) = 0$$

得 A 的两个特征值为 $\lambda_1 = 2$，$\lambda_2 = 4$。

对于 $\lambda_1 = 2$，由方程组 $(2E - A)x = 0$ 得基础解系 $\xi_1 = (1,1)^T$，进而全部特征向量为 $k_1\xi_1 = k_1(1,1)^T$（$k_1 \neq 0$）。

对于 $\lambda_2 = 4$，由方程组 $(4E - A)x = 0$ 得基础解系 $\xi_2 = (-1,1)^T$，进而全部特征向量为 $k_2\xi_2 = k_2(-1,1)^T$（$k_2 \neq 0$）。

例 1 的 Maple 源程序如下：

```
>#example1;
>restart:with(LinearAlgebra):with(linalg):with(polytools):
>A:=Matrix(2,2,[3,-1,-1,3]);
```
$$A := \begin{bmatrix} 3 & -1 \\ -1 & 3 \end{bmatrix}$$
```
>charmat(A,lambda);
```
$$\begin{bmatrix} \lambda - 3 & 1 \\ 1 & \lambda - 3 \end{bmatrix}$$
```
>charpoly(A,lambda);
```
$$\lambda^2 - 6\lambda + 8$$
```
>eigenvals(A);
 4, 2
>eigenvectors(A);
 [4, 1, {[-1, 1]}], [2, 1, {[1, 1]}]
```

例2　求上三角矩阵 $A = \begin{pmatrix} 1 & 1 & -1 \\ 0 & 2 & 1 \\ 0 & 0 & 3 \end{pmatrix}$ 的特征值和特征向量。

解： 由 $|\lambda E - A| = 0$，即

$$|\lambda E - A| = \begin{vmatrix} \lambda - 1 & -1 & 1 \\ 0 & \lambda - 2 & -1 \\ 0 & 0 & \lambda - 3 \end{vmatrix} = (\lambda - 1)(\lambda - 2)(\lambda - 3) = 0$$

得 A 的三个特征值为 $\lambda_1 = 1$，$\lambda_2 = 2$，$\lambda_3 = 3$。

对于 $\lambda_1 = 1$，由方程组 $(E - A)x = 0$ 得基础解系 $\xi_1 = (1,0,0)^T$，进而得全部特征向量为

$k_1\xi_1 = k_1(1,0,0)^T$ （ $k_1 \neq 0$ ）。

对于 $\lambda_2 = 2$ ，由方程组 $(2E - A)x = 0$ 得基础解系 $\xi_2 = (1,1,0)^T$ ，进而得全部特征向量为 $k_2\xi_2 = k_2(1,1,0)^T$ （ $k_2 \neq 0$ ）。

对于 $\lambda_3 = 3$ ，由方程组 $(3E - A)x = 0$ 得基础解系 $\xi_3 = (0,1,1)^T$ ，进而得全部特征向量为 $k_3\xi_3 = k_3(0,1,1)^T$ （ $k_3 \neq 0$ ）。

注：上三角矩阵的特征值就是其主对角线上的元素。同理，下三角矩阵和对角矩阵也有同样的结论。

例 2 的 Maple 源程序如下：

```
>#example2;
>restart:with(LinearAlgebra):with(linalg):with(polytools):
>A:=Matrix(3,3,[1,1,-1,0,2,1,0,0,3]);
```

$$A := \begin{bmatrix} 1 & 1 & -1 \\ 0 & 2 & 1 \\ 0 & 0 & 3 \end{bmatrix}$$

```
>charmat(A,lambda);
```

$$\begin{bmatrix} \lambda - 1 & -1 & 1 \\ 0 & \lambda - 2 & -1 \\ 0 & 0 & \lambda - 3 \end{bmatrix}$$

```
>charpoly(A,lambda);
```

$(\lambda - 1)(\lambda - 2)(\lambda - 3)$

```
>eigenvals(A);
```

$1, 2, 3$

```
>eigenvectors(A);
```

$[2, 1, \{[1, 1, 0]\}], [3, 1, \{[0, 1, 1]\}], [1, 1, \{[1, 0, 0]\}]$

例 3　求矩阵 $A = \begin{pmatrix} 3 & 1 & 0 \\ -4 & -1 & 0 \\ 4 & 8 & -2 \end{pmatrix}$ 的特征值和特征向量。

解：由 $|\lambda E - A| = 0$ ，即

$$|\lambda E - A| = \begin{vmatrix} \lambda - 3 & -1 & 0 \\ 4 & \lambda + 1 & 0 \\ -4 & -8 & \lambda + 2 \end{vmatrix} = (\lambda + 2)\begin{vmatrix} \lambda - 3 & -1 \\ 4 & \lambda + 1 \end{vmatrix} = (\lambda + 2)(\lambda - 1)^2 = 0$$

得 A 的三个特征值为 $\lambda_1 = -2$ ， $\lambda_{2,3} = 1$ 。

对于 $\lambda_1 = -2$ ，由方程组 $(-2E - A)x = 0$ 得基础解系 $\xi_1 = (0,0,1)^T$ ，进而得全部特征向量为 $k_1\xi_1 = k_1(0,0,1)^T$ （ $k_1 \neq 0$ ）。

对于 $\lambda_{2,3} = 1$ ，由方程组 $(E - A)x = 0$ 得基础解系 $\xi_2 = (-1/2,1,2)^T$ ，进而得全部特征向量为 $k_2\xi_2 = k_2(-1/2,1,2)^T$ （ $k_2 \neq 0$ ）。

例 3 的 Maple 源程序如下：

```
>#example3;
>restart:with(LinearAlgebra):with(linalg):with(polytools):
>A:=Matrix(3,3,[3,1,0,-4,-1,0,4,8,-2]);
```

$$A := \begin{bmatrix} 3 & 1 & 0 \\ -4 & -1 & 0 \\ 4 & 8 & -2 \end{bmatrix}$$

>charmat(A,lambda);

$$\begin{bmatrix} \lambda - 3 & -1 & 0 \\ 4 & \lambda + 1 & 0 \\ -4 & -8 & \lambda + 2 \end{bmatrix}$$

>charpoly(A,lambda);

$\lambda^3 - 3\lambda + 2$

>eigenvals(A);

-2, 1, 1

>eigenvectors(A);

$[1, 2, \{[1, -2, -4]\}], [-2, 1, \{[0, 0, 1]\}]$

例 4　试求矩阵 $A = \begin{pmatrix} 1 & 2 & 2 \\ 2 & 1 & 2 \\ 2 & 2 & 1 \end{pmatrix}$ 的特征值和特征向量。

解：由 $|\lambda E - A| = 0$，即

$$|\lambda E - A| = \begin{vmatrix} \lambda - 1 & -2 & -2 \\ -2 & \lambda - 1 & -2 \\ -2 & -2 & \lambda - 1 \end{vmatrix} = (\lambda - 5)(\lambda + 1)^2 = 0$$

得 A 的三个特征值为 $\lambda_{1,2} = -1$，$\lambda_3 = 5$。

对于 $\lambda_{1,2} = -1$，由方程组 $(-E - A)x = 0$ 得基础解系 $\xi_1 = (-1, 0, 1)^{\mathrm{T}}$，$\xi_2 = (-1, 1, 0)^{\mathrm{T}}$，进而得全部特征向量为 $k_1\xi_1 + k_2\xi_2$（k_1、k_2 不同时为 0）。

对于 $\lambda_3 = 5$，由方程组 $(5E - A)x = 0$ 得基础解系 $\xi_3 = (1, 1, 1)^{\mathrm{T}}$，进而得全部特征向量为 $k_3\xi_3$（$k_3 \neq 0$）。

例 4 的 Maple 源程序如下：

>#example4;

>restart:with(LinearAlgebra):with(linalg):with(polytools):

>A:=Matrix(3,3,[1,2,2,2,1,2,2,2,1]);

$$A := \begin{bmatrix} 1 & 2 & 2 \\ 2 & 1 & 2 \\ 2 & 2 & 1 \end{bmatrix}$$

>charmat(A,lambda);

$$\begin{bmatrix} \lambda - 1 & -2 & -2 \\ -2 & \lambda - 1 & -2 \\ -2 & -2 & \lambda - 1 \end{bmatrix}$$

>charpoly(A,lambda);

$\lambda^3 - 3\lambda^2 - 9\lambda - 5$

>eigenvals(A);

5, -1, -1

>eigenvectors(A);

$[-1, 2, \{[-1, 0, 1], [-1, 1, 0]\}], [5, 1, \{[1, 1, 1]\}]$

4.2.3 特征值与特征向量的性质

定理 1 若 n 阶矩阵 $A = (a_{ij})_{n \times n}$ 有特征值 $\lambda_1, \lambda_2, \cdots, \lambda_n$（$k$ 重根重复 k 次），则必有

$$\prod_{i=1}^{n} \lambda_i = |A|, \quad \sum_{i=1}^{n} \lambda_i = \sum_{i=1}^{n} a_{ii} = \operatorname{tr}(A)$$

特征值与特征向量
的性质

其中，$\operatorname{tr}(A)$ 为 $A = (a_{ij})_{n \times n}$ 中的 n 个对角元素之和，称为 A 的迹。

证明： 根据多项式因式分解与方程根的关系，有如下恒等式：

$$f(\lambda) = |\lambda E - A| = (\lambda - \lambda_1)(\lambda - \lambda_2) \cdots (\lambda - \lambda_n)$$

由于

$$f(\lambda) = |\lambda E - A| = \begin{vmatrix} \lambda - a_{11} & -a_{12} & \cdots & -a_{1n} \\ -a_{21} & \lambda - a_{22} & \cdots & -a_{2n} \\ \vdots & \vdots & & \vdots \\ -a_{n1} & -a_{n2} & \cdots & \lambda - a_{nn} \end{vmatrix}$$

则 $f(\lambda) = \lambda^n - (a_{11} + \cdots + a_{nn})\lambda^{n-1} + \cdots + (-1)^n |A|$。

又由于 $f(\lambda) = (\lambda - \lambda_1)(\lambda - \lambda_2) \cdots (\lambda - \lambda_n)$，则

$$f(\lambda) = \lambda^n - (\lambda_1 + \cdots + \lambda_n)\lambda^{n-1} + \cdots + (-1)^n \lambda_1 \lambda_2 \cdots \lambda_n$$

所以 $\prod_{i=1}^{n} \lambda_i = |A|$，$\sum_{i=1}^{n} \lambda_i = \sum_{i=1}^{n} a_{ii} = \operatorname{tr}(A)$。

证毕。

推论 1 方阵 A 可逆的充要条件是 A 的全部特征值都不为 0。

定理 2 设方阵 A 有特征值 λ 及对应的特征向量 ξ，则 A^k（k 为正整数）有特征值 λ^k 及相应的特征向量 ξ。反之未必成立。

证明： 由 $A\xi = \lambda\xi$，两边左乘 A 得 $A^2\xi = \lambda A\xi$，即 $A^2\xi = \lambda^2\xi$，由此可知 A^2 有特征值 λ^2 及对应的特征向量 ξ，依此类推，可得 $A^k\xi = \lambda^k\xi$，故 A^k（k 为正整数）有特征值 λ^k 及相应的特征向量 ξ。

取 $A^2 = \begin{pmatrix} 4 & 0 \\ 0 & 4 \end{pmatrix}$，则 A^2 的两个特征值均为 4，进而推出 A 的可能特征值为 2 或 -2，此时满足条件的 A 有 $\begin{pmatrix} 2 & 0 \\ 0 & 2 \end{pmatrix}$、$\begin{pmatrix} -2 & 0 \\ 0 & -2 \end{pmatrix}$、$\begin{pmatrix} 2 & 0 \\ 0 & -2 \end{pmatrix}$ 等多种可能。另外，取 $A = \begin{pmatrix} 0 & 1 \\ 0 & 0 \end{pmatrix}$，则 $A^2 = \begin{pmatrix} 0 & 0 \\ 0 & 0 \end{pmatrix}$，此时任意二维非零向量均为 A^2 的属于特征值 0 的特征向量，但 A 的特征向量的第二个分量却必须为 0。例如，$(0,1)^{\mathrm{T}}$ 即为 A^2 的特征向量，但它却不可能成为 A 的特征向量。所以定理 2 反之未必成立。

证毕。

定理 3 设方阵 A 有特征值 λ 及对应的特征向量 ξ，则 A 的矩阵多项式

$\varphi(A) = a_m A^m + \cdots + a_1 A + a_0 E$ 有特征值 $\varphi(\lambda) = a_m \lambda^m + \cdots + a_1 \lambda + a_0$ 及对应的特征向量 ξ。

证明：由于

$$\varphi(A)\xi = (a_m A^m + \cdots + a_1 A + a_0 E)\xi = a_m A^m \xi + \cdots + a_1 A\xi + a_0 \xi$$
$$= a_m \lambda^m \xi + \cdots + a_1 \lambda \xi + a_0 \xi = (a_m \lambda^m + \cdots + a_1 \lambda + a_0)\xi = \varphi(\lambda)\xi$$

故 $\varphi(A)$ 有特征值 $\varphi(\lambda)$ 及相应的特征向量 ξ。

证毕。

定理 4　可逆方阵 A 有特征值 λ 及相应特征向量 ξ 的充分必要条件是 A^{-1} 有特征值 $\dfrac{1}{\lambda}$ 及相应的特征向量为 ξ。

证明：事实上，若 $A\xi = \lambda\xi$，两边左乘 A^{-1} 且同除以 λ，得 $A^{-1}\xi = \dfrac{1}{\lambda}\xi$；若 $A^{-1}\xi = \dfrac{1}{\lambda}\xi$，两边左乘 A 且同乘以 λ，得 $A\xi = \lambda\xi$。

证毕。

推论 2　可逆方阵 A 有特征值 λ 及相应特征向量 ξ 的充分必要条件是伴随矩阵 A^* 有特征值 $\dfrac{|A|}{\lambda}$ 及相应特征向量为 ξ。

定理 5　方阵 A 与 A^{T} 有相同的特征值，但特征向量未必一样。

证明：因为 $\left|\lambda E - A^{\mathrm{T}}\right| = \left|(\lambda E)^{\mathrm{T}} - A^{\mathrm{T}}\right| = \left|(\lambda E - A)^{\mathrm{T}}\right| = |\lambda E - A| = 0$，所以 A 与 A^{T} 有相同的特征值。

取 $A = \begin{pmatrix} 0 & 1 \\ 0 & 0 \end{pmatrix}$，则 $\lambda_{1,2} = 0$，特征向量为 $\xi = k(1,0)^{\mathrm{T}}$（$k \neq 0$）；而 $A^{\mathrm{T}} = \begin{pmatrix} 0 & 0 \\ 1 & 0 \end{pmatrix}$，特征值也为 $\lambda_{1,2} = 0$，但特征向量却为 $x = k(0,1)^{\mathrm{T}}$（$k \neq 0$），因此两特征向量不同。

证毕。

定理 6　设 $\lambda_1, \lambda_2, \cdots, \lambda_m$ 是方阵 A 的 m 个不相等的特征值，$\xi_1, \xi_2, \cdots, \xi_m$ 是分别对应于 $\lambda_1, \lambda_2, \cdots, \lambda_m$ 的特征向量，则 $\xi_1, \xi_2, \cdots, \xi_m$ 线性无关。

证法 1：用数学归纳法讨论特征值的个数。由于特征向量是不为 0 的，所以单个的特征向量必然线性无关。假设对应于 k 个不同特征值的特征向量 $\xi_1, \xi_2, \cdots, \xi_k$ 线性无关，下面证明对应于 $k+1$ 个不同特征值 $\lambda_1, \lambda_2, \cdots, \lambda_k, \lambda_{k+1}$ 的特征向量 $\xi_1, \xi_2, \cdots, \xi_k, \xi_{k+1}$ 也线性无关。

假设有关系式

$$c_1 \xi_1 + c_2 \xi_2 + \cdots + c_k \xi_k + c_{k+1} \xi_{k+1} = 0 \qquad \text{①}$$

成立。等式两端乘以 λ_{k+1}，得

$$c_1 \lambda_{k+1} \xi_1 + c_2 \lambda_{k+1} \xi_2 + \cdots + c_k \lambda_{k+1} \xi_k + c_{k+1} \lambda_{k+1} \xi_{k+1} = 0 \qquad \text{②}$$

式①两端左乘 A，得 $A(c_1 \xi_1 + c_2 \xi_2 + \cdots + c_k \xi_k + c_{k+1} \xi_{k+1}) = 0$，即

$$c_1 \lambda_1 \xi_1 + c_2 \lambda_2 \xi_2 + \cdots + c_k \lambda_k \xi_k + c_{k+1} \lambda_{k+1} \xi_{k+1} = 0 \qquad \text{③}$$

式③减去式②，得

$$c_1 (\lambda_1 - \lambda_{k+1})\xi_1 + c_2 (\lambda_2 - \lambda_{k+1})\xi_2 + \cdots + c_k (\lambda_k - \lambda_{k+1})\xi_k = 0$$

根据归纳假设，$\xi_1, \xi_2, \cdots, \xi_k$ 线性无关，于是

$$c_i(\lambda_i - \lambda_{k+1}) = 0 \quad (i = 1, 2, \cdots, k)$$

由于 $\lambda_i - \lambda_{k+1} \neq 0$（$i = 1, 2, \cdots, k$），所以 $c_i = 0$（$i = 1, 2, \cdots, k$）。此时式①变成 $c_{k+1}\xi_{k+1} = 0$，因为 $\xi_{k+1} \neq 0$，所以 $c_{k+1} = 0$，即 $\xi_1, \xi_2, \cdots, \xi_k, \xi_{k+1}$ 线性无关。

证毕。

证法 2： 由定理条件可知，$A\xi_i = \lambda_i \xi_i$（$i = 1, 2, \cdots, m$），假设有关系式

$$c_1\xi_1 + c_2\xi_2 + \cdots + c_m\xi_m = 0 \qquad\qquad ④$$

依次用 $A, A^2, \cdots, A^{m-1}$ 左乘式④两边，由于 $A^k\xi_i = \lambda_i^k \xi_i$（$i = 1, 2, \cdots, m$；$k = 1, 2, \cdots, m-1$），所以有

$$\begin{cases} c_1\xi_1 + c_2\xi_2 + \cdots + c_m\xi_m = 0 \\ \lambda_1 c_1\xi_1 + \lambda_2 c_2\xi_2 + \cdots + \lambda_m c_m\xi_m = 0 \\ \qquad\qquad\qquad \vdots \\ \lambda_1^{m-1} c_1\xi_1 + \lambda_2^{m-1} c_2\xi_2 + \cdots + \lambda_m^{m-1} c_m\xi_m = 0 \end{cases}$$

即

$$(c_1\xi_1, c_2\xi_2, \cdots, c_m\xi_m) \begin{pmatrix} 1 & \lambda_1 & \cdots & \lambda_1^{m-1} \\ 1 & \lambda_2 & \cdots & \lambda_2^{m-1} \\ \vdots & \vdots & & \vdots \\ 1 & \lambda_m & \cdots & \lambda_m^{m-1} \end{pmatrix} = (0, 0, \cdots, 0)$$

由于 $\lambda_1, \lambda_2, \cdots, \lambda_m$ 是互不相同的特征根，故 $\begin{pmatrix} 1 & \lambda_1 & \cdots & \lambda_1^{m-1} \\ 1 & \lambda_2 & \cdots & \lambda_2^{m-1} \\ \vdots & \vdots & & \vdots \\ 1 & \lambda_m & \cdots & \lambda_m^{m-1} \end{pmatrix}$ 是范德蒙德矩阵，故

$$(c_1\xi_1, c_2\xi_2, \cdots, c_m\xi_m) = (0, 0, \cdots, 0)$$

即 $c_i\xi_i = 0$（$i = 1, 2, \cdots, m$），又由于特征向量 $\xi_i \neq 0$（$i = 1, 2, \cdots, m$），所以 $c_i = 0$（$i = 1, 2, \cdots, m$），即 $\xi_1, \xi_2, \cdots, \xi_m$ 线性无关。

证毕。

习题 4.2

1. 若方阵 A 有一个特征值为 -1，则 $|A + E| = \underline{\qquad}$。

2. 已知 3 阶方阵 A 的特征值为 1、2、3，求 $|A^3 - 5A^2 + 7A|$。

3. 已知 3 阶方阵 A 的特征值为 1、2、-3，求 $|A^* + 3A + 2E|$。

4. 求下列矩阵的特征值与特征向量：

（1）$\begin{pmatrix} 3 & 4 \\ 5 & 2 \end{pmatrix}$；　　　　　　　（2）$\begin{pmatrix} 3 & 1 \\ 5 & -1 \end{pmatrix}$

(3) $\begin{pmatrix} -2 & 1 & 1 \\ 0 & 2 & 0 \\ -4 & 1 & 3 \end{pmatrix}$;
(4) $\begin{pmatrix} 2 & 1 & 1 \\ 0 & 2 & 0 \\ 0 & -1 & 1 \end{pmatrix}$

(5) $\begin{pmatrix} 1 & -3 & 3 \\ 3 & -5 & 3 \\ 6 & -6 & 4 \end{pmatrix}$;
(6) $\begin{pmatrix} 1 & 2 & 3 \\ 2 & 1 & 3 \\ 3 & 3 & 6 \end{pmatrix}$

(7) $\begin{pmatrix} 0 & 0 & 0 & 1 \\ 0 & 0 & 1 & 0 \\ 0 & 1 & 0 & 0 \\ 1 & 0 & 0 & 0 \end{pmatrix}$;
(8) $\begin{pmatrix} 5 & 3 & 1 & 1 \\ -3 & -1 & 1 & -1 \\ 0 & 0 & 1 & 0 \\ 0 & 0 & 2 & 2 \end{pmatrix}$

5．设 $A^2 = E$，证明：A 的特征值只能为 ± 1；若特征值都等于 1，则 $A = E$。

6．设 $AB = BA$，证明：A 与 B 有公共的特征向量。

矩阵的相似与对角化

4.3　矩阵的相似与对角化

4.3.1　相似矩阵

定义 1（相似矩阵）　设 A、B 是 n 阶矩阵，如果存在 n 阶可逆矩阵 P，有

$$B = P^{-1}AP$$

则称 A 与 B 相似，或者说 B 是 A 的相似矩阵。对 A 进行运算 $P^{-1}AP$ 称为对 A 进行相似变换，称 P 为相似变换矩阵。

矩阵的相似是一种等价关系，即满足：

（1）反身性：A 与 A 相似。

（2）对称性：若 A 与 B 相似，则 B 与 A 相似。

（3）传递性：若 A 与 B 相似，B 与 C 相似，则 A 与 C 相似，其中 A、B、C 均为 n 阶方阵。

相似矩阵有下述性质。

性质 1　若 A 与 B 相似，则 A^m 与 B^m 相似（m 为任意正整数）。

证明：因为 A 与 B 相似，所以存在可逆矩阵 P，使得 $P^{-1}AP = B$，于是

$$B^m = (P^{-1}AP)(P^{-1}AP)\cdots(P^{-1}AP) = P^{-1}A^mP$$

故 A^m 与 B^m 相似。

性质 2　设 $f(x) = a_n x^n + a_{n-1}x^{n-1} + \cdots + a_1 x + a_0$，若 A 与 B 相似，则 $f(A)$ 与 $f(B)$ 相似。

性质 3　若可逆矩阵 A 与 B 相似，则 A^{-1} 与 B^{-1} 也相似。

定理 1　若 A 与 B 相似，则 A 与 B 的特征多项式相同，从而有相同的特征值，反之未必。

证明：因为 A 与 B 相似，则存在可逆矩阵 P 使得 $B = P^{-1}AP$，这时有

$$|\lambda E - B| = |\lambda E - P^{-1}AP| = |P^{-1}(\lambda E - A)P| = |P^{-1}||\lambda E - A||P| = |\lambda E - A|$$

所以 A 与 B 有相同的特征值。

反之，若 A 与 B 的特征多项式或所有的特征值都相同，A 却不一定与 B 相似。取 $A = \begin{pmatrix} 1 & 0 \\ 0 & 1 \end{pmatrix}$，$B = \begin{pmatrix} 1 & 1 \\ 0 & 1 \end{pmatrix}$。容易算出 A 与 B 的特征多项式均为 $(\lambda-1)^2$，但事实上，A 是一个单位矩阵，对任意的可逆矩阵 P 有 $P^{-1}AP = P^{-1}P = E$，因此，若 B 与 A 相似，则 B 必是单位矩阵，而 B 不是单位矩阵，所以 A 与 B 不相似。

证毕。

推论 1 相似矩阵具有相同的迹及相同的行列式。

例 1 设矩阵 A 与 B 相似，其中

$$A = \begin{pmatrix} -1 & 0 & 0 \\ 2 & x & 2 \\ 3 & 1 & 1 \end{pmatrix}, \quad B = \begin{pmatrix} -1 & 0 & 0 \\ 0 & 2 & 0 \\ 0 & 0 & y \end{pmatrix}$$

求 x 和 y 的值。

解：（1）由相似矩阵具有相同的迹和行列式，则

$$\begin{cases} -1+x+1 = -1+2+y \\ -(x-2) = -2y \end{cases}$$

故 $x=0$，$y=-1$。

例 1 的 Maple 源程序如下：
```
>#example1
>with(linalg):with(LinearAlgebra):
>A:=Matrix(3,3,[-1,0,0,2,x,2,3,1,1]);
```
$A := \begin{bmatrix} -1 & 0 & 0 \\ 2 & x & 2 \\ 3 & 1 & 1 \end{bmatrix}$
```
>B:=Matrix(3,3,[-1,0,0,0,2,0,0,0,y]);
```
$B := \begin{bmatrix} -1 & 0 & 0 \\ 0 & 2 & 0 \\ 0 & 0 & y \end{bmatrix}$
```
>solve({det(A)=det(B),trace(A)=trace(B)},{x,y});
          {x = 0, y = -1}
```

4.3.2 矩阵可对角化条件

定义 2（矩阵的相似对角化） 对于 n 阶方阵 A，如果 A 与一个对角矩阵 $\Lambda = \text{diag}(d_1, d_2, \cdots, d_n)$ 相似，即存在一个 n 阶可逆矩阵 P 使得 $P^{-1}AP = \Lambda$，则称矩阵 A 可对角化。

定理 2 n 阶方阵 A 可对角化的充分必要条件是 A 有 n 个线性无关的特征向量。

证明：必要性。如果矩阵 A 可对角化，即存在可逆矩阵 P 及对角矩阵 Λ 使得 $P^{-1}AP = \Lambda$，则 $AP = P\Lambda$，令 $P = (x_1, x_2, \cdots, x_n)$，则 $x_i \neq 0$ 且 $AP = P\Lambda$ 可写成

$$A(x_1, x_2, \cdots, x_n) = (x_1, x_2, \cdots, x_n) \begin{pmatrix} \lambda_1 & 0 & \cdots & 0 \\ 0 & \lambda_2 & \cdots & 0 \\ \vdots & \vdots & \ddots & \vdots \\ 0 & 0 & \cdots & \lambda_n \end{pmatrix}$$

即

$$Ax_i = \lambda_i x_i \quad (i = 1, 2, \cdots, n)$$

所以，λ_i 为 A 的特征值，λ_i 对应的特征向量为 x_i。由于 P 可逆，故 $x_1, x_2, \cdots, x_n$ 线性无关。

充分性。设 A 有 n 个线性无关的特征向量 $x_1, x_2, \cdots, x_n$，对应的特征值分别为 $\lambda_1, \lambda_2, \cdots, \lambda_n$，则 $Ax_i = \lambda_i x_i$（$i = 1, 2, \cdots, n$）。令 $P = (x_1, x_2, \cdots, x_n)$，显然 P 可逆，且

$$AP = A(x_1, x_2, \cdots, x_n) = (\lambda_1 x_1, \lambda_2 x_2, \cdots, \lambda_n x_n) = (x_1, x_2, \cdots, x_n) \begin{pmatrix} \lambda_1 & 0 & \cdots & 0 \\ 0 & \lambda_2 & \cdots & 0 \\ \vdots & \vdots & \ddots & \vdots \\ 0 & 0 & \cdots & \lambda_n \end{pmatrix} = P\Lambda$$

所以

$$P^{-1}AP = \Lambda$$

证毕。

注：若 $\lambda_1, \lambda_2, \cdots, \lambda_n$ 对应的线性无关的特征向量为 $\xi_1, \xi_2, \cdots, \xi_n$，则可以取相似变换矩阵 $P = (\xi_1, \xi_2, \cdots, \xi_n)$，对角矩阵 $\Lambda = \mathrm{diag}(\lambda_1, \lambda_2, \cdots, \lambda_n)$。

推论 2 如果 n 阶方阵 A 有 n 个互不相同的特征值，则 A 必可对角化。

推论 3 设 n 阶方阵 A 有 s 个互不相同的特征值 $\lambda_1, \lambda_2, \cdots, \lambda_s$，其代数重数分别为 $m_1, m_2, \cdots, m_s$，即 $\sum_{i=1}^{s} m_i = n$，且对应 m_i 重特征值 λ_i 有 m_i 个线性无关的特征向量（$i = 1, 2, \cdots, s$），则 A 可对角化。

推论 4 n 阶方阵 A 可对角化的充要条件为其每一个特征值 λ 的代数重数 m_λ 等于几何重数 ρ_λ，其中 $\rho_\lambda = n - R(\lambda E - A)$。

事实上，对每一个 λ，必有 $1 \leqslant \rho_\lambda \leqslant m_\lambda$，故对单特征根必满足 $m_\lambda = \rho_\lambda$。当有重根时，如有一个 λ 成立 $\rho_\lambda < m_\lambda$，则 A 必不可对角化。

例 2 下列矩阵中，哪些可以对角化，哪些不可对角化，对于可对角化的矩阵，求出可逆矩阵 P，使得 $P^{-1}AP$ 为对角矩阵。

$$(1)\ A = \begin{pmatrix} 1 & 1 & -1 \\ 0 & 2 & 1 \\ 0 & 0 & 3 \end{pmatrix};\quad (2)\ B = \begin{pmatrix} 3 & 1 & 0 \\ -4 & -1 & 0 \\ 4 & 8 & -2 \end{pmatrix};\quad (3)\ C = \begin{pmatrix} 1 & 2 & 2 \\ 2 & 1 & 2 \\ 2 & 2 & 1 \end{pmatrix}$$

解：（1）因为 A 有三个互不相同的特征值 $\lambda_1 = 1$，$\lambda_2 = 2$，$\lambda_3 = 3$，由推论 2 知必可对角化，同时取三个特征值对应的特征向量 $\xi_1 = (1, 0, 0)^{\mathrm{T}}$，$\xi_2 = (1, 1, 0)^{\mathrm{T}}$，$\xi_3 = (0, 1, 1)^{\mathrm{T}}$。令

$$P = (\xi_1, \xi_2, \xi_3) = \begin{pmatrix} 1 & 1 & 0 \\ 0 & 1 & 1 \\ 0 & 0 & 1 \end{pmatrix},\ \text{则必有}\ P^{-1}AP = \begin{pmatrix} 1 & 0 & 0 \\ 0 & 2 & 0 \\ 0 & 0 & 3 \end{pmatrix}.$$

（2）由于 B 的特征值 1 为二重根，但对应的几何重数为 1，即 $\rho_1 = 1 < 2 = m_1$，故由推论 4 知 B 不可对角化。

（3）由于矩阵 C 的三个特征值为 $\lambda_1 = 5$，$\lambda_{2,3} = -1$，取三个特征值对应的特征向量 $\xi_1 = (1,1,1)^T$，$\xi_2 = (-1,1,0)^T$，$\xi_3 = (-1,0,1)^T$，故由推论 4 知，C 必可对角化。令

$$P = (\xi_1,\xi_2,\xi_3) = \begin{pmatrix} 1 & -1 & -1 \\ 1 & 1 & 0 \\ 1 & 0 & 1 \end{pmatrix}，则有 P^{-1}CP = \Lambda = \begin{pmatrix} 5 & 0 & 0 \\ 0 & -1 & 0 \\ 0 & 0 & -1 \end{pmatrix} 成立。$$

例 2 的 Maple 源程序如下：

```
>#example2
>with(linalg,matrix,issimilar,eigenvalues,diag):
>A:=Matrix(3,3,[1,1,-1,0,2,1,0,0,3]);B:=Matrix(3,3,[3,1,0,
-4,-1,0,4,8,-2]);C:=Matrix(3,3,[1,2,2,2,1,2,2,2,1]);
```

$$A := \begin{bmatrix} 1 & 1 & -1 \\ 0 & 2 & 1 \\ 0 & 0 & 3 \end{bmatrix}$$

$$B := \begin{bmatrix} 3 & 1 & 0 \\ -4 & -1 & 0 \\ 4 & 8 & -2 \end{bmatrix}$$

$$C := \begin{bmatrix} 1 & 2 & 2 \\ 2 & 1 & 2 \\ 2 & 2 & 1 \end{bmatrix}$$

```
>A1:=diag(eigenvalues(A));B1:=diag(eigenvalues(B));
C1:=diag(eigenvalues(C));
```

$$A1 := \begin{bmatrix} 1 & 0 & 0 \\ 0 & 2 & 0 \\ 0 & 0 & 3 \end{bmatrix}$$

$$B1 := \begin{bmatrix} -2 & 0 & 0 \\ 0 & 1 & 0 \\ 0 & 0 & 1 \end{bmatrix}$$

```
>issimilar(A1,A,P);issimilar(B1,B,P);issimilar(C1,C,P);
```
true
false
true

例 3 设矩阵 $A = \begin{pmatrix} 0 & 0 & 1 \\ 1 & 1 & x \\ 1 & 0 & 0 \end{pmatrix}$，问 x 取何值时矩阵 A 可以对角化？

解：A 的特征多项式为

$$|\lambda E - A| = \begin{vmatrix} \lambda & 0 & -1 \\ -1 & \lambda-1 & -x \\ -1 & 0 & \lambda \end{vmatrix} = (\lambda-1)^2(\lambda+1)$$

所以 A 的特征值为 $\lambda_1 = -1$，$\lambda_{2,3} = 1$。

对于 $\lambda_1 = -1$，可求得线性无关的特征向量恰有 1 个，故矩阵 A 可对角化的充要条件是对于 $\lambda_{2,3} = 1$，有 2 个线性无关的特征向量，即方程 $(E-A)x = 0$ 有 2 个线性无关的解，即 $R(E-A) = 1$。

由

$$E-A = \begin{pmatrix} 1 & 0 & -1 \\ -1 & 0 & -x \\ -1 & 0 & 1 \end{pmatrix} \rightarrow \begin{pmatrix} 1 & 0 & -1 \\ 0 & 0 & x+1 \\ 0 & 0 & 0 \end{pmatrix}$$

要使 $R(E-A) = 1$，得 $x+1 = 0$，即 $x = -1$。

因此，当 $x = -1$ 时，矩阵 A 可以对角化。

例 3 的 Maple 源程序如下：

```
>#example3
>with(linalg):with(LinearAlgebra):
>A:=Matrix(3,3,[0,0,1,1,1,x,1,0,0]);
```

$$A := \begin{bmatrix} 0 & 0 & 1 \\ 1 & 1 & x \\ 1 & 0 & 0 \end{bmatrix}$$

```
>eigenvals(A);
 -1, 1, 1
>B:=charmat(A,-1);
```

$$B := \begin{bmatrix} -1 & 0 & -1 \\ -1 & -2 & -x \\ -1 & 0 & -1 \end{bmatrix}$$

```
>rank(B);
 2
>C:=charmat(A,1);
```

$$C := \begin{bmatrix} 1 & 0 & -1 \\ -1 & 0 & -x \\ -1 & 0 & 1 \end{bmatrix}$$

```
>Z:=gausselim(C);
```

$$Z := \begin{bmatrix} 1 & 0 & -1 \\ 0 & 0 & -x-1 \\ 0 & 0 & 0 \end{bmatrix}$$

```
>solve(-x-1=0,x);
 -1
```

例 4 已知矩阵 A 与 B 相似，其中

$$A = \begin{pmatrix} 2 & 0 & 0 \\ 0 & a & 2 \\ 0 & 2 & 3 \end{pmatrix}, \quad B = \begin{pmatrix} 2 & 0 & 0 \\ 0 & 1 & 0 \\ 0 & 0 & b \end{pmatrix}$$

（1）求 a、b 的值。

（2）求可逆矩阵 P，使 $P^{-1}AP = B$。

（3）求 A^n（n 为正整数）。

解：（1）由相似矩阵具有相同的迹和行列式得

$$\begin{cases} 2+a+3=2+1+b \\ 2(3a-4)=2b \end{cases}$$

故 $a=3$，$b=5$。

（2）对于 $\lambda=2$，求得 $(2E-A)x=0$ 的基础解系 $(1,0,0)^{\mathrm{T}}$；对于 $\lambda=1$，求得 $(E-A)x=0$ 的

基础解系 $(0,-1,1)^{\mathrm{T}}$；对于 $\lambda=5$，求得 $(5E-A)x=0$ 的基础解系 $(0,1,1)^{\mathrm{T}}$。令 $P=\begin{pmatrix} 1 & 0 & 0 \\ 0 & -1 & 1 \\ 0 & 1 & 1 \end{pmatrix}$，

则 $P^{-1}AP=B$ 成立。

（3）因 $A=PBP^{-1}$，有 $A^n=PB^nP^{-1}$，由 $P=\begin{pmatrix} 1 & 0 & 0 \\ 0 & -1 & 1 \\ 0 & 1 & 1 \end{pmatrix}$ 解得 $P^{-1}=\begin{pmatrix} 1 & 0 & 0 \\ 0 & -\dfrac{1}{2} & \dfrac{1}{2} \\ 0 & \dfrac{1}{2} & \dfrac{1}{2} \end{pmatrix}$，故

$$A^n=\begin{pmatrix} 1 & 0 & 0 \\ 0 & -1 & 1 \\ 0 & 1 & 1 \end{pmatrix}\begin{pmatrix} 2^n & 0 & 0 \\ 0 & 1 & 0 \\ 0 & 0 & 5^n \end{pmatrix}\begin{pmatrix} 1 & 0 & 0 \\ 0 & -\dfrac{1}{2} & \dfrac{1}{2} \\ 0 & \dfrac{1}{2} & \dfrac{1}{2} \end{pmatrix}=\begin{pmatrix} 2^n & 0 & 0 \\ 0 & \dfrac{5^n+1}{2} & \dfrac{5^n-1}{2} \\ 0 & \dfrac{5^n-1}{2} & \dfrac{5^n+1}{2} \end{pmatrix}$$

例 4 的 Maple 源程序如下：

```
>#example4
>with(linalg):with(LinearAlgebra):
>A:=Matrix(3,3,[2,0,0,0,a,2,0,2,3]);
B:=Matrix(3,3,[2,0,0,0,1,0,0,0,b]);
```

$$A:=\begin{bmatrix} 2 & 0 & 0 \\ 0 & a & 2 \\ 0 & 2 & 3 \end{bmatrix}$$

$$B:=\begin{bmatrix} 2 & 0 & 0 \\ 0 & 1 & 0 \\ 0 & 0 & b \end{bmatrix}$$

```
>solve({det(A)=det(B),trace(A)=trace(B)},{a,b});
```
$\{a=3,b=5\}$
```
>A:=subs(a=3,A);
```

$$A:=\begin{bmatrix} 2 & 0 & 0 \\ 0 & 3 & 2 \\ 0 & 2 & 3 \end{bmatrix}$$

```
>B:=subs(b=5,B);
```

$$B:=\begin{bmatrix} 2 & 0 & 0 \\ 0 & 1 & 0 \\ 0 & 0 & 5 \end{bmatrix}$$

```
>issimilar(B,A,P);
```

true

>print(P);

$$\begin{bmatrix} 1 & 0 & 0 \\ 0 & -1 & 1 \\ 0 & 1 & 1 \end{bmatrix}$$ （注意：此处 P 不唯一）

>Pinv:=inverse(P);

$$Pinv := \begin{bmatrix} 1 & 0 & 0 \\ 0 & \dfrac{-1}{2} & \dfrac{1}{2} \\ 0 & \dfrac{1}{2} & \dfrac{1}{2} \end{bmatrix}$$

>multiply(multiply(Pinv,A),P);

$$\begin{bmatrix} 2 & 0 & 0 \\ 0 & 1 & 0 \\ 0 & 0 & 5 \end{bmatrix}$$

>MatrixPower(A,n);

$$\begin{bmatrix} 2^n & 0 & 0 \\ 0 & \dfrac{1}{2}+\dfrac{5^n}{2} & \dfrac{5^n}{2}-\dfrac{1}{2} \\ 0 & \dfrac{5^n}{2}-\dfrac{1}{2} & \dfrac{1}{2}+\dfrac{5^n}{2} \end{bmatrix}$$

习题 4.3

1. 设矩阵 $A = \begin{pmatrix} -1 & 2 & 1 \\ 0 & x & 0 \\ 3 & 1 & 1 \end{pmatrix}$ 与 $B = \begin{pmatrix} -1 & 0 & 0 \\ 0 & 1 & 1 \\ 0 & 1 & y \end{pmatrix}$ 相似，求 x 和 y 的值。

2. 求可逆矩阵 P，使 $P^{-1}AP$ 为对角阵。

（1）$A = \begin{pmatrix} 2 & 1 \\ 1 & 2 \end{pmatrix}$；

（2）$A = \begin{pmatrix} 1 & 1 & -2 \\ -1 & -3 & 1 \\ -2 & 0 & -1 \end{pmatrix}$

（3）$A = \begin{pmatrix} 1 & -3 & 3 \\ 3 & -5 & 3 \\ 6 & -6 & 4 \end{pmatrix}$；

（4）$A = \begin{pmatrix} 1 & 0 & 0 \\ -2 & 5 & -2 \\ -2 & 4 & -1 \end{pmatrix}$

3. 判断矩阵 $A = \begin{pmatrix} 0 & 0 & 1 \\ 1 & 1 & -1 \\ 1 & 0 & 0 \end{pmatrix}$ 是否可以对角化；如果可以对角化，求出与 A 相似的对角矩

阵 Λ 及相似变换矩阵 P。

4. 设矩阵 $A = \begin{pmatrix} 1 & 2 & 0 \\ 0 & 2 & 0 \\ -2 & -1 & -1 \end{pmatrix}$，判断 A 能否对角化并求 A^{10}。

5．求可逆矩阵 P，使得 $P^{-1}\begin{pmatrix} 2 & 1 \\ -1 & 0 \end{pmatrix}P = \begin{pmatrix} 1 & 1 \\ 0 & 1 \end{pmatrix}$，并计算 $\begin{pmatrix} 2 & 1 \\ -1 & 0 \end{pmatrix}^{k}$。

6．设三阶矩阵 A 的特征值为 -1、2、5，矩阵 $B = 3A - A^2$，判断 B 能否对角化，若能对角化求出与 B 相似的对角阵。

7．已知 $\xi = \begin{pmatrix} 1 \\ 1 \\ -1 \end{pmatrix}$ 是矩阵 $A = \begin{pmatrix} 2 & -1 & 2 \\ 5 & a & 3 \\ -1 & b & -2 \end{pmatrix}$ 的一个特征向量。

（1）求 a、b 的值和特征向量 ξ 对应的特征值。

（2）问 A 是否可对角化，并说明理由。

4.4　实对称矩阵的相似对角化

4.4.1　实对称矩阵的特征值与特征向量

定理 1　实对阵矩阵的特征值都是实数。

证明：假定 A 是实对称矩阵，λ 是它的特征值，$x = (\xi_1, \xi_2, \cdots, \xi_n)^T$ 是属于 λ 的特征向量，即

$$Ax = \lambda x$$

两边取共轭并由共轭复数的性质得

$$\overline{A}\overline{x} = \overline{\lambda}\,\overline{x}$$

取转置，且注意到 $\overline{A} = A$，$A^T = A$，从而有

$$\overline{\lambda}\,\overline{x}^T = \overline{x}^T \overline{A}^T = \overline{x}^T A$$

用 x 右乘上式，有

$$\overline{\lambda}\,\overline{x}^T x = \overline{x}^T A x = \lambda \overline{x}^T x$$

即 $(\lambda - \overline{\lambda})\overline{x}^T x = 0$，由于 $\overline{x}^T x = \overline{\xi}_1\xi_1 + \overline{\xi}_2\xi_2 + \cdots + \overline{\xi}_n\xi_n \neq 0$，所以 $\overline{\lambda} = \lambda$，这就表明 λ 是实数。

证毕。

显然，当特征值 λ 为实数时，齐次线性方程组

$$(\lambda E - A)x = 0$$

是实系数方程组，从而必有实的基础解系，所以对应的特征向量取实向量。

定理 2　实对称矩阵的不同特征值所对应的特征向量是正交的。

证明：设 $Ax_1 = \lambda_1 x_1$，$Ax_2 = \lambda_2 x_2$，且 $\lambda_1 \neq \lambda_2$。因为 A 对称，故

$$\lambda_1 x_1^T = (\lambda_1 x_1)^T = (Ax_1)^T = x_1^T A^T = x_1^T A$$

右乘 x_2，得

$$\lambda_1 x_1^T x_2 = x_1^T A x_2 = x_1^T(\lambda_2 x_2) = \lambda_2 x_1^T x_2$$

整理得 $(\lambda_1 - \lambda_2)x_1^T x_2 = 0$，但 $\lambda_1 - \lambda_2 \neq 0$，故 $x_1^T x_2 = 0$，即 x_1 与 x_2 正交。

证毕。

4.4.2   实对称矩阵相似对角化

定理 3   对于任意一个 n 阶实对称矩阵 A，都存在一个 n 阶正交矩阵 Q，使 $Q^{-1}AQ = Q^{\mathrm{T}}AQ$ 成对角形。

例 1   对于下列实对称矩阵 A，求正交矩阵 Q，使 $Q^{-1}AQ$ 为对角矩阵：

（1）$A = \begin{pmatrix} 1 & 0 & 1 \\ 0 & 1 & 1 \\ 1 & 1 & 2 \end{pmatrix}$；（2）$A = \begin{pmatrix} 0 & -1 & 1 \\ -1 & 0 & 1 \\ 1 & 1 & 0 \end{pmatrix}$

解：（1）因为 $|\lambda E - A| = \lambda(\lambda-1)(\lambda-3) = 0$，所以 3 个特征值 $\lambda_1 = 0$，$\lambda_2 = 1$，$\lambda_3 = 3$ 是互不相同的。可分别对应求出 3 个特征向量：

$$\alpha_1 = (-1,-1,1)^{\mathrm{T}}, \quad \alpha_2 = (-1,1,0)^{\mathrm{T}}, \quad \alpha_3 = (1,1,2)^{\mathrm{T}}$$

它 们 是 两 两 正 交 的， 再 规 范 化 后 可 得 $\eta_1 = \dfrac{\alpha_1}{\|\alpha_1\|} = \left(-\dfrac{1}{\sqrt{3}}, -\dfrac{1}{\sqrt{3}}, \dfrac{1}{\sqrt{3}}\right)^{\mathrm{T}}$，

$\eta_2 = \dfrac{\alpha_2}{\|\alpha_2\|} = \left(-\dfrac{1}{\sqrt{2}}, \dfrac{1}{\sqrt{2}}, 0\right)^{\mathrm{T}}$，$\eta_3 = \dfrac{\alpha_3}{\|\alpha_3\|} = \left(\dfrac{1}{\sqrt{6}}, \dfrac{1}{\sqrt{6}}, \dfrac{2}{\sqrt{6}}\right)^{\mathrm{T}}$，则有正交矩阵

$$Q = (\eta_1, \eta_2, \eta_3) = \begin{pmatrix} -\dfrac{1}{\sqrt{3}} & -\dfrac{1}{\sqrt{2}} & \dfrac{1}{\sqrt{6}} \\ -\dfrac{1}{\sqrt{3}} & \dfrac{1}{\sqrt{2}} & \dfrac{1}{\sqrt{6}} \\ \dfrac{1}{\sqrt{3}} & 0 & \dfrac{2}{\sqrt{6}} \end{pmatrix}$$

使得

$$Q^{-1}AQ = Q^{\mathrm{T}}AQ = \Lambda = \begin{pmatrix} 0 & 0 & 0 \\ 0 & 1 & 0 \\ 0 & 0 & 3 \end{pmatrix}$$

（2）因为 $|\lambda E - A| = (\lambda-1)^2(\lambda+2) = 0$，所以 A 的特征值为 $\lambda_{1,2} = 1$，$\lambda_3 = -2$。

当 $\lambda_{1,2} = 1$ 时，有特征向量

$$\alpha_1 = \begin{pmatrix} -1 \\ 1 \\ 0 \end{pmatrix}, \quad \alpha_2 = \begin{pmatrix} 1 \\ 0 \\ 1 \end{pmatrix}$$

进行施密特正交化得

$$\beta_1 = \alpha_1 = \begin{pmatrix} -1 \\ 1 \\ 0 \end{pmatrix}, \quad \beta_2 = \alpha_2 - \frac{(\beta_1,\alpha_2)}{(\beta_1,\beta_1)}\beta_1 = \begin{pmatrix} 1 \\ 0 \\ 1 \end{pmatrix} - \frac{(-1)}{2}\begin{pmatrix} -1 \\ 1 \\ 0 \end{pmatrix} = \frac{1}{2}\begin{pmatrix} 1 \\ 1 \\ 2 \end{pmatrix}$$

再规范化可得 $\eta_1 = \dfrac{1}{\sqrt{2}}\begin{pmatrix} -1 \\ 1 \\ 0 \end{pmatrix}$，$\eta_2 = \dfrac{1}{\sqrt{6}}\begin{pmatrix} 1 \\ 1 \\ 2 \end{pmatrix}$。

当 $\lambda_3 = -2$ 时，有特征向量 $\alpha_3 = \begin{pmatrix} -1 \\ -1 \\ 1 \end{pmatrix}$，规范化得 $\eta_3 = \dfrac{1}{\sqrt{3}} \begin{pmatrix} -1 \\ -1 \\ 1 \end{pmatrix}$。于是有正交阵

$$Q = (\eta_1, \eta_2, \eta_3) = \begin{pmatrix} -\dfrac{1}{\sqrt{2}} & \dfrac{1}{\sqrt{6}} & -\dfrac{1}{\sqrt{3}} \\ \dfrac{1}{\sqrt{2}} & \dfrac{1}{\sqrt{6}} & -\dfrac{1}{\sqrt{3}} \\ 0 & \dfrac{2}{\sqrt{6}} & \dfrac{1}{\sqrt{3}} \end{pmatrix}$$

使得

$$Q^{-1}AQ = \Lambda = \begin{pmatrix} 1 & 0 & 0 \\ 0 & 1 & 0 \\ 0 & 0 & -2 \end{pmatrix}$$

例 1 的 Maple 源程序如下：

```
>#example1(1);
>with(linalg):with(LinearAlgebra):
>A:=Matrix(3,3,[1,0,1,0,1,1,1,1,2]);
```
$$A := \begin{bmatrix} 1 & 0 & 1 \\ 0 & 1 & 1 \\ 1 & 1 & 2 \end{bmatrix}$$
```
>eigenvectors(A);
 [1, 1, {[-1, 1, 0]}], [0, 1, {[-1, -1, 1]}], [3, 1, {[1, 1, 2]}]
>Q:=GramSchmidt([<-1,-1,1>,<-1,1,0>,<1,1,2>],normalized);
```
$$Q := \left[\begin{bmatrix} -\dfrac{\sqrt{3}}{3} \\ -\dfrac{\sqrt{3}}{3} \\ \dfrac{\sqrt{3}}{3} \end{bmatrix}, \begin{bmatrix} -\dfrac{\sqrt{2}}{2} \\ \dfrac{\sqrt{2}}{2} \\ 0 \end{bmatrix}, \begin{bmatrix} \dfrac{\sqrt{6}}{6} \\ \dfrac{\sqrt{6}}{6} \\ \dfrac{\sqrt{6}}{3} \end{bmatrix} \right]$$
```
>Q:=array([[-sqrt(3)/3,-sqrt(2)/2,sqrt(6)/6],[-sqrt(3)/3,sqrt(2)/2,sqrt(6)/6],[sqrt(3)/3,0,sqrt(6)/3]]);
```
$$Q := \begin{bmatrix} -\dfrac{\sqrt{3}}{3} & -\dfrac{\sqrt{2}}{2} & \dfrac{\sqrt{6}}{6} \\ -\dfrac{\sqrt{3}}{3} & \dfrac{\sqrt{2}}{2} & \dfrac{\sqrt{6}}{6} \\ \dfrac{\sqrt{3}}{3} & 0 & \dfrac{\sqrt{6}}{3} \end{bmatrix}$$
```
>multiply(inverse(Q),A,Q);
```
$$\begin{bmatrix} 0 & 0 & 0 \\ 0 & 1 & 0 \\ 0 & 0 & 3 \end{bmatrix}$$
```
>#example1(2);
>with(linalg):with(LinearAlgebra):
>A:=Matrix(3,3,[0,-1,1,-1,0,1,1,1,0]);
```

$$A := \begin{bmatrix} 0 & -1 & 1 \\ -1 & 0 & 1 \\ 1 & 1 & 0 \end{bmatrix}$$

> eigenvectors(A);

[-2, 1, { [-1, -1, 1] }], [1, 2, { [-1, 1, 0], [1, 0, 1] }]

>Q:=GramSchmidt([<-1,1,0>,<1,0,1>,<-1,-1,1>],normalized);

$$Q := \left[\begin{bmatrix} -\dfrac{\sqrt{2}}{2} \\ \dfrac{\sqrt{2}}{2} \\ 0 \end{bmatrix}, \begin{bmatrix} \dfrac{\sqrt{6}}{6} \\ \dfrac{\sqrt{6}}{6} \\ \dfrac{\sqrt{6}}{3} \end{bmatrix}, \begin{bmatrix} -\dfrac{\sqrt{3}}{3} \\ -\dfrac{\sqrt{3}}{3} \\ \dfrac{\sqrt{3}}{3} \end{bmatrix} \right]$$

>Q:=array([[-sqrt(2)/2,sqrt(6)/6,-sqrt(3)/3],[sqrt(2)/2,sqrt(6)/6,
 -sqrt(3)/3],[0,sqrt(6)/3,sqrt(3)/3]]);

$$Q := \begin{bmatrix} -\dfrac{\sqrt{2}}{2} & \dfrac{\sqrt{6}}{6} & -\dfrac{\sqrt{3}}{3} \\ \dfrac{\sqrt{2}}{2} & \dfrac{\sqrt{6}}{6} & -\dfrac{\sqrt{3}}{3} \\ 0 & \dfrac{\sqrt{6}}{3} & \dfrac{\sqrt{3}}{3} \end{bmatrix}$$

>multiply(inverse(Q),A,Q);

$$\begin{bmatrix} 1 & 0 & 0 \\ 0 & 1 & 0 \\ 0 & 0 & -2 \end{bmatrix}$$

例 2 假设 6、3、3 为实对称矩阵 A 的特征值，且属于特征值 6 的特征向量为 $\eta = (1,-1,1)^{\mathrm{T}}$。
（1）求属于特征值 3 的特征向量；（2）求矩阵 A。

解：（1）因为 A 为实对称矩阵，所以属于不同特征值的特征向量必正交，那么属于 3 的特征向量 $x = (x_1, x_2, x_3)^{\mathrm{T}}$ 应满足 $\eta^{\mathrm{T}} x = (1,-1,1)x = 0$，即 $x_1 - x_2 + x_3 = 0$，解得对应于 3 的全部特征向量为

$$x = c_1 \begin{pmatrix} 1 \\ 1 \\ 0 \end{pmatrix} + c_2 \begin{pmatrix} -1 \\ 0 \\ 1 \end{pmatrix} \quad (c_1 、 c_2 \text{ 不全为 0})$$

（2）由（1）取基础解系 $\alpha_1 = (1,1,0)^{\mathrm{T}}$，$\alpha_2 = (-1,0,1)^{\mathrm{T}}$，施密特正交化，得

$$\beta_1 = \alpha_1 = (1,1,0)^{\mathrm{T}}, \quad \beta_2 = \alpha_2 - \frac{(\beta_1, \alpha_2)}{(\beta_1, \beta_1)} \beta_1 = \left(-\frac{1}{2}, \frac{1}{2}, 1 \right)^{\mathrm{T}}$$

规范化得 $\varepsilon_1 = \begin{pmatrix} \dfrac{1}{\sqrt{2}} \\ \dfrac{1}{\sqrt{2}} \\ 0 \end{pmatrix}$，$\varepsilon_2 = \begin{pmatrix} -\dfrac{1}{\sqrt{6}} \\ \dfrac{1}{\sqrt{6}} \\ \dfrac{2}{\sqrt{6}} \end{pmatrix}$，$\varepsilon_3 = \dfrac{\eta}{\|\eta\|} = \begin{pmatrix} \dfrac{1}{\sqrt{3}} \\ -\dfrac{1}{\sqrt{3}} \\ \dfrac{1}{\sqrt{3}} \end{pmatrix}$，令 $Q = (\varepsilon_1, \varepsilon_2, \varepsilon_3)$，则

$$Q^{-1}AQ = \Lambda$$

即 $A = Q\Lambda Q^{-1} = Q\Lambda Q^{\mathrm{T}} = \begin{pmatrix} \dfrac{1}{\sqrt{2}} & -\dfrac{1}{\sqrt{6}} & \dfrac{1}{\sqrt{3}} \\ \dfrac{1}{\sqrt{2}} & \dfrac{1}{\sqrt{6}} & -\dfrac{1}{\sqrt{3}} \\ 0 & \dfrac{2}{\sqrt{6}} & \dfrac{1}{\sqrt{3}} \end{pmatrix} \begin{pmatrix} 3 & 0 & 0 \\ 0 & 3 & 0 \\ 0 & 0 & 6 \end{pmatrix} \begin{pmatrix} \dfrac{1}{\sqrt{2}} & \dfrac{1}{\sqrt{2}} & 0 \\ -\dfrac{1}{\sqrt{6}} & \dfrac{1}{\sqrt{6}} & \dfrac{2}{\sqrt{6}} \\ \dfrac{1}{\sqrt{3}} & -\dfrac{1}{\sqrt{3}} & \dfrac{1}{\sqrt{3}} \end{pmatrix}$$

$$= \begin{pmatrix} 4 & -1 & 1 \\ -1 & 4 & -1 \\ 1 & -1 & 4 \end{pmatrix}$$

事实上，若 $P = (\alpha_1, \alpha_2, \eta) = \begin{pmatrix} 1 & -1 & 1 \\ 1 & 0 & -1 \\ 0 & 1 & 1 \end{pmatrix}$，则 $P^{-1} = \begin{pmatrix} \dfrac{1}{3} & \dfrac{2}{3} & \dfrac{1}{3} \\ -\dfrac{1}{3} & \dfrac{1}{3} & \dfrac{2}{3} \\ \dfrac{1}{3} & -\dfrac{1}{3} & \dfrac{1}{3} \end{pmatrix}$，由

$$P^{-1}AP = \Lambda = \begin{pmatrix} 3 & 0 & 0 \\ 0 & 3 & 0 \\ 0 & 0 & 6 \end{pmatrix}$$

也可得到

$$A = P\Lambda P^{-1} = \begin{pmatrix} 1 & -1 & 1 \\ 1 & 0 & -1 \\ 0 & 1 & 1 \end{pmatrix} \begin{pmatrix} 3 & 0 & 0 \\ 0 & 3 & 0 \\ 0 & 0 & 6 \end{pmatrix} \begin{pmatrix} \dfrac{1}{3} & \dfrac{2}{3} & \dfrac{1}{3} \\ -\dfrac{1}{3} & \dfrac{1}{3} & \dfrac{2}{3} \\ \dfrac{1}{3} & -\dfrac{1}{3} & \dfrac{1}{3} \end{pmatrix} = \begin{pmatrix} 4 & -1 & 1 \\ -1 & 4 & -1 \\ 1 & -1 & 4 \end{pmatrix}$$

例 2 的 Maple 源程序如下：

```
>#example2
>with(linalg):with(LinearAlgebra):
>B:=Matrix(3,3,[3,0,0,0,3,0,0,0,6]);
```

$$B := \begin{bmatrix} 3 & 0 & 0 \\ 0 & 3 & 0 \\ 0 & 0 & 6 \end{bmatrix}$$

```
>solve(x1-x2+x3);
```
$\{x1 = x2 - x3, x2 = x2, x3 = x3\}$
```
>Q:=GramSchmidt([<1,1,0>,<-1,0,1>,<1,-1,1>],normalized);
```

$$Q := \left[\begin{bmatrix} \dfrac{\sqrt{2}}{2} \\ \dfrac{\sqrt{2}}{2} \\ 0 \end{bmatrix}, \begin{bmatrix} -\dfrac{\sqrt{6}}{6} \\ \dfrac{\sqrt{6}}{6} \\ \dfrac{\sqrt{6}}{3} \end{bmatrix}, \begin{bmatrix} \dfrac{\sqrt{3}}{3} \\ -\dfrac{\sqrt{3}}{3} \\ \dfrac{\sqrt{3}}{3} \end{bmatrix} \right]$$

```
>Q:=array([[sqrt(2)/2,-sqrt(6)/6,sqrt(3)/3],[sqrt(2)/2,
sqrt(6)/6,-sqrt(3)/3],[0,sqrt(6)/3,sqrt(3)/3]]);
```

$$Q := \begin{bmatrix} \dfrac{\sqrt{2}}{2} & -\dfrac{\sqrt{6}}{6} & \dfrac{\sqrt{3}}{3} \\ \dfrac{\sqrt{2}}{2} & \dfrac{\sqrt{6}}{6} & -\dfrac{\sqrt{3}}{3} \\ 0 & \dfrac{\sqrt{6}}{3} & \dfrac{\sqrt{3}}{3} \end{bmatrix}$$

```
>multiply(Q,B,inverse(Q));
```

$$\begin{bmatrix} 4 & -1 & 1 \\ -1 & 4 & -1 \\ 1 & -1 & 4 \end{bmatrix}$$

习题 4.4

1. 对于下列实对称阵 A，求正交矩阵 Q，使 $Q^{-1}AQ$ 为对角阵：

（1）$A = \begin{pmatrix} 0 & 0 & 1 \\ 0 & 1 & 0 \\ 1 & 0 & 0 \end{pmatrix}$；

（2）$A = \begin{pmatrix} 1 & 1 & 1 \\ 1 & 1 & 1 \\ 1 & 1 & 1 \end{pmatrix}$

（3）$A = \begin{pmatrix} 1 & -2 & 0 \\ -2 & 2 & -2 \\ 0 & -2 & 3 \end{pmatrix}$；

（4）$A = \begin{pmatrix} 2 & -2 & 0 \\ -2 & 1 & -2 \\ 0 & -2 & 0 \end{pmatrix}$

（5）$A = \begin{pmatrix} 2 & 2 & -2 \\ 2 & 5 & -4 \\ -2 & -4 & 5 \end{pmatrix}$；

（6）$A = \begin{pmatrix} 1 & -2 & 2 \\ -2 & -2 & 4 \\ 2 & 4 & -2 \end{pmatrix}$

2. 设矩阵 $A = \begin{pmatrix} 1 & -2 & -4 \\ -2 & x & -2 \\ -4 & -2 & 1 \end{pmatrix}$ 与 $\Lambda = \begin{pmatrix} 5 & & \\ & -4 & \\ & & y \end{pmatrix}$ 相似，求 x 和 y，并求一个正交矩阵 Q 使 $Q^{-1}AQ = \Lambda$。

3. 设 3 阶实对称矩阵 A 的特征值为 1、2、3。矩阵 A 的属于特征值 1 和 2 的特征向量分别为 $\xi_1 = (-1,-1,1)^T$ 和 $\xi_2 = (1,-2,-1)^T$。

（1）求 A 的属于特征值 3 的特征向量。

（2）求出矩阵 A。

第 5 章 二次型

二次型是线性代数的重要内容之一。它起源于几何学中二次曲线方程和二次曲面方程化为标准形的研究。在解析几何中，为了便于研究二次曲线

$$ax^2 + bxy + cy^2 = 1$$

的几何性质，可以选择适当的坐标旋转变换

$$\begin{cases} x = \bar{x}\cos\theta - \bar{y}\sin\theta \\ y = \bar{x}\sin\theta + \bar{y}\cos\theta \end{cases}$$

把方程化为标准形

$$m\bar{x}^2 + n\bar{y}^2 = 1$$

上式左端为二次齐次多项式。在几何问题以及数学的其他分支、物理学、统计学、工程技术、经济管理和网络计算中也经常会遇到齐次多项式。本章重点介绍二次型及其标准形、实数域上的正定二次型等。

5.1 二次型及其标准形

5.1.1 二次型及其矩阵表示

二次型及其
矩阵表示

定义 1（二次型） 含有 n 个变量 $x_1, x_2, \cdots, x_n$ 的二次齐次函数

$$\begin{aligned} f(x_1, x_2, \ldots, x_n) = {} & a_{11}x_1^2 + 2a_{12}x_1x_2 + \cdots + 2a_{1n}x_1x_n \\ & + a_{22}x_2^2 + 2a_{23}x_2x_3 + \cdots + 2a_{2n}x_2x_n \\ & + \cdots + a_{nn}x_n^2 \end{aligned}$$

称为 n 元二次型，简称二次型。当所有系数为实数，即 $a_{ij} \in \mathbb{R}$（$i, j = 1, 2, \cdots, n$）时，二次型称为实二次型；当所有系数为复数时，二次型称为复二次型。

取 $a_{ij} = a_{ji}$，则 $2a_{ij}x_ix_j = a_{ij}x_ix_j + a_{ji}x_jx_i$，于是二次型可以写成

$$\begin{aligned} f(x_1, x_2, \ldots, x_n) = {} & a_{11}x_1^2 + a_{12}x_1x_2 + a_{13}x_1x_3 + \cdots + a_{1n}x_1x_n \\ & + a_{21}x_2x_1 + a_{22}x_2^2 + a_{23}x_2x_3 + \cdots + a_{2n}x_2x_n \\ & + \cdots \\ & + a_{n1}x_nx_1 + a_{n2}x_nx_2 + a_{n3}x_nx_3 + \cdots + a_{nn}x_n^2 \\ = {} & x_1(a_{11}x_1 + a_{12}x_2 + a_{13}x_3 + \cdots + a_{1n}x_n) \\ & + x_2(a_{21}x_1 + a_{22}x_2 + a_{23}x_3 + \cdots + a_{2n}x_n) \\ & + \cdots \\ & + x_n(a_{n1}x_1 + a_{n2}x_2 + a_{n3}x_3 + \cdots + a_{nn}x_n) \end{aligned}$$

$$= (x_1, x_2, \cdots x_n) \begin{pmatrix} a_{11}x_1 + a_{12}x_2 + a_{13}x_3 + \cdots + a_{1n}x_n \\ a_{21}x_1 + a_{22}x_2 + a_{23}x_3 + \cdots + a_{2n}x_n \\ \vdots \\ a_{n1}x_1 + a_{n2}x_2 + a_{n3}x_3 + \cdots + a_{nn}x_n \end{pmatrix}$$

$$= (x_1, x_2, \cdots x_n) \begin{pmatrix} a_{11} & a_{12} & \cdots & a_{1n} \\ a_{21} & a_{22} & \cdots & a_{2n} \\ \vdots & \vdots & & \vdots \\ a_{n1} & a_{n2} & \cdots & a_{nn} \end{pmatrix} \begin{pmatrix} x_1 \\ x_2 \\ \vdots \\ x_n \end{pmatrix}$$

$$= x^{\mathrm{T}} A x$$

其中 $A = \begin{pmatrix} a_{11} & a_{12} & \cdots & a_{1n} \\ a_{21} & a_{22} & \cdots & a_{2n} \\ \vdots & \vdots & & \vdots \\ a_{n1} & a_{n2} & \cdots & a_{nn} \end{pmatrix}$， $x = \begin{pmatrix} x_1 \\ x_2 \\ \vdots \\ x_n \end{pmatrix}$，显然 $A^{\mathrm{T}} = A$。

例 1 （1）求二次型 $f(x_1, x_2, x_3) = x_1^2 + 2x_2^2 - 3x_3^2 + 4x_1x_2 - 2x_1x_3 + 4x_2x_3$ 的矩阵形式。

（2）写出矩阵 $A = \begin{pmatrix} 2 & 2 & -1 \\ 2 & 1 & 0 \\ -1 & 0 & 3 \end{pmatrix}$ 所对应的二次型。

解：（1） $f(x_1, x_2, x_3) = (x_1, x_2, x_3) \begin{pmatrix} 1 & 2 & -1 \\ 2 & 2 & 2 \\ -1 & 2 & -3 \end{pmatrix} \begin{pmatrix} x_1 \\ x_2 \\ x_3 \end{pmatrix}$。

（2） $f(x_1, x_2, x_3) = (x_1, x_2, x_3) \begin{pmatrix} 2 & 2 & -1 \\ 2 & 1 & 0 \\ -1 & 0 & 3 \end{pmatrix} \begin{pmatrix} x_1 \\ x_2 \\ x_3 \end{pmatrix} = 2x_1^2 + x_2^2 + 3x_3^2 + 4x_1x_2 - 2x_1x_3$。

任意给定一个二次型 f，就唯一确定一个对称矩阵 A；反过来，给定一个对称矩阵 A，就得到一个二次型 $f(x) = x^{\mathrm{T}} A x$，因此称对称矩阵 A 为二次型 f 的矩阵，f 为对称矩阵 A 的二次型。二次型 f 的矩阵 A 和二次型一一对应。规定二次型 f 的秩就是其矩阵 A 的秩。

5.1.2 化二次型为标准形

化二次型为
标准形

定义 2（合同） 对两个矩阵 A 与 B，若存在可逆矩阵 C，有 $B = C^{\mathrm{T}} A C$，则称矩阵 A 与 B 合同。

性质 1 n 阶矩阵间的合同关系具有：

（1）反身性：任意矩阵 A 与自身合同。

（2）对称性：若 A 与 B 合同，则 B 与 A 合同。

（3）传递性：若 A 与 B 合同，B 与 C 合同，则 A 与 C 合同。

定义 2（标准形） 只含平方项的二次型

$$f(y_1, y_2, \ldots, y_n) = \lambda_1 y_1^2 + \lambda_2 y_2^2 + \cdots + \lambda_n y_n^2$$

称为二次型的标准形。它的矩阵形式为

$$f(y_1, y_2, \ldots, y_n) = y^{\mathrm{T}} \Lambda y$$

其中

$$\Lambda = \begin{pmatrix} \lambda_1 & & & \\ & \lambda_2 & & \\ & & \ddots & \\ & & & \lambda_n \end{pmatrix}, \quad y = \begin{pmatrix} y_1 \\ y_2 \\ \vdots \\ y_n \end{pmatrix}$$

如果变换矩阵 C 是可逆矩阵，则称线性变换 $x = Cy$ 是可逆变换。对于二次型，我们研究的主要问题是寻求可逆线性变换 $x = Cy$，化二次型为标准形，即求 C，使得当 $x = Cy$ 时，有标准形 $f = x^{\mathrm{T}} A x = (Cy)^{\mathrm{T}} A(Cy) = y^{\mathrm{T}}(C^{\mathrm{T}} A C)y = y^{\mathrm{T}} \Lambda y$，也就是寻找可逆矩阵 C，使得 $C^{\mathrm{T}} A C = \Lambda$。

由对称矩阵的理论可知，任给对称矩阵 A，总有正交矩阵 P，使 $P^{-1} A P = \Lambda$，即 $P^{\mathrm{T}} A P = \Lambda$。

定理 1 任给一个二次型 f，总有正交的线性变换 $x = Py$，使二次型 f 化为标准形。

例 2 用正交变换化二次型 $f(x_1, x_2, x_3) = 2x_1^2 - 4x_1 x_2 + x_2^2 - 4x_2 x_3$ 为标准形，并求所用的正交变换。

解：二次型 f 的矩阵 A 为

$$A = \begin{pmatrix} 2 & -2 & 0 \\ -2 & 1 & -2 \\ 0 & -2 & 0 \end{pmatrix}$$

下面先计算 A 的特征值及其对应的特征向量，然后利用施密特正交化方法计算正交矩阵，即可得到正交变换。

由 $|\lambda E - A| = \begin{vmatrix} \lambda - 2 & 2 & 0 \\ 2 & \lambda - 1 & 2 \\ 0 & 2 & \lambda \end{vmatrix} = (\lambda - 4)(\lambda - 1)(\lambda + 2)$，所以 $\lambda_1 = 4$，$\lambda_2 = 1$，$\lambda_3 = -2$。

对于 $\lambda_1 = 4$，计算特征向量：

$$4E - A = \begin{pmatrix} 2 & 2 & 0 \\ 2 & 3 & 2 \\ 0 & 2 & 4 \end{pmatrix} \rightarrow \begin{pmatrix} 1 & 1 & 0 \\ 0 & 1 & 2 \\ 0 & 0 & 0 \end{pmatrix}$$

得 $\alpha_1 = \begin{pmatrix} 2 \\ -2 \\ 1 \end{pmatrix}$，单位化，得 $\eta_1 = \begin{pmatrix} \frac{2}{3} \\ \frac{2}{3} \\ \frac{1}{3} \end{pmatrix}$。

同理，求得 $\lambda_2 = 1$，$\lambda_3 = -2$ 的特征向量为

$$\eta_2 = \begin{pmatrix} \dfrac{2}{3} \\ \dfrac{1}{3} \\ -\dfrac{2}{3} \end{pmatrix}, \quad \eta_3 = \begin{pmatrix} \dfrac{1}{3} \\ \dfrac{2}{3} \\ \dfrac{2}{3} \end{pmatrix}$$

令 $P = (\eta_1, \eta_2, \eta_3) = \begin{pmatrix} \dfrac{2}{3} & \dfrac{2}{3} & \dfrac{1}{3} \\ -\dfrac{2}{3} & \dfrac{1}{3} & \dfrac{2}{3} \\ \dfrac{1}{3} & -\dfrac{2}{3} & \dfrac{2}{3} \end{pmatrix}$，可以验证 P 是正交矩阵，且有 $P^{\mathrm{T}}AP = \begin{pmatrix} 4 & 0 & 0 \\ 0 & 1 & 0 \\ 0 & 0 & -2 \end{pmatrix}$。

故经过正交变换 $x = Py$ 后，所得的二次型的标准形为

$$f = 4y_1^2 + y_2^2 - 2y_3^2$$

例 2 的 Maple 源程序如下：

```
>#example2
>with(linalg):with(LinearAlgebra):
>A:=Matrix(3,3,[2,-2,0,-2,1,-2,0,-2,0]);
```

$$A := \begin{bmatrix} 2 & -2 & 0 \\ -2 & 1 & -2 \\ 0 & -2 & 0 \end{bmatrix}$$

```
>eigenvectors(A);
 [4, 1, {[2, -2, 1]}], [1, 1, {[2, 1, -2]}], [-2, 1, {[1, 2, 2]}]
>Q:=GramSchmidt([<2,1,-2>,<2,-2,1>,<1,2,2>],normalized);
```

$$Q := \left[\begin{bmatrix} \dfrac{2}{3} \\ \dfrac{1}{3} \\ \dfrac{-2}{3} \end{bmatrix}, \begin{bmatrix} \dfrac{2}{3} \\ \dfrac{-2}{3} \\ \dfrac{1}{3} \end{bmatrix}, \begin{bmatrix} \dfrac{1}{3} \\ \dfrac{2}{3} \\ \dfrac{2}{3} \end{bmatrix} \right]$$

```
>P:=augment(Q[1],Q[2],Q[3]);
```

$$P := \begin{bmatrix} \dfrac{2}{3} & \dfrac{2}{3} & \dfrac{1}{3} \\ \dfrac{1}{3} & \dfrac{-2}{3} & \dfrac{2}{3} \\ \dfrac{-2}{3} & \dfrac{1}{3} & \dfrac{2}{3} \end{bmatrix}$$

```
> multiply(multiply(inverse(P),A),P);
```

$$\begin{bmatrix} 1 & 0 & 0 \\ 0 & 4 & 0 \\ 0 & 0 & -2 \end{bmatrix}$$

例 3 用正交变换化二次型 $f(x_1, x_2, x_3) = 3x_1^2 + 3x_2^2 + 3x_3^2 + 2x_1x_2 + 2x_1x_3 + 2x_2x_3$ 为标准形。

解：二次型所对应的矩阵为

$$A = \begin{pmatrix} 3 & 1 & 1 \\ 1 & 3 & 1 \\ 1 & 1 & 3 \end{pmatrix}$$

其特征值为 $\lambda_1 = 5$，$\lambda_2 = \lambda_3 = 2$，对应的特征向量为

$$\alpha_1 = \begin{pmatrix} 1 \\ 1 \\ 1 \end{pmatrix}, \quad \alpha_2 = \begin{pmatrix} -1 \\ 0 \\ 1 \end{pmatrix}, \quad \alpha_3 = \begin{pmatrix} -1 \\ 1 \\ 0 \end{pmatrix}$$

将其正交化、单位化，得

$$\eta_1 = \begin{pmatrix} \dfrac{\sqrt{3}}{3} \\ \dfrac{\sqrt{3}}{3} \\ \dfrac{\sqrt{3}}{3} \end{pmatrix}, \quad \eta_2 = \begin{pmatrix} -\dfrac{\sqrt{2}}{2} \\ 0 \\ \dfrac{\sqrt{2}}{2} \end{pmatrix}, \quad \eta_3 = \begin{pmatrix} -\dfrac{\sqrt{6}}{6} \\ \dfrac{\sqrt{6}}{3} \\ -\dfrac{\sqrt{6}}{6} \end{pmatrix}$$

取正交矩阵

$$P = \begin{pmatrix} \dfrac{\sqrt{3}}{3} & -\dfrac{\sqrt{2}}{2} & -\dfrac{\sqrt{6}}{6} \\ \dfrac{\sqrt{3}}{3} & 0 & \dfrac{\sqrt{6}}{3} \\ \dfrac{\sqrt{3}}{3} & \dfrac{\sqrt{2}}{2} & -\dfrac{\sqrt{6}}{6} \end{pmatrix}$$

作正交变换 $x = Py$，则二次型化为标准形 $f = 5y_1^2 + 2y_2^2 + 2y_3^2$。

例 3 的 Maple 源程序如下：

```
>#example3
>with(linalg):with(LinearAlgebra):
>A:=Matrix(3,3,[3,1,1,1,3,1,1,1,3]);
```

$$A := \begin{bmatrix} 3 & 1 & 1 \\ 1 & 3 & 1 \\ 1 & 1 & 3 \end{bmatrix}$$

```
>eigenvectors(A);
```

$$[5, 1, \{[1, 1, 1]\}], [2, 2, \{[-1, 0, 1], [-1, 1, 0]\}]$$

```
>Q:=GramSchmidt([<1,1,1>,<-1,0,1>,<-1,1,0>],normalized);
```

$$Q := \left[\begin{bmatrix} \dfrac{\sqrt{3}}{3} \\ \dfrac{\sqrt{3}}{3} \\ \dfrac{\sqrt{3}}{3} \end{bmatrix}, \begin{bmatrix} -\dfrac{\sqrt{2}}{2} \\ 0 \\ \dfrac{\sqrt{2}}{2} \end{bmatrix}, \begin{bmatrix} -\dfrac{\sqrt{6}}{6} \\ \dfrac{\sqrt{6}}{3} \\ -\dfrac{\sqrt{6}}{6} \end{bmatrix} \right]$$

```
>P:=augment(Q[1],Q[2],Q[3]);
```

$$P := \begin{bmatrix} \dfrac{\sqrt{3}}{3} & -\dfrac{\sqrt{2}}{2} & -\dfrac{\sqrt{6}}{6} \\ \dfrac{\sqrt{3}}{3} & 0 & \dfrac{\sqrt{6}}{3} \\ \dfrac{\sqrt{3}}{3} & \dfrac{\sqrt{2}}{2} & -\dfrac{\sqrt{6}}{6} \end{bmatrix}$$

```
>multiply(multiply(inverse(P),A),P);
```

$$\begin{bmatrix} 5 & 0 & 0 \\ 0 & 2 & 0 \\ 0 & 0 & 2 \end{bmatrix}$$

一般地，任何二次型都可以用配方法找到可逆变换，从而把二次型化为标准形。下面主要通过例题给出用配方法化二次型为标准形并求所用的变换矩阵的方法。

例 4 用配方法化二次型 $f(x_1,x_2,x_3) = x_1^2 + 2x_2^2 + 5x_3^2 + 2x_1x_2 + 2x_1x_3 + 6x_2x_3$ 为标准形并求所用的变换矩阵。

解： 将二次型配方为

$$\begin{aligned} f(x_1,x_2,x_3) &= (x_1^2 + 2x_1x_2 + 2x_1x_3) + 2x_2^2 + 5x_3^2 + 6x_2x_3 \\ &= (x_1 + x_2 + x_3)^2 - x_2^2 - x_3^2 - 2x_2x_3 + 2x_2^2 + 5x_3^2 + 6x_2x_3 \\ &= (x_1 + x_2 + x_3)^2 + x_2^2 + 4x_2x_3 + 4x_3^2 \\ &= (x_1 + x_2 + x_3)^2 + (x_2 + 2x_3)^2 \end{aligned}$$

令

$$\begin{cases} y_1 = x_1 + x_2 - x_3 \\ y_2 = x_2 + 2x_3 \\ y_3 = x_3 \end{cases}$$

即

$$\begin{cases} x_1 = y_1 - y_2 + y_3 \\ x_2 = y_2 - 2y_3 \\ x_3 = y_3 \end{cases}$$

从而化二次型 $f(x_1,x_2,x_3)$ 为标准形 $f(y_1,y_2,y_3) = y_1^2 + y_2^2$，所用的变换矩阵为

$$C = \begin{pmatrix} 1 & -1 & 1 \\ 0 & 1 & -2 \\ 0 & 0 & 1 \end{pmatrix}$$

例 4 的 Maple 源程序如下：

```
>#example4
>with(linalg):with(LinearAlgebra):
>f:=x1^2+2*x2^2+5*x3^2+2*x1*x2+2*x1*x3+6*x2*x3;
```
$$f := x1^2 + 2\, x1\, x2 + 2\, x1\, x3 + 2\, x2^2 + 6\, x2\, x3 + 5\, x3^2$$

```
>fy:=simplify(subs({x1=y1-y2+y3,x2=y2-2*y3,x3=y3},f));
```
$$fy := y1^2 + y2^2$$

```
>C:=Matrix([[1,-1,1],[0,1,-2],[0,0,1]]);
```
$$C := \begin{bmatrix} 1 & -1 & 1 \\ 0 & 1 & -2 \\ 0 & 0 & 1 \end{bmatrix}$$

```
>A:=Matrix([[1,1,1],[1,2,3],[1,3,5]]);
```
$$A := \begin{bmatrix} 1 & 1 & 1 \\ 1 & 2 & 3 \\ 1 & 3 & 5 \end{bmatrix}$$

```
>multiply(multiply(transpose(C),A),C);
```

$$\begin{bmatrix} 1 & 0 & 0 \\ 0 & 1 & 0 \\ 0 & 0 & 0 \end{bmatrix}$$

例 5　用配方法化 $f(x_1,x_2,x_3)=2x_1x_2+2x_1x_3-6x_2x_3$ 为标准形。

解：所给的二次型中不含平方项，可以令

$$\begin{cases} x_1 = y_1 + y_2 \\ x_2 = y_1 - y_2 \\ x_3 = y_3 \end{cases}$$

其矩阵形式为 $x=C_1y$，其中 $C_1 = \begin{pmatrix} 1 & 1 & 0 \\ 1 & -1 & 0 \\ 0 & 0 & 1 \end{pmatrix}$，则二次型化为

$$\begin{aligned} f(y_1,y_2,y_3) &= 2y_1^2 - 2y_2^2 + 2y_1y_3 + 2y_2y_3 - 6y_1y_3 + 6y_2y_3 \\ &= 2(y_1^2 - 2y_1y_3) - 2y_2^2 + 8y_2y_3 \\ &= 2[(y_1-y_3)^2 - y_3^2] - 2y_2^2 + 8y_2y_3 \\ &= 2(y_1-y_3)^2 - 2(y_2^2 - 4y_2y_3) - 2y_3^2 \\ &= 2(y_1-y_3)^2 - 2[(y_2-2y_3)^2 - 4y_3^2] - 2y_3^2 \\ &= 2(y_1-y_3)^2 - 2(y_2-2y_3)^2 + 6y_3^2 \end{aligned}$$

再令

$$\begin{cases} z_1 = y_1 - y_3 \\ z_2 = y_2 - 2y_3 \\ z_3 = y_3 \end{cases}$$

有

$$\begin{cases} y_1 = z_1 + z_3 \\ y_2 = z_2 + 2z_3 \\ y_3 = z_3 \end{cases}$$

其矩阵形式为 $y=C_2z$，其中 $C_2 = \begin{pmatrix} 1 & 0 & 1 \\ 0 & 1 & 2 \\ 0 & 0 & 1 \end{pmatrix}$。

故有可逆变换 $x=(C_1C_2)z$ 化二次型为标准形 $f(z_1,z_2,z_3)=2z_1^2-2z_2^2+6z_3^2$，所求变换矩阵为

$$C = C_1C_2 = \begin{pmatrix} 1 & 1 & 3 \\ 1 & -1 & -1 \\ 0 & 0 & 1 \end{pmatrix}$$

例 5 的 Maple 源程序如下：

```
>#example5
>with(linalg):with(LinearAlgebra):
```

```
>f:=2*x1*x2+2*x1*x3-6*x2*x3;
```
$f := 2\ x1\ x2 + 2\ x1\ x3 - 6\ x2\ x3$

```
>fy:=simplify(subs({x1=y1+y2,x2=y1-y2,x3=y3},f));
```
$fy := 2\ y1^2 - 4\ y1\ y3 - 2\ y2^2 + 8\ y2\ y3$

```
>fz:=simplify(subs({y1=z1+z3,y2=z2+2*z3,y3=z3},fy));
```
$fz := 2\ z1^2 - 2\ z2^2 + 6\ z3^2$

```
>C1:=Matrix([[1,1,0],[1,-1,0],[0,0,1]]);
```
$$C1 := \begin{bmatrix} 1 & 1 & 0 \\ 1 & -1 & 0 \\ 0 & 0 & 1 \end{bmatrix}$$

```
>C2:=Matrix([[1,0,1],[0,1,2],[0,0,1]]);
```
$$C2 := \begin{bmatrix} 1 & 0 & 1 \\ 0 & 1 & 2 \\ 0 & 0 & 1 \end{bmatrix}$$

```
>C:=multiply(C1,C2);
```
$$C := \begin{bmatrix} 1 & 1 & 3 \\ 1 & -1 & -1 \\ 0 & 0 & 1 \end{bmatrix}$$

```
>A:=Matrix([[0,1,1],[1,0,-3],[1,-3,0]]);
```
$$A := \begin{bmatrix} 0 & 1 & 1 \\ 1 & 0 & -3 \\ 1 & -3 & 0 \end{bmatrix}$$

```
>multiply(multiply(transpose(C),A),C);
```
$$\begin{bmatrix} 2 & 0 & 0 \\ 0 & -2 & 0 \\ 0 & 0 & 6 \end{bmatrix}$$

5.1.3 化二次型为规范形

定义 3（规范形） 如果复二次型的标准形 $f = d_1 x_1^2 + d_2 x_2^2 + \cdots + d_r x_r^2$ 中的 $d_1, d_2, \cdots, d_r$ 全为 1，则称 f 为复二次型的规范形；如果实二次型的标准形 $f = d_1 x_1^2 + d_2 x_2^2 + \cdots + d_r x_r^2$ 中的 $d_1, d_2, \cdots, d_r$ 为 ±1，则称 f 为实二次型的规范形。

定理 2（惯性定理） 任意一个复二次型经过可逆的线性变换可变成规范形，且规范形唯一，即任意一复对称矩阵合同于 $\begin{pmatrix} E & \\ & O \end{pmatrix}$。任意一个实二次型经过可逆的线性变换可变成规范形，且规范形唯一，即任一实对称矩阵合同于 $\begin{pmatrix} E & & \\ & -E & \\ & & O \end{pmatrix}$。

事实上，任何一个二次型 $f(x) = x^{\mathrm{T}} A x$，如果不考虑 A 的特征值的排列顺序，经过正交变换 $x = Cy$ 都可以化为标准形

$$f(x_1, x_2, \ldots, x_n) = \lambda_1 y_1^2 + \lambda_2 y_2^2 + \cdots + \lambda_n y_n^2$$

其中 $\lambda_1, \lambda_2, \cdots, \lambda_n$ 为 A 的特征值，不妨设 $\lambda_1, \lambda_2, \cdots, \lambda_p$ 为正特征值，$\lambda_{p+1}, \cdots, \lambda_{p+q}$ 为负特征值，$\lambda_{p+q+1}, \cdots, \lambda_n$ 为零特征值，在此基础上进一步作非退化线性变换 $y = Pz$，其中变换矩

阵为

$$P = \text{diag}\left(\underbrace{\frac{1}{\sqrt{\lambda_1}},\cdots,\frac{1}{\sqrt{\lambda_p}}}_{p},\underbrace{\frac{1}{\sqrt{-\lambda_{p+1}}},\cdots,\frac{1}{\sqrt{-\lambda_{p+q}}}}_{q},\underbrace{1,\cdots,1}_{n-p-q}\right)$$

即可化二次型为规范形，$f(x_1,x_2,\ldots,x_n) = z_1^2 + \cdots + z_p^2 - z_{p+1}^2 - \cdots - z_{p+q}^2$。

根据惯性定理，任何一个二次型 $f(x) = x^{\mathrm{T}}Ax$ 对应的规范形是唯一的，即在可逆的线性变换过程中，均不会改变二次型的正平方项的个数 p 和负平方项的个数 q，且 $p + q = \mathrm{R}(A)$。p 和 q 是由二次型自身的特性确定的。由此我们给出下述定义。

定义 4（惯性指数）　在实二次型的规范形中，正平方项的个数 p 称为二次型的正惯性指数，负平方项的个数 q 称为二次型的负惯性指数，它们的差 $p - q$ 称为二次型的符号差。

推论 1　（1）两个复对称矩阵合同的充要条件是具有相同的秩。

（2）两个实对称矩阵合同的充要条件是具有相同的正惯性指数和负惯性指数。

从前面的讨论容易推得，二次型 $f(x) = x^{\mathrm{T}}Ax$ 的正惯性指数 p 等于二次型的矩阵 A 的正特征值的个数，负惯性指数 q 等于 A 的负特征值的个数，r 等于 A 的非零特征值的个数。

例 6　化二次型 $f(x_1,x_2,x_3) = 2x_1^2 - 4x_1x_2 + x_2^2 - 4x_2x_3$ 为规范形，并指出二次型的正负惯性指数和符号差。

解：这与例 2 中的二次型相同，二次型的矩阵为

$$A = \begin{pmatrix} 2 & -2 & 0 \\ -2 & 1 & -2 \\ 0 & -2 & 0 \end{pmatrix}$$

按例 2 的结果，存在正交矩阵

$$C_1 = \begin{pmatrix} \dfrac{2}{3} & \dfrac{2}{3} & \dfrac{1}{3} \\ \dfrac{1}{3} & -\dfrac{2}{3} & \dfrac{2}{3} \\ -\dfrac{2}{3} & \dfrac{1}{3} & \dfrac{2}{3} \end{pmatrix}$$

有 $C_1^{\mathrm{T}}AC_1 = \begin{pmatrix} 1 & 0 & 0 \\ 0 & 4 & 0 \\ 0 & 0 & -2 \end{pmatrix}$。

于是正交变换 $x = C_1 y$ 后，把二次型化为标准形 $f = y_1^2 + 4y_2^2 - 2y_3^2$。

进一步，令 $\begin{cases} y_1 = z_1 \\ y_2 = \dfrac{z_2}{2} \\ y_3 = \dfrac{z_3}{\sqrt{2}} \end{cases}$，其矩阵形式为 $y = C_2 z$，其中 $C_2 = \begin{pmatrix} 1 & 0 & 0 \\ 0 & \dfrac{1}{2} & 0 \\ 0 & 0 & \dfrac{1}{\sqrt{2}} \end{pmatrix}$，于是有可逆变换

$x = (C_1 C_2)z$，化二次型为规范形 $f(z_1, z_2, z_3) = z_1^2 + z_2^2 - z_3^2$。所求变换矩阵为

$$C = C_1 C_2 = \begin{pmatrix} \dfrac{2}{3} & \dfrac{2}{3} & \dfrac{1}{3} \\[2mm] \dfrac{1}{3} & -\dfrac{2}{3} & \dfrac{2}{3} \\[2mm] -\dfrac{2}{3} & \dfrac{1}{3} & \dfrac{2}{3} \end{pmatrix} \begin{pmatrix} 1 & 0 & 0 \\[2mm] 0 & \dfrac{1}{2} & 0 \\[2mm] 0 & 0 & \dfrac{1}{\sqrt{2}} \end{pmatrix} = \begin{pmatrix} \dfrac{2}{3} & \dfrac{1}{3} & \dfrac{\sqrt{2}}{6} \\[2mm] \dfrac{1}{3} & -\dfrac{1}{3} & \dfrac{\sqrt{2}}{3} \\[2mm] -\dfrac{2}{3} & \dfrac{1}{6} & \dfrac{\sqrt{2}}{3} \end{pmatrix}$$

且二次型的正惯性指数为 2，负惯性指数为 1，符号差为 1。

例 6 的 Maple 源程序如下：

```
>#example6
>with(linalg):with(LinearAlgebra):
>A:=Matrix(3,3,[2,-2,0,-2,1,-2,0,-2,0]);
```

$$A := \begin{bmatrix} 2 & -2 & 0 \\ -2 & 1 & -2 \\ 0 & -2 & 0 \end{bmatrix}$$

```
>eigenvectors(A);
```
[4, 1, {[2, -2, 1]}], [1, 1, {[2, 1, -2]}], [-2, 1, {[1, 2, 2]}]
```
>Q:=GramSchmidt([<2,1,-2>,<2,-2,1>,<1,2,2>],normalized);
```

$$Q := \left[\begin{bmatrix} \dfrac{2}{3} \\[2mm] \dfrac{1}{3} \\[2mm] \dfrac{-2}{3} \end{bmatrix}, \begin{bmatrix} \dfrac{2}{3} \\[2mm] \dfrac{-2}{3} \\[2mm] \dfrac{1}{3} \end{bmatrix}, \begin{bmatrix} \dfrac{1}{3} \\[2mm] \dfrac{2}{3} \\[2mm] \dfrac{2}{3} \end{bmatrix} \right]$$

```
>C1:=augment(Q[1],Q[2],Q[3]);
```

$$C1 := \begin{bmatrix} \dfrac{2}{3} & \dfrac{2}{3} & \dfrac{1}{3} \\[2mm] \dfrac{1}{3} & \dfrac{-2}{3} & \dfrac{2}{3} \\[2mm] \dfrac{-2}{3} & \dfrac{1}{3} & \dfrac{2}{3} \end{bmatrix}$$

```
> C2:=Matrix([[1,0,0],[0,1/2,0],[0,0,1/sqrt(2)]]);
```

$$C2 := \begin{bmatrix} 1 & 0 & 0 \\[2mm] 0 & \dfrac{1}{2} & 0 \\[2mm] 0 & 0 & \dfrac{\sqrt{2}}{2} \end{bmatrix}$$

```
>C:=multiply(C1,C2);
```

$$C := \begin{bmatrix} \dfrac{2}{3} & \dfrac{1}{3} & \dfrac{\sqrt{2}}{6} \\[2mm] \dfrac{1}{3} & \dfrac{-1}{3} & \dfrac{\sqrt{2}}{3} \\[2mm] \dfrac{-2}{3} & \dfrac{1}{6} & \dfrac{\sqrt{2}}{3} \end{bmatrix}$$

```
>multiply(multiply(transpose(C),A),C);
```

$$\begin{bmatrix} 1 & 0 & 0 \\ 0 & 1 & 0 \\ 0 & 0 & -1 \end{bmatrix}$$

习题 5.1

1．填空题。

（1）二次型 $f(x_1,x_2)=x_1^2+2x_2^2-4x_1x_2$ 的矩阵为_____。

（2）矩阵 $A=\begin{pmatrix} 0 & 0 & 1 \\ 0 & 1 & 0 \\ 1 & 0 & 0 \end{pmatrix}$ 对应的二次型为_____。

（3）二次型 $(x_1,x_2)\begin{pmatrix} 1 & 3 \\ 1 & 2 \end{pmatrix}\begin{pmatrix} x_1 \\ x_2 \end{pmatrix}$ 的矩阵为_____。

（4）二次型 $f(x_1,x_2,x_3)=(x_1+x_2)^2+(x_2-x_3)^2+(x_3+x_1)^2$ 的秩是_____。

（5）二次型 $f(x_1,x_2,x_3)=a(x_1^2+x_2^2+x_3^2)+4x_1x_2+4x_1x_3+4x_2x_3$ 经正交变换 $x=Py$ 可化为标准形 $f=6y_1^2$，则 $a=$_____。

2．选择题。

（1）矩阵（　　）是二次型 $f=x_1^2+3x_2^2+6x_1x_2$ 的矩阵。

A. $\begin{pmatrix} 1 & -1 \\ -1 & 3 \end{pmatrix}$ 　　B. $\begin{pmatrix} 1 & 2 \\ 4 & 3 \end{pmatrix}$ 　　C. $\begin{pmatrix} 1 & 3 \\ 3 & 3 \end{pmatrix}$ 　　D. $\begin{pmatrix} 1 & 5 \\ 1 & 3 \end{pmatrix}$

（2）下列 $f(x,y,z)$ 为二次型的是（　　）。

A. $ax^2+by^2+cz^2$ 　　　　　　B. $ax+by^2+cz$

C. $axy+byz+cxz+dxyz$ 　　　　D. $ax^2+bxy+czx^2$

（3）下列矩阵中，不是二次型矩阵的是（　　）。

A. $\begin{pmatrix} 0 & 0 & 0 \\ 0 & 0 & 0 \\ 0 & 0 & -1 \end{pmatrix}$ 　　　　　　B. $\begin{pmatrix} 1 & 0 & 0 \\ 0 & -1 & 0 \\ 0 & 0 & 2 \end{pmatrix}$

C. $\begin{pmatrix} 3 & 0 & -2 \\ 0 & 4 & 6 \\ -2 & 6 & 5 \end{pmatrix}$ 　　　　　D. $\begin{pmatrix} 1 & 2 & 3 \\ 4 & 5 & 6 \\ 7 & 8 & 9 \end{pmatrix}$

3．用矩阵运算表示下列二次型：

（1）$f(x,y,z)=x^2+y^2-7z^2-2xy-4xz-4yz$

（2）$f(x_1,x_2,x_3,x_4)=x_1^2+x_2^2+x_3^2+x_4^2-2x_1x_2+4x_1x_3-2x_1x_4+6x_2x_3-4x_2x_4$

（3）$f(x_1,x_2,x_3)=3x_1^2+x_2^2-2x_3^2+2x_1x_2-x_1x_3+2x_2x_3$

4．用正交变换将下列二次型化为标准形，并写出所作的正交变换的矩阵。

（1）$f(x_1,x_2,x_3)=2x_1^2+6x_2^2+2x_3^2+8x_1x_3$

(2) $f(x_1,x_2,x_3)=4x_2^2-3x_3^2+4x_1x_2-4x_1x_3+8x_2x_3$

(3) $f(x_1,x_2,x_3)=x_1^2+4x_2^2+4x_3^2-4x_1x_2+4x_1x_3-8x_2x_3$

5．用配方法将下列二次型化为标准形，并写出所作的正交变换的矩阵。

（1） $f(x_1,x_2,x_3)=x_1x_2+x_1x_3$

（2） $f(x_1,x_2,x_3)=x_1^2+2x_2^2+x_3^2+2x_1x_2+2x_1x_3+4x_2x_3$

（3） $f(x_1,x_2,x_3)=2x_1^2+5x_2^2+5x_3^2+4x_1x_2-4x_1x_3-8x_2x_3$

6．设二次型 $f=ax_1^2+2x_2^2-2x_3^2+2bx_1x_3$（$b>0$），其中二次型的矩阵 A 的特征值之和为 1，特征值之积为 -12。（1）求 a 和 b 的值；（2）利用正交变换把二次型化为标准形，并写出所用的正交变换和对应的正交矩阵。

7．设二次型 $f(x_1,x_2,x_3)=x^{\mathrm{T}}Ax$ 在正交变换 $x=Qy$ 下的标准形为 $y_1^2+y_2^2$，且 Q 的第 3 列为 $\left(\dfrac{\sqrt{2}}{2},0,\dfrac{\sqrt{2}}{2}\right)^{\mathrm{T}}$，求 A。

8．求下列二次型的规范形并指出其秩和正惯性指数：

（1） $f(x_1,x_2,x_3)=x_1^2+x_2^2+x_3^2+4x_1x_2+4x_1x_3+4x_2x_3$

（2） $f(x_1,x_2,x_3)=2x_1^2+5x_2^2+5x_3^2+4x_1x_2-4x_1x_3-8x_2x_3$

（3） $f(x_1,x_2,x_3)=17x_1^2+14x_2^2+14x_3^2-4x_1x_2-4x_1x_3-8x_2x_3$

5.2　正定二次型与正定矩阵

5.2.1　基本概念

正定二次型
与正定矩阵

实二次型 $f(x)=x^{\mathrm{T}}Ax$ 是关于 $x_1,x_2,\cdots,x_n$ 的二次齐次多项式函数，当 $x=0$ 时，$f(x)=0$，任取 $x\neq0$ 时，$f(x)$ 是一个实数，实二次型的正定性主要讨论的是任取 $x\neq0$，$f(x)=x^{\mathrm{T}}Ax$ 是否恒取正值的问题，这在多元函数极值点的判别和最优化等问题中有着广泛的应用。

定义 1（正定二次型、负定二次型、半正定二次型、半负定二次型、不定二次型）

如果实二次型 $f(x_1,x_2,\ldots,x_n)$ 对任意一组不全为 0 的实数 c_1，c_2，$\cdots$，c_n 都有 $f(c_1,c_2,\ldots,c_n)>0$，则称二次型 f 为正定二次型，二次型的矩阵 A 为正定矩阵；如果有 $f(c_1,c_2,\ldots,c_n)<0$，则称二次型 f 为负定二次型，二次型的矩阵 A 为负定矩阵；如果有 $f(c_1,c_2,\ldots,c_n)\geqslant0$，则称二次型 f 为半正定二次型，二次型的矩阵 A 为半正定矩阵；如果有 $f(c_1,c_2,\ldots,c_n)\leqslant0$，则称二次型 f 为半负定二次型，二次型的矩阵 A 为半负定矩阵；如果既不是半正定也不是半负定，则称二次型 f 为不定二次型。

例 1　利用定义 1 判断二次型 $f(x_1,x_2,x_3)=x_1^2+5x_2^2+2x_3^2-4x_1x_2+2x_2x_3$ 是否为正定二次型。

解：利用配方法得 $f(x_1,x_2,x_3)=(x_1-2x_2)^2+(x_2+x_3)^2+x_3^2$，而 $f(x_1,x_2,x_3)=0$ 的充要条件是

$$\begin{cases} x_1 - 2x_2 = 0 \\ x_2 + x_3 = 0 \\ x_3 = 0 \end{cases}$$

解得 $x_1 = x_2 = x_3 = 0$。故当 $(x_1, x_2, x_3) \neq (0,0,0)$ 时，$f(x_1, x_2, x_3) > 0$。因此，由定义 1 知，所给二次型 $f(x_1, x_2, x_3)$ 是正定二次型。

若二次型 $f(x_1, x_2, \ldots, x_n)$ 可表示为

$$\begin{aligned} f(x_1, x_2, \ldots, x_n) &= (a_{11}x_1 + a_{12}x_2 + a_{13}x_3 + \cdots + a_{1n}x_n)^2 \\ &+ (a_{21}x_1 + a_{22}x_2 + a_{23}x_3 + \cdots + a_{2n}x_n)^2 \\ &+ \cdots + (a_{n1}x_1 + a_{n2}x_2 + a_{n3}x_3 + \cdots + a_{nn}x_n)^2 \end{aligned}$$

则 $f(x_1, x_2, \ldots, x_n)$ 是正定二次型的充要条件是齐次线性方程组

$$\begin{cases} a_{11}x_1 + a_{12}x_2 + \cdots + a_{1n}x_n = 0 \\ a_{21}x_1 + a_{22}x_2 + \cdots + a_{2n}x_n = 0 \\ \vdots \\ a_{n1}x_1 + a_{n2}x_2 + \cdots + a_{nn}x_n = 0 \end{cases}$$

仅有零解，即其行列式

$$\begin{vmatrix} a_{11} & a_{12} & \cdots & a_{1n} \\ a_{21} & a_{22} & \cdots & a_{2n} \\ \vdots & \vdots & & \vdots \\ a_{n1} & a_{n2} & \cdots & a_{nn} \end{vmatrix} \neq 0$$

5.2.2　正定二次型的判定

正定二次型在许多领域有着重要的应用，因此在二次型中占有特殊的地位。下面介绍相关的判别方法。

定理 1　（1）实二次型 $f(x_1, x_2, \ldots, x_n)$ 为正定二次型的充要条件是其标准形为

$$f(x_1, x_2, \ldots, x_n) = d_1 x_1^2 + d_2 x_2^2 + \cdots + d_n x_n^2 \quad (d_i > 0, \ i = 1, 2, \cdots, n)$$

（2）实二次型 $f(x_1, x_2, \ldots, x_n)$ 为正定二次型的充要条件是其正惯性指数为 n。

推论 1　n 元实二次型 $f(x_1, x_2, \cdots, x_n) = x^T A x$ 正定的充要条件是 A 的全部特征值为正。

定义 2　如果实二次型 $f(x) = x^T A x$ 是正定的，则称实对称矩阵 A 是正定矩阵。

定理 2　实对称矩阵是正定的充要条件是它与单位矩阵合同。

推论 2　正定矩阵的行列式大于 0。

例 2　设矩阵 $A = \begin{pmatrix} 1 & 0 & 1 \\ 0 & 2 & 0 \\ 1 & 0 & 1 \end{pmatrix}$，$B = (kE + A)^2$，其中 k 为实数，E 为单位矩阵，问 k 为何值时 B 为正定矩阵。

解：由

$$|\lambda E - A| = \begin{vmatrix} \lambda-1 & 0 & -1 \\ 0 & \lambda-2 & 0 \\ -1 & 0 & \lambda-1 \end{vmatrix} = \lambda(\lambda-2)^2 = 0$$

得 A 的特征值为 $\lambda_1 = 0$，$\lambda_2 = \lambda_3 = 2$，从而得 $B = (kE + A)^2$ 的特征值为

$$\lambda_1' = k^2, \quad \lambda_2' = \lambda_3' = (k+2)^2$$

又

$$B^{\mathrm{T}} = \left[(kE + A)^2\right]^{\mathrm{T}} = (kE + A^{\mathrm{T}})^2 = (kE + A)^2 = B$$

所以 B 为实对称矩阵。因此，若 B 为正定矩阵，必有 $k^2 > 0$，$(k+2)^2 > 0$，即 $k \neq 0$ 且 $k \neq -2$。

例 3　设 A 为正定矩阵，证明 $|A + E| > 1$。

证明：设 A 的特征值为 $\lambda_1, \lambda_2, \cdots, \lambda_n$，$A + E$ 的特征值为 $\lambda_1 + 1, \lambda_2 + 1, \cdots, \lambda_n + 1$。由于 A 为正定矩阵，则必有 $\lambda_1 > 0$，$\lambda_2 > 0$，$\cdots$，$\lambda_n > 0$，也有 $\lambda_1 + 1 > 1$，$\lambda_2 + 1 > 1$，$\cdots$，$\lambda_n + 1 > 1$，因此

$$|A + E| = (\lambda_1 + 1)(\lambda_2 + 1)\cdots(\lambda_n + 1) > 1$$

上面的例子表明，实对称矩阵 A 的正定性与 A 的行列式值有关，下面来讨论这个问题。

定义 3（顺序主子式）

设 $A = \begin{pmatrix} a_{11} & a_{12} & \cdots & a_{1n} \\ a_{21} & a_{22} & \cdots & a_{2n} \\ \vdots & \vdots & & \vdots \\ a_{n1} & a_{n2} & \cdots & a_{nn} \end{pmatrix}$ 为 n 阶方阵，称子式 $P_k = \begin{vmatrix} a_{11} & a_{12} & \cdots & a_{1k} \\ a_{21} & a_{22} & \cdots & a_{2k} \\ \vdots & \vdots & & \vdots \\ a_{k1} & a_{k2} & \cdots & a_{kk} \end{vmatrix}$（$k = 1, 2, \cdots, n$）

为矩阵 $A = (a_{ij})_{n \times n}$ 的 k 阶顺序主子式。

定理 3　实二次型 $f(x_1, x_2, \cdots, x_n) = x^{\mathrm{T}} A x$ 正定的充要条件是矩阵 A 的各阶顺序主子式全大于 0。

推论 3　若对称矩阵 A 为正定矩阵，则其主对角线元素 a_{ii}（$i = 1, 2, \cdots, n$）均为正。

例 4　判定二次型 $f(x_1, x_2, x_3) = x_1^2 - 2x_1x_2 + 3x_2^2 - 2x_2x_3 + 4x_3^2$ 是否为正定二次型。

解：二次型的矩阵

$$A = \begin{pmatrix} 1 & -1 & 0 \\ -1 & 3 & -1 \\ 0 & -1 & 4 \end{pmatrix}$$

由于

$$P_1 = 1 > 0, \quad P_2 = \begin{vmatrix} 1 & -1 \\ -1 & 3 \end{vmatrix} = 2 > 0, \quad P_3 = \begin{vmatrix} 1 & -1 & 0 \\ -1 & 3 & -1 \\ 0 & -1 & 4 \end{vmatrix} = 7 > 0$$

故二次型 f 是正定二次型。

例 4 的 Maple 源程序如下：

```
>#example4
>with(linalg):with(LinearAlgebra):
```

```
>A:=matrix(3,3,[1,-1,0,-1,3,-1,0,-1,4]):
>definite(A,'positive_def');
```
   true

例 5 判定二次型 $f(x_1, x_2, x_3) = -2x_1^2 - 3x_2^2 - 4x_3^2 + 2x_1x_2 + 2x_2x_3$ 的正定性。

解: 二次型的矩阵

$$A = \begin{pmatrix} -2 & 1 & 0 \\ 1 & -3 & 1 \\ 0 & 1 & -4 \end{pmatrix}$$

由于

$$P_1 = -2 < 0, \quad P_2 = \begin{vmatrix} -2 & 1 \\ 1 & -3 \end{vmatrix} = 5 > 0, \quad P_3 = \begin{vmatrix} -2 & 1 & 0 \\ 1 & -3 & 1 \\ 0 & 1 & -4 \end{vmatrix} = -18 < 0$$

所以二次型 f 不是正定二次型。

例 5 的 Maple 源程序如下:
```
>#example5
>restart:with(linalg):with(LinearAlgebra):
>A:=matrix(3,3,[-2,1,0,1,-3,1,0,1,-4]):
>definite(A,'positive_def');
```
   false

例 6 设二次曲面的方程为 $x^2 + (2+k)y^2 + kz^2 + 2xy - 2xz - yz = 4$,问参数 k 为何值时该曲面表示椭球面?

解: 如果该曲面为椭球面,则二次型 $f = x^2 + (2+k)y^2 + kz^2 + 2xy - 2xz - yz$ 的标准形的所有系数全为正,故二次型应为正定二次型,即 f 的矩阵

$$A = \begin{pmatrix} 1 & 1 & -1 \\ 1 & 2+k & -\dfrac{1}{2} \\ -1 & -\dfrac{1}{2} & k \end{pmatrix}$$

为正定矩阵,故 A 的所有顺序主子式大于 0,即

$$P_1 = 1 > 0, \quad P_2 = \begin{vmatrix} 1 & 1 \\ 1 & 2+k \end{vmatrix} = 1+k > 0, \quad P_3 = \begin{vmatrix} 1 & 1 & -1 \\ 1 & 2+k & -\dfrac{1}{2} \\ -1 & -\dfrac{1}{2} & k \end{vmatrix} = k^2 - \frac{5}{4} > 0$$

故有 $k > \dfrac{\sqrt{5}}{2}$。于是,当 $k > \dfrac{\sqrt{5}}{2}$ 时,二次曲面 $f=4$ 为椭球面。

对于半正定二次型、半负定二次型,分别有下列判别定理。

定理 4 给定 n 元实二次型 $f(x_1, x_2, \cdots, x_n) = x^{\mathrm{T}}Ax$,下列陈述等价:

(1) $f(x_1, x_2, \cdots, x_n) = x^{\mathrm{T}}Ax$ 是半正定的。

（2）A 的正惯性指数与其秩相等。

（3）A 的特征值非负，且至少有一个为 0。

（4）存在非满秩矩阵 C，使得 $A = C^T C$。

（5）A 的所有主子式非负，且至少有一个等于 0。

定理 5　给定 n 元实二次型 $f(x_1, x_2, \ldots, x_n) = x^T A x$，下列陈述等价：

（1）$f(x_1, x_2, \ldots, x_n) = x^T A x$ 是负定的。

（2）A 的负惯性指数等于其秩。

（3）A 的所有特征值为负。

（4）A 的所有顺序主子式 P_i 满足 $(-1)^i P_i > 0$（$i = 1, 2, \cdots, n$）。

习题 5.2

1. 选择题。

（1）n 阶对称矩阵 A 正定的充要条件是（　　）。

  A．$|A| > 0$ B．存在矩阵 C，使 $A = C^T C$

  C．负惯性指数为 0   D．各阶顺序主子式为正

（2）方阵 A 不是正定的充要条件是（　　）。

  A．A 的各阶顺序主子式为正   B．A^{-1} 是正定矩阵

  C．A 的所有特征值均大于 0   D．AA^T 是正定矩阵

（3）正定二次型 $f(x_1, x_2, x_3, x_4)$ 的矩阵为 A，则（　　）必成立。

  A．A 的所有顺序主子式为非负数

  B．A 的所有特征值为非负数

  C．A 的所有顺序主子式大于 0

  D．A 的所有特征值互不相同

（4）下列矩阵中是正定矩阵的是（　　）。

  A．$\begin{pmatrix} 2 & 3 \\ 3 & 4 \end{pmatrix}$ B．$\begin{pmatrix} 3 & 4 \\ 2 & 6 \end{pmatrix}$

  C．$\begin{pmatrix} 1 & 0 & 0 \\ 0 & 2 & -3 \\ 0 & -3 & 5 \end{pmatrix}$ D．$\begin{pmatrix} 1 & 1 & 1 \\ 1 & 2 & 0 \\ 1 & 0 & 2 \end{pmatrix}$

（5）已知 A 是一个三阶实对称且正定的矩阵，那么 A 的特征值可能是（　　）。

  A．3，i，-1   B．2，-1，3

  C．2，i，4   D．1，3，4

2. 判断下列二次型的正定性：

（1）$f(x_1, x_2, x_3) = -2x_1^2 - 6x_2^2 - 4x_3^2 + 2x_1 x_2 + 2x_1 x_3$

（2）$f(x_1, x_2, x_3) = x_1^2 + 3x_2^2 + 9x_3^2 - 2x_1 x_2 + 4x_1 x_3$

3. 求参数 a 的范围使 $f(x_1,x_2,x_3) = x_1^2 + x_2^2 + 5x_3^2 + 2ax_1x_2 - 2x_1x_3 + 4x_2x_3$ 为正定二次型。

4. 当 t 为何值时二次型 $f(x_1,x_2,x_3) = x_1^2 + 2x_2^2 + 3x_3^2 + 2x_1x_2 - 2x_1x_3 + 2tx_2x_3$ 正定。

5. 设二次型 $f(x_1,x_2,x_3) = x_1^2 + 4x_2^2 + 2x_3^2 + 2tx_1x_2 + 2x_1x_3$ 为正定二次型，求 t 的范围。

6. 如果 A 和 B 都是 n 阶正定矩阵，证明 $A+B$ 也是正定矩阵。

7. 求证：若 A 是 n 阶可逆矩阵，则 $A^\mathrm{T}A$ 是正定矩阵。

第6章 线性空间与线性变换

通过以前的学习我们已经知道，三维几何空间 $\mathbb{R}^3$、n 维向量的集合 $\mathbb{C}^n$、$m \times n$ 矩阵的集合 $\mathbb{C}^{m \times n}$ 等代数系统，其基础都是对加法与数乘运算封闭并且满足一些运算规律。这些代数系统各自定义了相应的线性运算，虽然这些运算与数的代数运算有所不同，但都可以像数那样去运算，并且满足与数大体相同的运算规律。现在要讨论一种新的代数系统，称为线性空间，它的代数运算及其运算规律与数域有关。不同的是，应将熟悉的许多研究对象的具体属性先舍弃，只考虑这些对象可以进行的"线性运算"及其共有的运算规律，从中抽象出线性空间的概念，然后讨论它的一般性基础理论。线性空间已成为近代数学中最基本的概念之一，它的理论和方法已渗透到自然科学、工程技术、经济管理等各个领域。

6.1 线性空间及其性质

线性空间及其性质

6.1.1 线性空间的定义

定义 1（数域） 设 P 是包含 0 和 1 的数集，如果 P 中任意两个数的和、差、积、商（除数不为 0）均在 P 内，则称 P 为一个数域。

显然有理数集 $\mathbb{Q}$、实数集 $\mathbb{R}$ 和复数集 $\mathbb{C}$ 都是数域。

定义 2（线性空间） 设 V 是一个非空集合，且 V 上定义一个二元加法运算" $\oplus$ "（$V \times V \to V$），又设 P 为数域，V 中的元素与 P 中的元素定义数乘运算" $\otimes$ "（$P \times V \to V$），且" $\oplus$ "和" $\otimes$ "满足以下性质：

(1) 加法交换律：对于任意 $\alpha, \beta \in V$，有 $\alpha \oplus \beta = \beta \oplus \alpha$。

(2) 加法结合律：对于任意 $\alpha, \beta, \gamma \in V$，有 $(\alpha \oplus \beta) \oplus \gamma = \alpha \oplus (\beta \oplus \gamma)$。

(3) 存在"零元"：即存在 $0 \in V$，对于任意 $\alpha \in V$，有 $\alpha \oplus 0 = \alpha$。

(4) 存在负元：即对于任意 $\alpha \in V$，存在 $\beta \in V$，有 $\alpha \oplus \beta = 0$，称 β 是 α 的一个负元。

(5) "1律"：$1 \otimes \alpha = \alpha$。

(6) 数乘结合律：对于任意 $l, k \in P$，$\alpha \in V$，有 $(kl) \otimes \alpha = k \otimes (l \otimes \alpha) = l \otimes (k \otimes \alpha)$。

(7) 分配律：对于任意 $l, k \in P$，$\alpha \in V$，有 $(k + l) \otimes \alpha = (k \otimes \alpha) \oplus (l \otimes \alpha)$。

(8) 分配律：对于任意 $k \in P$，$\alpha, \beta \in V$，有 $k \otimes (\alpha \oplus \beta) = (k \otimes \alpha) \oplus (k \otimes \beta)$。

则称 V 为 P 上的一个线性空间。

凡满足上述 8 条规律的加法及数乘运算统称为线性运算；凡定义了线性运算的集合，就称为线性空间。线性空间中的元素称为向量，也把线性空间称为向量空间。当数域 P 为实数域 $\mathbb{R}$ 时，称线性空间为实线性空间；当数域 P 为复数域 $\mathbb{C}$ 时，称线性空间为复线性空间。

在第 3 章中，我们把有序数组称为向量，并对它定义了加法和数乘运算，容易验证这些运算满足上述 8 条规律，把对于这些运算为封闭的有序数组的集合称为向量空间。显然，那些只是现在定义的特殊情形。比较起来，现在的定义有了很大的推广：

（1）向量不一定是有序数组。

（2）向量空间中的运算只要求满足上述 8 条运算规律，当然也就不一定是有序数组的加法及数乘运算。

例 1　全体正实数 $\mathbb{R}^+$，关于加法"$\oplus$" $a\oplus b=ab$ 和数乘"$\otimes$" $k\otimes a=a^k$ 为实数域 $\mathbb{R}$ 上的线性空间。

证明：验证对定义的加法和数乘运算封闭。

对加法封闭：对任意的 $a,b\in\mathbb{R}^+$，有 $a\oplus b=ab\in\mathbb{R}^+$。

对数乘封闭：对任意的 $k\in\mathbb{R}$，$a\in\mathbb{R}^+$，有 $k\otimes a=a^k\in\mathbb{R}^+$。

下面验证定义的运算是线性运算。

（1）$a\oplus b=ab=ba=b\oplus a$。

（2）$(a\oplus b)\oplus c=(ab)\oplus c=(ab)c=a(bc)=a\oplus(b\oplus c)$。

（3）在 $\mathbb{R}^+$ 中存在零元素 1，对于任何 $a\in\mathbb{R}^+$，都有 $a\oplus 1=a\cdot 1=a$。

（4）对于任何 $a\in\mathbb{R}^+$，都有 a 的负元素 $a^{-1}\in\mathbb{R}^+$，使得 $a\oplus a^{-1}=a\cdot a^{-1}=1$。

（5）$1\otimes a=a^1=a$。

（6）$(kl)\otimes a=a^{kl}=(a^l)^k=k\otimes(a^l)=k\otimes(l\otimes a)$。

（7）$(k+l)\otimes a=a^{k+l}=a^k a^l=(k\otimes a)\oplus(l\otimes a)$。

（8）$k\otimes(a\oplus b)=(ab)^k=a^k b^k=(k\otimes a)\oplus(k\otimes b)$。

因此，$\mathbb{R}^+$ 对于所定义的加法和数乘运算在数域 $\mathbb{R}$ 上构成线性空间。

证毕。

例 2　全体 n 维实向量依照向量的加法和向量与实数的数乘构成实线性空间，称为 n 维实向量空间，记为 $\mathbb{R}^n$。

例 3　设 $\mathbb{R}^{m\times n}$ 为所有 $m\times n$ 阶实矩阵构成的集合，对于矩阵的加法运算及任意实数与矩阵的数乘运算构成实数域上的线性空间，称为矩阵空间。

例 4　设 $\mathbb{R}[x]_n$ 表示系数为实数域 $\mathbb{R}$ 上次数小于 n 的多项式集合，在通常的多项式加法和实数与多项式乘法的运算下，构成一个实数域 $\mathbb{R}$ 上的线性空间。

例 5　全体实函数，按照函数加法以及函数与实数的乘法，构成一个实数域上的线性空间。

例 6　n 个有序实数组成的数组的全体 $S^n=\{x=(x_1,x_2,\cdots,x_n)^{\mathrm{T}}\mid x_1,x_2,\cdots,\ x_n\in\mathbb{R}\}$ 对于通常的有序数组的加法及定义的乘法 $k\circ(x_1,x_2,\cdots,x_n)^{\mathrm{T}}=(0,0,\cdots,0)^{\mathrm{T}}$ 不构成线性空间。

证明：可以验证 S^n 对运算封闭，但因 $1\circ(x_1,x_2,\cdots,x_n)^{\mathrm{T}}=(0,0,\cdots,0)^{\mathrm{T}}$ 不满足运算规律（5），即所定义的运算不是线性运算，所以 S^n 不是线性空间。

证毕。

S^n 与 $\mathbb{R}^n$ 作为集合是一样的，但由于在其中定义的运算不同，以致 $\mathbb{R}^n$ 构成线性空间，而 S^n

不是线性空间。由此可见，线性空间是集合与运算二者的结合。一般来说，同一集合，若定义不同的线性运算，则构成不同的线性空间；若定义的运算不是线性运算，则不构成线性空间。

6.1.2 线性空间的性质

性质 1 线性空间 V 的零元素是唯一的。

证明： 设 0_1 和 0_2 是 V 的两个零元素，则

$$0_1 = 0_1 + 0_2 = 0_2 + 0_1 = 0_2$$

证毕。

性质 2 线性空间 V 中任一元素的负元素是唯一的。

证明： 设 V 的元素 α 有两个负元素 β 和 γ，即

$$\alpha + \beta = 0 , \quad \alpha + \gamma = 0$$

于是

$$\beta = \beta + 0 = \beta + (\alpha + \gamma) = (\beta + \alpha) + \gamma = 0 + \gamma = \gamma$$

证毕。

由于负向量的唯一性，我们可以将 α 的负向量记为 $-\alpha$。

性质 3 $0\alpha = 0$，$(-1)\alpha = -\alpha$，$k0 = 0$。

证明： 因为

$$\alpha + 0\alpha = 1\alpha + 0\alpha = (1+0)\alpha = 1\alpha = \alpha$$

所以 $0\alpha = 0$，而

$$\alpha + (-1)\alpha = 1\alpha + (-1)\alpha = \left[1 + (-1)\right]\alpha = 0\alpha = 0$$

于是 $(-1)\alpha = -\alpha$，又由于

$$k0 = k\left[\alpha + (-1)\alpha\right] = k\alpha + (-k)\alpha = \left[k + (-k)\right]\alpha = 0\alpha = 0$$

即 $k0 = 0$。

证毕。

性质 4 若 $k\alpha = 0$，则有 $k = 0$ 或 $\alpha = 0$。

证明： 假设 $k \neq 0$，则

$$k^{-1}(k\alpha) = k^{-1}0 = 0$$

另一方面，有

$$k^{-1}(k\alpha) = (k^{-1}k)\alpha = 1\alpha = \alpha$$

即有 $\alpha = 0$。

证毕。

习题 6.1

1. 验证以下集合对于矩阵的加法和数乘运算构成线性空间：

（1）n 阶矩阵的全体 M_n。

（2）n 阶对称矩阵的全体 S_n。

（3）n 阶反对称矩阵的全体 T_n。

2．验证：与向量 $(0,0,1)^{\mathrm{T}}$ 不平行的全体三维向量，对于向量的加法和数乘运算不构成线性空间。

3．检验以下集合对于所指定的加法和数乘运算是否构成线性空间：

（1）数域 P 上全体 n 阶下三角矩阵构成的集合，对于矩阵的加法和数乘运算。

（2）数域 P 上全体 n 阶对角矩阵构成的集合，对于矩阵的加法和数乘运算。

（3）数域 P 上全体 n 阶可逆矩阵构成的集合，对于矩阵的加法和数乘运算。

（4）设 λ_0 是 n 阶方阵 A 的一个特征值，A 对应于 λ_0 的所有特征向量构成的集合，对于向量的加法和数乘运算。

（5）微分方程 $y'' - 6y' + 5y = 0$ 的所有解构成的集合，对于函数加法和数乘运算。

6.2　线性空间的基与坐标

线性空间的
基与坐标

6.2.1　基与坐标的定义

在线性空间中同样可以引入线性组合、线性相关性、极大线性无关组等概念，并得到与向量空间中类似的结论。在此基础上可以定义线性空间的基与坐标等概念。

定义 1（线性空间的基）　V 是数域 P 上的线性空间，$\alpha_1, \alpha_2, \cdots, \alpha_n$（$n \geqslant 1$）是 V 的任意 n 个向量，如果满足

（1）$\alpha_1, \alpha_2, \cdots, \alpha_n$ 线性无关。

（2）V 中的任一向量都可由 $\alpha_1, \alpha_2, \cdots, \alpha_n$ 线性表示。

则称 $\alpha_1, \alpha_2, \cdots, \alpha_n$ 为 V 的一个基，称 α_i（$i = 1, \cdots, n$）为基向量，n 称为 V 的维数，记为 $\dim V = n$。维数为 n 的线性空间称为 n 维线性空间，记为 V^n。当 $n = +\infty$ 时，称线性空间为无限维线性空间。

注：线性空间的基不唯一。如 $\mathbb{R}^n$ 中有基

$$\alpha_1 = (1,0,\cdots,0)^{\mathrm{T}}, \quad \alpha_2 = (0,1,\cdots,0)^{\mathrm{T}}, \quad \cdots, \quad \alpha_n = (0,0,\cdots,1)^{\mathrm{T}}$$

还有

$$\beta_1 = (1,1,\cdots,1)^{\mathrm{T}}, \quad \beta_2 = (0,1,\cdots,1)^{\mathrm{T}}, \quad \cdots, \quad \beta_n = (0,0,\cdots,1)^{\mathrm{T}}$$

定理 1　若 $\alpha_1, \alpha_2, \cdots, \alpha_n$ 是线性空间 V^n 的一个基，且 $\alpha \in V^n$，则 α 可唯一表示成 $\alpha_1, \alpha_2, \cdots, \alpha_n$ 的线性组合。

证明：假设 α 在 $\alpha_1, \alpha_2, \cdots, \alpha_n$ 下有两种线性组合，分别为

$$\alpha = x_1\alpha_1 + x_2\alpha_2 + \cdots + x_n\alpha_n, \quad \alpha = y_1\alpha_1 + y_2\alpha_2 + \cdots + y_n\alpha_n$$

则

$$(x_1 - y_1)\alpha_1 + (x_2 - y_2)\alpha_2 + \cdots + (x_n - y_n)\alpha_n = 0$$

由于 $\alpha_1, \alpha_2, \cdots, \alpha_n$ 为 V^n 的一个基，则

$$x_1 - y_1 = 0, \cdots, x_n - y_n = 0$$

故 α 可唯一表示成 $\alpha_1, \alpha_2, \cdots, \alpha_n$ 的线性组合。

反之，任给一组有序数组 $x_1,x_2,\cdots,x_n$，总有唯一的元素 $\alpha\in V^n$ 可以由 $\alpha_1,\alpha_2,\cdots,\alpha_n$ 线性表示。这样，V^n 的元素 α 与有序数组 $(x_1,x_2,\cdots,x_n)^{\mathrm{T}}$ 之间存在着一种一一对应关系，因此可以用该有序数组来表示元素 α。

证毕。

定义 2（向量在一组基下的坐标） 设 $\alpha_1,\alpha_2,\cdots,\alpha_n$ 是线性空间 V^n 的一个基，对于任一元素 $\alpha\in V^n$，若

$$\alpha=\sum_{i=1}^n x_i\alpha_i=x_1\alpha_1+x_2\alpha_2+\cdots+x_n\alpha_n=(\alpha_1,\alpha_2,\cdots,\alpha_n)\begin{pmatrix}x_1\\x_2\\\vdots\\x_n\end{pmatrix}$$

则称有序数组 $x_1,x_2,\cdots,x_n$ 为 α 在基 $\alpha_1,\alpha_2,\cdots,\alpha_n$ 下的坐标，记为 $(x_1,x_2,\cdots,x_n)^{\mathrm{T}}$。

例 1 在 n 维线性空间 $\mathbb{R}^n$ 中，它的一组基为

$$\alpha_1=(1,0,\cdots,0)^{\mathrm{T}},\quad \alpha_2=(0,1,\cdots,0)^{\mathrm{T}},\quad\cdots,\quad \alpha_n=(0,0,\cdots,1)^{\mathrm{T}}$$

对于任一向量 $\alpha=(x_1,x_2,\cdots,x_n)^{\mathrm{T}}\in\mathbb{R}^n$，有

$$\alpha=x_1\alpha_1+x_2\alpha_2+\cdots+x_n\alpha_n$$

所以向量 α 在基 $\alpha_1,\alpha_2,\cdots,\alpha_n$ 下的坐标为 $(x_1,x_2,\cdots,x_n)^{\mathrm{T}}$。

而在 $\mathbb{R}^n$ 取另一组基

$$\beta_1=(1,1,\cdots,1)^{\mathrm{T}},\quad \beta_2=(0,1,\cdots,1)^{\mathrm{T}},\quad\cdots,\quad \beta_n=(0,0,\cdots,1)^{\mathrm{T}}$$

向量 α 可以表示为

$$\alpha=x_1\beta_1+(x_2-x_1)\beta_2+\cdots+(x_n-x_{n-1})\beta_n$$

向量 α 在基 $\beta_1,\beta_2,\cdots,\beta_n$ 下的坐标为 $(x_1,x_2-x_1,\cdots,x_n-x_{n-1})^{\mathrm{T}}$。

例 2 次数小于 n 的实系数多项式构成的线性空间 $\mathbb{R}[x]_n$ 是一个 n 维线性空间，可以选取它的一组基 $\xi_1=1$，$\xi_2=x$，$\cdots$，$\xi_n=x^{n-1}$，这时对于任何一个次数小于 n 的实多项式 $f=a_0+a_1x+\cdots+a_{n-1}x^{n-1}$ 均可表示为

$$f=a_0\xi_1+a_1\xi_2+\cdots+a_{n-1}\xi_n$$

因此，它在该组基下的坐标为 $(a_0,a_1,\cdots,a_{n-1})^{\mathrm{T}}$。

如果在 $\mathbb{R}[x]_n$ 中取另一组基 $\eta_1=1$，$\eta_2=x-a$，$\cdots$，$\eta_n=(x-a)^{n-1}$，则根据 f 在 $x=a$ 处的泰勒展开式，可得 f 在基 $\eta_1,\eta_2,\cdots,\eta_n$ 下的坐标为

$$\left(f(a),f'(a),\cdots,\frac{f^{(n-1)}(a)}{(n-1)!}\right)^{\mathrm{T}}$$

6.2.2 基变换与坐标变换

在 n 维线性空间 V^n 中，任何含有 n 个向量的线性无关组都可以作为该线性空间的一组基，所以线性空间的基不唯一。因为同一向量在不同基下的坐标一般是不同的，所以需要讨论基发生改变时向量的坐标如何发生变化。

定义 3（过渡矩阵）　设 $\alpha_1,\alpha_2,\cdots,\alpha_n$ 为 V^n 的一组基，$\beta_1,\beta_2,\cdots,\beta_n$ 为 V^n 的另一组基，且两组基的关系为

$$\begin{cases} \beta_1 = c_{11}\alpha_1 + c_{21}\alpha_2 + \cdots + c_{n1}\alpha_n \\ \beta_2 = c_{12}\alpha_1 + c_{22}\alpha_2 + \cdots + c_{n2}\alpha_n \\ \qquad\qquad\qquad\vdots \\ \beta_n = c_{1n}\alpha_1 + c_{2n}\alpha_2 + \cdots + c_{nn}\alpha_n \end{cases} \qquad ①$$

即

$$(\beta_1,\beta_2,\cdots,\beta_n) = (\alpha_1,\alpha_2,\cdots,\alpha_n)C \qquad ②$$

其中，$C = \begin{pmatrix} c_{11} & c_{12} & \cdots & c_{1n} \\ c_{21} & c_{22} & \cdots & c_{2n} \\ \vdots & \vdots & & \vdots \\ c_{n1} & c_{n2} & \cdots & c_{nn} \end{pmatrix}$。式①和式②称为从基 $\alpha_1,\alpha_2,\cdots,\alpha_n$ 到基 $\beta_1,\beta_2,\cdots,\beta_n$ 的

基变换公式，矩阵 C 称为由基 $\alpha_1,\alpha_2,\cdots,\alpha_n$ 到基 $\beta_1,\beta_2,\cdots,\beta_n$ 的过渡矩阵，由于向量组 $\alpha_1,\alpha_2,\cdots,\alpha_n$ 和 $\beta_1,\beta_2,\cdots,\beta_n$ 都是线性无关的，所以过渡矩阵 C 可逆。

若 $\alpha \in V^n$，则有

$$\alpha = \sum_{i=1}^n x_i\alpha_i = \sum_{i=1}^n y_i\beta_i$$

故坐标变换为

$$\begin{pmatrix} x_1 \\ x_2 \\ \vdots \\ x_n \end{pmatrix} = C \begin{pmatrix} y_1 \\ y_2 \\ \vdots \\ y_n \end{pmatrix}, \quad \begin{pmatrix} y_1 \\ y_2 \\ \vdots \\ y_n \end{pmatrix} = C^{-1} \begin{pmatrix} x_1 \\ x_2 \\ \vdots \\ x_n \end{pmatrix}$$

例 3　已知 $\mathbb{R}^3$ 的两组基为

（I）$\alpha_1=(1,1,1)^T$，$\alpha_2=(1,1,0)^T$，$\alpha_3=(1,0,0)^T$。

（II）$\beta_1=(1,2,1)^T$，$\beta_2=(2,3,4)^T$，$\beta_3=(3,4,3)^T$。

求由基 $\alpha_1,\alpha_2,\alpha_3$ 到基 β_1,β_2,β_3 的过渡矩阵。

解：设 $(\beta_1,\beta_2,\beta_3) = (\alpha_1,\alpha_2,\alpha_3)C$，则过渡矩阵为

$$C = (\alpha_1,\alpha_2,\alpha_3)^{-1}(\beta_1,\beta_2,\beta_3) = \begin{pmatrix} 1 & 1 & 1 \\ 1 & 1 & 0 \\ 1 & 0 & 0 \end{pmatrix}^{-1} \begin{pmatrix} 1 & 2 & 3 \\ 2 & 3 & 4 \\ 1 & 4 & 3 \end{pmatrix}$$

$$= \begin{pmatrix} 0 & 0 & 1 \\ 0 & 1 & -1 \\ 1 & -1 & 0 \end{pmatrix} \begin{pmatrix} 1 & 2 & 3 \\ 2 & 3 & 4 \\ 1 & 4 & 3 \end{pmatrix} = \begin{pmatrix} 1 & 4 & 3 \\ 1 & -1 & 1 \\ -1 & -1 & -1 \end{pmatrix}$$

例 3 的 Maple 源程序如下：

```
>#example3
>with(linalg):with(LinearAlgebra):
```

```
>alpha1:=Matrix(3,1,[1,1,1]);alpha2:=Matrix(3,1,[1,1,0]);alpha3:=Matrix(3,1,[1,0,0]);
```

$$\alpha 1 := \begin{bmatrix} 1 \\ 1 \\ 1 \end{bmatrix}$$

$$\alpha 2 := \begin{bmatrix} 1 \\ 1 \\ 0 \end{bmatrix}$$

$$\alpha 3 := \begin{bmatrix} 1 \\ 0 \\ 0 \end{bmatrix}$$

```
>beta1:=Matrix(3,1,[1,2,1]);beta2:=Matrix(3,1,[2,3,4]);beta3:=Matrix(3,1,[3,4,3]);
```

$$\beta 1 := \begin{bmatrix} 1 \\ 2 \\ 1 \end{bmatrix}$$

$$\beta 2 := \begin{bmatrix} 2 \\ 3 \\ 4 \end{bmatrix}$$

$$\beta 3 := \begin{bmatrix} 3 \\ 4 \\ 3 \end{bmatrix}$$

```
>C:=multiply(inverse(concat(alpha1,alpha2,alpha3)),concat(beta1,beta2,beta3));
```

$$C := \begin{bmatrix} 1 & 4 & 3 \\ 1 & -1 & 1 \\ -1 & -1 & -1 \end{bmatrix}$$

例 4 计算矩阵空间 $\mathbb{R}^{2\times 2}$ 的基（I）到基（II）的过渡矩阵。

（I）：$A_1 = \begin{pmatrix} 1 & 0 \\ 0 & 1 \end{pmatrix}$，$A_2 = \begin{pmatrix} 1 & 0 \\ 0 & -1 \end{pmatrix}$，$A_3 = \begin{pmatrix} 0 & 1 \\ 1 & 0 \end{pmatrix}$，$A_4 = \begin{pmatrix} 0 & 1 \\ -1 & 0 \end{pmatrix}$。

（II）：$B_1 = \begin{pmatrix} 1 & 1 \\ 1 & 1 \end{pmatrix}$，$B_2 = \begin{pmatrix} 1 & 1 \\ 1 & 0 \end{pmatrix}$，$B_3 = \begin{pmatrix} 1 & 1 \\ 0 & 0 \end{pmatrix}$，$B_4 = \begin{pmatrix} 1 & 0 \\ 0 & 0 \end{pmatrix}$。

解： 另取 $\mathbb{R}^{2\times 2}$ 的一组基为

（III）$E_1 = \begin{pmatrix} 1 & 0 \\ 0 & 0 \end{pmatrix}$，$E_2 = \begin{pmatrix} 0 & 1 \\ 0 & 0 \end{pmatrix}$，$E_3 = \begin{pmatrix} 0 & 0 \\ 1 & 0 \end{pmatrix}$，$E_4 = \begin{pmatrix} 0 & 0 \\ 0 & 1 \end{pmatrix}$

记基（III）到基（I）的过渡矩阵为 A，基（III）到基（II）的过渡矩阵为 B，有

$$(A_1,A_2,A_3,A_4) = (E_1,E_2,E_3,E_4)A, \quad (B_1,B_2,B_3,B_4) = (E_1,E_2,E_3,E_4)B$$

其中：

$$A = \begin{pmatrix} 1 & 1 & 0 & 0 \\ 0 & 0 & 1 & 1 \\ 0 & 0 & 1 & -1 \\ 1 & -1 & 0 & 0 \end{pmatrix}, \quad B = \begin{pmatrix} 1 & 1 & 1 & 1 \\ 1 & 1 & 1 & 0 \\ 1 & 1 & 0 & 0 \\ 1 & 0 & 0 & 0 \end{pmatrix}$$

设矩阵空间 $\mathbb{R}^{2\times 2}$ 的基（I）到基（II）的过渡矩阵为 C，则

$$(B_1,B_2,B_3,B_4) = (A_1,A_2,A_3,A_4)C$$

$$= (E_1,E_2,E_3,E_4)B = (A_1,A_2,A_3,A_4)A^{-1}B$$

故

$$C = A^{-1}B = \begin{pmatrix} 1 & 1 & 0 & 0 \\ 0 & 0 & 1 & 1 \\ 0 & 0 & 1 & -1 \\ 1 & -1 & 0 & 0 \end{pmatrix}^{-1} \begin{pmatrix} 1 & 1 & 1 & 1 \\ 1 & 1 & 1 & 0 \\ 1 & 1 & 0 & 0 \\ 1 & 0 & 0 & 0 \end{pmatrix} = \begin{pmatrix} 1 & 1/2 & 1/2 & 1/2 \\ 0 & 1/2 & 1/2 & 1/2 \\ 1 & 1 & 1/2 & 0 \\ 0 & 0 & 1/2 & 0 \end{pmatrix}$$

例 4 的 Maple 源程序如下：

```
>#example4
>with(linalg):with(LinearAlgebra):
>A:=Matrix(4,4,[1,1,0,0,0,0,1,1,0,0,1,1,1,1,0,0]);
B:=Matrix(4,4,[1,1,1,1,1,1,1,0,1,1,0,0,1,0,0,0]);
```

$$A := \begin{bmatrix} 1 & 1 & 0 & 0 \\ 0 & 0 & 1 & 1 \\ 0 & 0 & 1 & -1 \\ 1 & -1 & 0 & 0 \end{bmatrix}$$

$$B := \begin{bmatrix} 1 & 1 & 1 & 1 \\ 1 & 1 & 1 & 0 \\ 1 & 1 & 0 & 0 \\ 1 & 0 & 0 & 0 \end{bmatrix}$$

```
>C:=multiply(inverse(A),B);
```

$$C := \begin{bmatrix} 1 & \dfrac{1}{2} & \dfrac{1}{2} & \dfrac{1}{2} \\ 0 & \dfrac{1}{2} & \dfrac{1}{2} & \dfrac{1}{2} \\ 1 & 1 & \dfrac{1}{2} & 0 \\ 0 & 0 & \dfrac{1}{2} & 0 \end{bmatrix}$$

例 5　设线性空间 $\mathbb{R}^4$ 中的向量 α 在基 $\alpha_1, \alpha_2, \alpha_3, \alpha_4$ 下的坐标为 $(1,2,3,4)^{\mathrm{T}}$，若另一组基 $\beta_1, \beta_2, \beta_3, \beta_4$ 可以由基 $\alpha_1, \alpha_2, \alpha_3, \alpha_4$ 线性表示，且

$$\begin{cases} \beta_1 = \alpha_1 - 3\alpha_2 - 5\alpha_3 - 7\alpha_4 \\ \beta_2 = \alpha_2 - 2\alpha_3 - 3\alpha_4 \\ \beta_3 = \alpha_3 - 2\alpha_4 \\ \beta_4 = \alpha_4 \end{cases}$$

求向量 α 在基 $\beta_1, \beta_2, \beta_3, \beta_4$ 下的坐标。

解： 设从基 $\alpha_1, \alpha_2, \alpha_3, \alpha_4$ 到基 $\beta_1, \beta_2, \beta_3, \beta_4$ 的过渡矩阵为 C，则

$$(\beta_1, \beta_2, \beta_3, \beta_4) = (\alpha_1, \alpha_2, \alpha_3, \alpha_4)C$$

其中：

$$C = \begin{pmatrix} 1 & 0 & 0 & 0 \\ -3 & 1 & 0 & 0 \\ -5 & -2 & 1 & 0 \\ -7 & -3 & -2 & 1 \end{pmatrix}$$

其逆矩阵

$$C^{-1} = \begin{pmatrix} 1 & 0 & 0 & 0 \\ 3 & 1 & 0 & 0 \\ 11 & 2 & 1 & 0 \\ 38 & 7 & 2 & 1 \end{pmatrix}$$

由于向量 α 在基 $\alpha_1, \alpha_2, \alpha_3, \alpha_4$ 下的坐标为 $x = (1,2,3,4)^{\mathrm{T}}$，即

$$\alpha = (\alpha_1, \alpha_2, \alpha_3, \alpha_4)x$$

所以设 α 在基 $\beta_1, \beta_2, \beta_3, \beta_4$ 下的坐标为 y，则

$$y = C^{-1}x = (1,5,18,62)^{\mathrm{T}}$$

即

$$\alpha = \beta_1 + 5\beta_2 + 18\beta_3 + 62\beta_4$$

例 5 的 Maple 源程序如下：

```
>#example5
>with(linalg):with(LinearAlgebra):
>C:=Matrix(4,4,[1,0,0,0,-3,1,0,0,-5,-2,1,0,-7,-3,-2,1]);alpha:=Matrix(4,1,[1,2,3,4]);
```

$$C := \begin{bmatrix} 1 & 0 & 0 & 0 \\ -3 & 1 & 0 & 0 \\ -5 & -2 & 1 & 0 \\ -7 & -3 & -2 & 1 \end{bmatrix}$$

$$\alpha := \begin{bmatrix} 1 \\ 2 \\ 3 \\ 4 \end{bmatrix}$$

```
>x:=multiply(inverse(C),alpha);
```

$$x := \begin{bmatrix} 1 \\ 5 \\ 18 \\ 62 \end{bmatrix}$$

例 6 在线性空间 $\mathbb{R}[x]_3$ 中取两组基，分别为

$$\alpha_1 = 1, \quad \alpha_2 = -1 + x, \quad \alpha_3 = -1 - x + x^2$$
$$\beta_1 = 1 + x + x^2, \quad \beta_2 = x + x^2, \quad \beta_3 = x^2$$

求坐标变换公式。

解： 求出从基 $\alpha_1, \alpha_2, \alpha_3$ 到 $\beta_1, \beta_2, \beta_3$ 的过渡矩阵，另取一组基

$$\varepsilon_1 = 1, \quad \varepsilon_2 = x, \quad \varepsilon_3 = x^2$$

则

$$(\alpha_1, \alpha_2, \alpha_3) = (\varepsilon_1, \varepsilon_2, \varepsilon_3)A, \quad A = \begin{pmatrix} 1 & -1 & -1 \\ 0 & 1 & -1 \\ 0 & 0 & 1 \end{pmatrix}$$

$$(\beta_1,\beta_2,\beta_3)=(\varepsilon_1,\varepsilon_2,\varepsilon_3)B, \quad B=\begin{pmatrix}1&0&0\\1&1&0\\1&1&1\end{pmatrix}$$

于是

$$(\beta_1,\beta_2,\beta_3)=(\alpha_1,\alpha_2,\alpha_3)A^{-1}B=(\alpha_1,\alpha_2,\alpha_3)\begin{pmatrix}4&3&2\\2&2&1\\1&1&1\end{pmatrix}$$

则坐标变换公式为

$$\begin{pmatrix}x_1\\x_2\\x_3\end{pmatrix}=\begin{pmatrix}4&3&2\\2&2&1\\1&1&1\end{pmatrix}\begin{pmatrix}y_1\\y_2\\y_3\end{pmatrix}\ 或\ \begin{pmatrix}y_1\\y_2\\y_3\end{pmatrix}=\begin{pmatrix}1&-1&-1\\-1&2&0\\0&-1&2\end{pmatrix}\begin{pmatrix}x_1\\x_2\\x_3\end{pmatrix}$$

例 6 的 Maple 源程序如下：

```
>#example6
>with(linalg):with(LinearAlgebra):
>A:=Matrix(3,3,[1,-1,-1,0,1,-1,0,0,1]);
B:=Matrix(3,3,[1,0,0,1,1,0,1,1,1]);
```

$$A:=\begin{bmatrix}1&-1&-1\\0&1&-1\\0&0&1\end{bmatrix}$$

$$B:=\begin{bmatrix}1&0&0\\1&1&0\\1&1&1\end{bmatrix}$$

```
>C:=multiply(inverse(A),B);
```

$$C:=\begin{bmatrix}4&3&2\\2&2&1\\1&1&1\end{bmatrix}$$

```
>>E:=multiply(inverse(B),A);
```

$$E:=\begin{bmatrix}1&-1&-1\\-1&2&0\\0&-1&2\end{bmatrix}$$

习题 6.2

1．在线性空间 $\mathbb{R}^3$ 中，求向量 $\alpha=(1,3,0)^T$ 在基 $\alpha_1=(1,0,1)^T,\alpha_2=(0,1,0)^T,\ \alpha_3=(1,2,2)^T$ 下的坐标。

2．在线性空间 $\mathbb{R}^4$ 中，向量 α 在基 $\alpha_1,\alpha_2,\alpha_3,\alpha_4$ 下的坐标为 $(1,0,2,2)^T$，若另一组基 $\beta_1,\beta_2,\beta_3,\beta_4$ 可以由基 $\alpha_1,\alpha_2,\alpha_3,\alpha_4$ 表示，且

$$\begin{cases}\beta_1=\alpha_1+\alpha_2+\alpha_4\\\beta_2=2\alpha_1+\alpha_2+3\alpha_3+\alpha_4\\\beta_3=\alpha_1+\alpha_2\\\beta_4=\alpha_2-\alpha_3-\alpha_4\end{cases}$$

（1）写出基 $\alpha_1,\alpha_2,\alpha_3,\alpha_4$ 到基 $\beta_1,\beta_2,\beta_3,\beta_4$ 的过渡矩阵。

（2）求向量 α 在基 $\beta_1,\beta_2,\beta_3,\beta_4$ 下的坐标。

3．在线性空间 $\mathbb{R}^3$ 中，取两个基：

$$\alpha_1=(1,1,1)^T,\quad \alpha_2=(1,1,0)^T,\quad \alpha_3=(1,0,0)^T$$

$$\beta_1=(1,0,1)^T,\quad \beta_2=(0,1,1)^T,\quad \beta_3=(1,1,0)^T$$

（1）求从基 $\alpha_1,\alpha_2,\alpha_3$ 到基 β_1,β_2,β_3 的过渡矩阵。

（2）试确定一个向量，使它在这两组基下具有相同的坐标。

4．线性空间 $\mathbb{R}[x]_4$ 中的两组基分别为：

$$\alpha_1=1,\quad \alpha_2=x,\quad \alpha_3=x^2,\quad \alpha_4=x^3$$

$$\beta_1=1,\quad \beta_2=1+x,\quad \beta_3=1+x+x^2,\quad \beta_4=1+x+x^2+x^3$$

（1）求由前一组基到后一组基的坐标变换公式。

（2）求多项式 $1+2x+3x^2+3x^3$ 在后一组基下的坐标。

（3）若多项式 $p(x)$ 在后一组基下的坐标为 $(1,2,3,4)^T$，求它在前一组基下的坐标。

5．在线性空间 $\mathbb{R}^{2\times2}$ 中，设有两组基

（Ⅰ）：$A_1=\begin{pmatrix}1&0\\0&1\end{pmatrix},\quad A_2=\begin{pmatrix}0&1\\1&0\end{pmatrix},\quad A_3=\begin{pmatrix}0&0\\1&0\end{pmatrix},\quad A_4=\begin{pmatrix}0&0\\0&1\end{pmatrix}$

（Ⅱ）：$B_1=\begin{pmatrix}1&1\\1&1\end{pmatrix},\quad B_2=\begin{pmatrix}1&1\\1&0\end{pmatrix},\quad B_3=\begin{pmatrix}1&1\\0&0\end{pmatrix},\quad B_4=\begin{pmatrix}1&0\\0&0\end{pmatrix}$

（1）求基（Ⅰ）到基（Ⅱ）的过渡矩阵。

（2）分别求出矩阵 $A=\begin{pmatrix}1&2\\3&4\end{pmatrix}$ 在基（Ⅰ）、基（Ⅱ）下的坐标。

6.3　线性变换及其运算

6.3.1　线性变换的定义

线性变换的定义

定义1（映射）　设有两个非空集合 A、B，若对 A 中任一元素 α，按照一定规则，总有 B 中一个确定的元素 β 和它对应，则这个对应法则被称为从集合 A 到集合 B 的映射，记作 T，并记 $\beta=\mathrm{T}(\alpha)$ 或 $\beta=\mathrm{T}\alpha$（$\alpha\in A$）。

设 $\alpha\in A$，$\mathrm{T}(\alpha)=\beta$，则说映射 T 把元素 α 变为元素 β，β 称为 α 在映射 T 下的像，α 称为 β 在映射 T 下的原像，A 称为映射的原像集，像的全体构成的集合称为像集，记作 $\mathrm{T}(A)$，即 $\mathrm{T}(A)=\{\mathrm{T}(\alpha)|\alpha\in A\}$，显然 $\mathrm{T}(A)\subset B$。

定义2（线性变换）　线性空间 V 到自身的映射通常称为 V 的一个变换。如果对于线性空间 V 中任意的元素 α，β 和数域 P 中任意数 k，变换 T 都满足 $\mathrm{T}(\alpha+\beta)=\mathrm{T}(\alpha)+\mathrm{T}(\beta)$，$\mathrm{T}(k\alpha)=k\mathrm{T}(\alpha)$，则称 T 为 V 上的一个线性变换。

例1　线性空间 V 中有恒等变换（或称单位变换）E：$\mathrm{E}(\alpha)=\alpha$，$\alpha\in V$ 是线性变换。

证明：设 $\alpha,\beta\in V$，$k\in P$，则有 $\mathrm{E}(\alpha+\beta)=\alpha+\beta=\mathrm{E}(\alpha)+\mathrm{E}(\beta)$，$\mathrm{E}(k\alpha)=k\alpha=k\mathrm{E}(\alpha)$，所以恒等变换 E 是线性变换。

证毕。

例 2　线性空间 V 中的零变换 0：$0(\alpha)=0$ 是线性变换。

证明：设 $\alpha,\beta\in V$，$k\in P$，则有
$$0(\alpha+\beta)=0=0+0=0(\alpha)+0(\beta),\quad 0(k\alpha)=0=k0=k0(\alpha)$$
所以零变换 0 是线性变换。

证毕。

例 3　定义在闭区间 $[a,b]$ 上的所有实连续函数的集合 $C[a,b]$ 按照通常的加法和数乘构成 $\mathbb{R}$ 上的一个线性空间，对函数求积分是变换，将其记为 J。在此变换下 $C[a,b]$ 中任意向量 $f(x)$ 的像为 $J(f(x))=\displaystyle\int_a^x f(t)\mathrm{d}t$，由积分法则知：
$$J(f(x)+g(x))=J(f(x))+J(g(x))$$
$$J(kf(x))=kJ(f(x))$$
故 J 是 $C[a,b]$ 上的线性变换。

定理 1　设 T 为 V 上的线性变换，则：

（1）$\mathrm{T}(0)=0$。

（2）$\mathrm{T}(-\alpha)=-\mathrm{T}(\alpha)$。

（3）线性变换保持线性组合与线性关系式不变，即
$$\mathrm{T}(k_1\alpha_1+k_2\alpha_2+\cdots+k_r\alpha_r)=k_1\mathrm{T}(\alpha_1)+k_2\mathrm{T}(\alpha_2)+\cdots+k_r\mathrm{T}(\alpha_r)$$

（4）若 $\alpha_1,\alpha_2,\cdots,\alpha_r$ 线性相关，则 $\mathrm{T}(\alpha_1),\mathrm{T}(\alpha_2),\cdots,\mathrm{T}(\alpha_r)$ 也线性相关。

证明：由线性变换的定义可直接得（1）、（2）、（3）。下面只证明（4）。

因为 $\alpha_1,\alpha_2,\cdots,\alpha_r$ 线性相关，则存在一组不全为 0 的数 $k_1,k_2,\cdots,k_r$ 使得
$$k_1\alpha_1+k_2\alpha_2+\cdots+k_r\alpha_r=0$$
两边同时用 T 作用，得
$$\mathrm{T}(k_1\alpha_1+k_2\alpha_2+\cdots+k_r\alpha_r)=0$$
即
$$k_1\mathrm{T}(\alpha_1)+k_2\mathrm{T}(\alpha_2)+\cdots+k_r\mathrm{T}(\alpha_r)=0$$
所以 $\mathrm{T}(\alpha_1),\mathrm{T}(\alpha_2),\cdots,\mathrm{T}(\alpha_r)$ 也线性相关。

证毕。

定义 3（线性变换的秩与核）　T 为线性空间 V 的一个线性变换，T 的像集是 V 的子空间，称为线性变换 T 的像空间，记为 $\mathrm{T}(V)$，且 $\mathrm{T}(V)=\{\mathrm{T}(\xi)|\xi\in V\}$。所有被 T 变成零向量的向量组成的集合称为 T 的核，记为 $\mathrm{T}^{-1}(0)$，且 $\mathrm{T}^{-1}(0)=\{\xi|\mathrm{T}(\xi)=0,\xi\in V\}$。$\mathrm{T}(V)$ 的维数称为 T 的秩，$\mathrm{T}^{-1}(0)$ 的维数称为 T 的零度。

定理 2　T 为线性空间 V^n 的一个线性变换，则 $\mathrm{T}(V)$ 的一组基的原像与 $\mathrm{T}^{-1}(0)$ 的一组基合起来就是 V^n 的一组基。由此，T 的秩 + T 的零度 $=n$。

证明：假设 $T(V)$ 的一组基为 $\beta_1,\beta_2,\cdots,\beta_r$，其原像为 $\alpha_1,\alpha_2,\cdots,\alpha_r$，又取 $T^{-1}(0)$ 的一组基为 $\alpha_{r+1},\alpha_{r+2},\cdots,\alpha_s$，下面我们证明：$\alpha_1,\alpha_2,\cdots,\alpha_r,\alpha_{r+1},\alpha_{r+2},\cdots,\alpha_s$ 线性无关，且 V 中的任一向量都可以用它们表示，则问题得证。

如果 $\sum_{i=1}^{s}l_i\alpha_i=0$，则 $\sum_{i=1}^{s}l_i T(\alpha_i)=0$，即 $\sum_{i=1}^{r}l_i\beta_i=0$，又 $\beta_1,\beta_2,\cdots,\beta_r$ 为 $T(V)$ 的一组基，

所以 $l_1=l_2=\cdots=l_r=0$，故有 $\sum_{i=r+1}^{s}l_i\alpha_i=0$。又 $\alpha_{r+1},\alpha_{r+2},\cdots,\alpha_s$ 是 $T^{-1}(0)$ 的一组基，则

$l_{r+1}=l_{r+2}=\cdots=l_s=0$，故 $\alpha_1,\alpha_2,\cdots,\alpha_r,\alpha_{r+1},\alpha_{r+2},\cdots,\alpha_s$ 线性无关。

假设 α 是 V 中的任一向量，则存在 $l_1,l_2,\cdots,l_r$ 使 $T(\alpha)=\sum_{i=1}^{r}l_i T(\alpha_i)$，故 $T(\alpha-\sum_{i=1}^{r}l_i\alpha_i)=0$，

则存在 $l_{r+1},l_{r+2},\cdots,l_s$ 有 $\alpha-\sum_{i=1}^{r}l_i\alpha_i=\sum_{i=r+1}^{s}l_i\alpha_i$，即 $\alpha=\sum_{i=1}^{s}l_i\alpha_i$，所以 V 中的任一向量都可以用

$\alpha_1,\alpha_2,\cdots,\alpha_r,\alpha_{r+1},\alpha_{r+2},\cdots,\alpha_s$ 表示。

由于 $\dim V=n$，所以 $s=n$，而 $r=\dim[T(V)]$，即 r 是 T 的秩，故 T 的秩 $+T$ 的零度 $=n$。证毕。

例4 设 n 阶矩阵

$$A=\begin{pmatrix}a_{11}&a_{12}&\cdots&a_{1n}\\a_{21}&a_{22}&\cdots&a_{2n}\\\vdots&\vdots&\vdots&\vdots\\a_{n1}&a_{n2}&\cdots&a_{nn}\end{pmatrix}=(\alpha_1,\alpha_2,\cdots,\alpha_n),\ \text{其中}\ \alpha_i=\begin{pmatrix}a_{1i}\\a_{2i}\\\vdots\\a_{ni}\end{pmatrix}\ (i=1,2,...,n)$$

定义 $\mathbb{R}^n$ 中的变换为 $T(x)=Ax(x\in\mathbb{R}^n)$。（1）证明 T 为线性变换；（2）求 T 的像空间；（3）求 T 的核。

解：（1）设 $\alpha,\beta\in\mathbb{R}^n$，则：

$$T(\alpha+\beta)=A(\alpha+\beta)=A\alpha+A\beta,\ T(k\alpha)=A(k\alpha)=kA\alpha=k(T\alpha)$$

即 T 为 $\mathbb{R}^n$ 中的线性变换。

（2）T 的像空间就是由 $\alpha_1,\alpha_2,\cdots,\alpha_n$ 所生成的向量空间：

$$T(\mathbb{R}^n)=\{y=x_1\alpha_1+x_2\alpha_2+\cdots+x_n\alpha_n\,|\,x_1,x_2,\cdots,x_n\in\mathbb{R}\}$$

（3）T 的核 $T^{-1}(0)$ 就是齐次线性方程组 $Ax=0$ 的解空间。

6.3.2 线性变换的运算

1. 加法

设 T_1 与 T_2 是 V 上的两个线性变换。对于任意的 $\alpha\in V$，定义 T_1 与 T_2 的和 T_1+T_2 为

$$(T_1+T_2)(\alpha)=T_1(\alpha)+T_2(\alpha)$$

由线性空间中的运算法则及线性变换的定义，对于任意的 $\alpha,\beta\in V$，$k_1,k_2\in P$，有

$$(T_1+T_2)(k_1\alpha+k_2\beta)=T_1(k_1\alpha+k_2\beta)+T_2(k_1\alpha+k_2\beta)$$
$$=k_1T_1(\alpha)+k_2T_1(\beta)+k_1T_2(\alpha)+k_2T_2(\beta)$$

$$= k_1 T_1(\alpha) + k_1 T_2(\alpha) + k_2 T_1(\beta) + k_2 T_2(\beta)$$
$$= k_1(T_1 + T_2)(\alpha) + k_2(T_1 + T_2)(\beta)$$

因此，T_1 与 T_2 的和 $T_1 + T_2$ 也是一个线性变换。

对于零变换 0 和任意一个变换 T，均有 $T + 0 = 0 + T = T$。对于任意的 $\alpha \in V$，也可以定义 T 的负变换 $-T$ 为 $(-T)(\alpha) = -T(\alpha)$。明显地，$T$ 的负变换 $-T$ 满足 $T + (-T) = 0$。另外，容易验证，线性变换的加法满足结合律和交换律，即

$$(T_1 + T_2) + T_3 = T_1 + (T_2 + T_3)，\quad T_1 + T_2 = T_2 + T_1$$

2．乘法

设 T_1 与 T_2 是 V 上的两个线性变换。对于任意的 $\alpha \in V$，定义 T_1 与 T_2 的乘积 $T_1 T_2$ 为

$$T_1 T_2(\alpha) = T_1 \circ T_2(\alpha) = T_1[T_2(\alpha)]$$

由线性变换的定义，对于任意的 $\alpha, \beta \in V$，$k_1, k_2 \in P$，有

$$T_1 T_2(k_1 \alpha + k_2 \beta) = T_1[T_2(k_1 \alpha + k_2 \beta)] = T_1[k_1 T_2(\alpha) + k_2 T_2(\beta)]$$
$$= k_1 T_1[T_2(\alpha)] + k_2 T_1[T_2(\beta)] = k_1 T_1 T_2(\alpha) + k_2 T_1 T_2(\beta)$$

因此，T_1 与 T_2 的乘积 $T_1 T_2$ 也是一个线性变换。

对于任意的线性变换 T，均有 $TE = ET = T$。另外，线性变换的乘积也满足结合律以及乘法对加法的左右分配律，即

$$(T_1 T_2)T_3 = T_1(T_2 T_3)，\quad (T_1 + T_2)T_3 = T_1 T_3 + T_2 T_3，\quad T_3(T_1 + T_2) = T_3 T_1 + T_3 T_2$$

其中 T_1、T_2、T_3 为 V 上任意的 3 个线性变换。

注：线性变换的乘积不满足交换律。

3．数量乘法

设 T 是 V 上的一个线性变换，$k \in P$。对于任意的 $\alpha \in V$，定义 k 和 T 的数量乘积 kT 为

$$(kT)(\alpha) = k T(\alpha)$$

由线性变换的定义，对于任意的 $\alpha, \beta \in V$，$k_1, k_2 \in P$，有

$$(kT)(k_1 \alpha + k_2 \beta) = k T(k_1 \alpha + k_2 \beta) = k[k_1 T(\alpha) + k_2 T(\beta)]$$
$$= k[k_1 T(\alpha)] + k[k_2 T(\beta)] = (kk_1)T(\alpha) + (kk_2)T(\beta)$$
$$= (k_1 k)T(\alpha) + (k_2 k)T(\beta) = k_1[kT(\alpha)] + k_2[kT(\beta)]$$
$$= k_1(kT)(\alpha) + k_2(kT)(\beta)$$

因此，k 和 T 的数量乘积 kT 也是一个线性变换。

容易验证，线性变换的数量乘法满足

$$1T = T$$
$$(k_1 k_2)T = k_1(k_2 T)$$
$$(k_1 + k_2)T = k_1 T + k_2 T$$
$$k(T_1 + T_2) = kT_1 + kT_2$$

其中，T_1 与 T_2 为 V 上任意的线性变换，$k_1, k_2 \in P$。

如果 V 上的一个线性变换 T_1，作为 V 到 V 的映射是可逆映射，则称 T_1 为可逆的，即存在 V 上的一个映射 T_2，使得 $T_1 T_2 = T_2 T_1 = E$，将 T_2 称为 T_1 的逆变换，记作 T_1^{-1}。事实上，可逆线性

变换 T_1 的逆变换 T_1^{-1} 也是一个线性变换。

6.3.3 线性变换的矩阵

线性变换的矩阵

定义 4（线性变换在基下的矩阵） 设 T 是线性空间 V^n 中的线性变换，对于任意的 $\alpha \in V^n$，取 $\alpha_1, \alpha_2, \cdots, \alpha_n$ 为 V^n 的一组基，则

$$\alpha = (\alpha_1, \alpha_2, \cdots, \alpha_n)\begin{pmatrix} x_1 \\ x_2 \\ \vdots \\ x_n \end{pmatrix} \Rightarrow T(\alpha) = (T(\alpha_1), T(\alpha_2), \cdots, T(\alpha_n))\begin{pmatrix} x_1 \\ x_2 \\ \vdots \\ x_n \end{pmatrix}$$

且

$$\begin{cases} T(\alpha_1) = a_{11}\alpha_1 + a_{21}\alpha_2 + \cdots + a_{n1}\alpha_n \\ T(\alpha_2) = a_{12}\alpha_1 + a_{22}\alpha_2 + \cdots + a_{n2}\alpha_n \\ T(\alpha_3) = a_{13}\alpha_1 + a_{23}\alpha_2 + \cdots + a_{n3}\alpha_n \\ \quad\quad\quad\quad\quad\vdots \\ T(\alpha_n) = a_{1n}\alpha_1 + a_{2n}\alpha_2 + \cdots + a_{nn}\alpha_n \end{cases} \quad ①$$

记 $T(\alpha_1, \alpha_2, \cdots, \alpha_n) = (T(\alpha_1), T(\alpha_2), \cdots, T(\alpha_n))$，式①可表示为

$$T(\alpha_1, \alpha_2, \cdots, \alpha_n) = (\alpha_1, \alpha_2, \cdots, \alpha_n)A \quad ②$$

其中

$$A = \begin{pmatrix} a_{11} & a_{12} & \cdots & a_{1n} \\ a_{21} & a_{22} & \cdots & a_{2n} \\ \vdots & \vdots & & \vdots \\ a_{n1} & a_{n2} & \cdots & a_{nn} \end{pmatrix}$$

则 A 称为线性变换 T 在基 $\alpha_1, \alpha_2, \cdots, \alpha_n$ 下的矩阵。

注：（1）线性变换的和、乘积、数量乘积分别对应矩阵的和、乘积、数量乘积。

（2）可逆线性变换与可逆矩阵对应，且逆变换对应逆矩阵。

定理 3 设线性变换 T 在基 $\alpha_1, \alpha_2, \cdots, \alpha_n$ 下的矩阵为 A，向量 α 在基 $\alpha_1, \alpha_2, \cdots, \alpha_n$ 下的坐标为 $(x_1, x_2, \cdots, x_n)^T$，$T(\alpha)$ 在基 $\alpha_1, \alpha_2, \cdots, \alpha_n$ 下的坐标 $(y_1, y_2, \cdots, y_n)^T$，则有

$$\begin{pmatrix} y_1 \\ y_2 \\ \vdots \\ y_n \end{pmatrix} = A\begin{pmatrix} x_1 \\ x_2 \\ \vdots \\ x_n \end{pmatrix}$$

证明： 因为

$$\alpha = (\alpha_1, \alpha_2, \cdots, \alpha_n)\begin{pmatrix} x_1 \\ x_2 \\ \vdots \\ x_n \end{pmatrix}$$

所以有

$$T(\alpha) = T\left((\alpha_1,\alpha_2,\cdots,\alpha_n)\begin{pmatrix}x_1\\x_2\\\vdots\\x_n\end{pmatrix}\right) = T(\alpha_1,\alpha_2,\cdots,\alpha_n)\begin{pmatrix}x_1\\x_2\\\vdots\\x_n\end{pmatrix} = (\alpha_1,\alpha_2,\cdots,\alpha_n)A\begin{pmatrix}x_1\\x_2\\\vdots\\x_n\end{pmatrix}$$

又因为

$$T(\alpha) = (\alpha_1,\alpha_2,\cdots,\alpha_n)\begin{pmatrix}y_1\\y_2\\\vdots\\y_n\end{pmatrix}$$

所以有

$$\begin{pmatrix}y_1\\y_2\\\vdots\\y_n\end{pmatrix} = A\begin{pmatrix}x_1\\x_2\\\vdots\\x_n\end{pmatrix}$$

证毕。

例 5　零变换在任意一个基下的矩阵是零矩阵，恒等变换在任意一个基下的矩阵是单位矩阵。

例 6　在线性空间 $\mathbb{R}[x]_4$ 中，取一组基 $p_1 = x^3$，$p_2 = x^2$，$p_3 = x$，$p_4 = 1$，求微分运算 D 的矩阵。

解：因为

$$\begin{cases}D(p_1) = 3x^2 = 0p_1 + 3p_2 + 0p_3 + 0p_4\\D(p_2) = 2x = 0p_1 + 0p_2 + 2p_3 + 0p_4\\D(p_3) = 1 = 0p_1 + 0p_2 + 0p_3 + 1p_4\\D(p_4) = 0 = 0p_1 + 0p_2 + 0p_3 + 0p_4\end{cases}$$

所以微分运算 D 在这组基下的矩阵为

$$A = \begin{pmatrix}0 & 0 & 0 & 0\\3 & 0 & 0 & 0\\0 & 2 & 0 & 0\\0 & 0 & 1 & 0\end{pmatrix}$$

例 7　在 $\mathbb{R}^3$ 中，T 表示将向量投影到 xOy 平面的线性变换，即

$$T(xi + yj + zk) = xi + yj$$

（1）取基为 i，j，k，求 T 的矩阵。

（2）取基为 $\alpha = i$，$\beta = j$，$\gamma = i + j + k$，求 T 的矩阵。

解：（1）由于 $T(i) = i$，$T(j) = j$，$T(k) = 0$，则：

$$T(i,j,k)=(i,j,k)\begin{pmatrix}1&0&0\\0&1&0\\0&0&0\end{pmatrix}$$

故所求 T 的矩阵为

$$A=\begin{pmatrix}1&0&0\\0&1&0\\0&0&0\end{pmatrix}$$

（2）由于

$$\begin{cases}T(\alpha)=i=\alpha\\T(\beta)=j=\beta\\T(\gamma)=i+j=\alpha+\beta\end{cases}$$

即

$$T(\alpha,\beta,\gamma)=(\alpha,\beta,\gamma)\begin{pmatrix}1&0&1\\0&1&1\\0&0&0\end{pmatrix}$$

故所求矩阵为

$$A=\begin{pmatrix}1&0&1\\0&1&1\\0&0&0\end{pmatrix}$$

定理 4　设 $\alpha_1,\alpha_2,\cdots,\alpha_n$ 和 $\beta_1,\beta_2,\cdots,\beta_n$ 为线性空间 V^n 的两个基，且基 $\alpha_1,\alpha_2,\cdots,\alpha_n$ 到基 $\beta_1,\beta_2,\cdots,\beta_n$ 的过渡矩阵是 P，V^n 中的线性变换 T 在这两个基下的矩阵依次为 A 和 B，则 $B=P^{-1}AP$。

证明：因为

$$(\beta_1,\beta_2,\cdots,\beta_n)=(\alpha_1,\alpha_2,\cdots,\alpha_n)P\quad（P\text{可逆}）$$
$$T(\alpha_1,\alpha_2,\cdots,\alpha_n)=(\alpha_1,\alpha_2,\cdots,\alpha_n)A$$

所以有

$$T(\beta_1,\beta_2,\cdots,\beta_n)=T((\alpha_1,\alpha_2,\cdots,\alpha_n)P)=T(\alpha_1,\alpha_2,\cdots,\alpha_n)P=(\alpha_1,\alpha_2,\cdots,\alpha_n)AP$$
$$=(\beta_1,\beta_2,\cdots,\beta_n)P^{-1}AP$$

又因为

$$T(\beta_1,\beta_2,\cdots,\beta_n)=(\beta_1,\beta_2,\cdots,\beta_n)B$$

且 $\beta_1,\beta_2,\cdots,\beta_n$ 线性无关，则：

$$B=P^{-1}AP$$

证毕。

例 8　设线性空间 V^3 中的线性变换 T 在基 $\alpha_1,\alpha_2,\alpha_3$ 下的矩阵是 $A=\begin{pmatrix}a_{11}&a_{12}&a_{13}\\a_{21}&a_{22}&a_{23}\\a_{31}&a_{32}&a_{33}\end{pmatrix}$，求

T 在基 $\alpha_2,\alpha_3,\alpha_1$ 下的矩阵。

解：因为 $(\alpha_2,\alpha_3,\alpha_1)=(\alpha_1,\alpha_2,\alpha_3)\begin{pmatrix}0&0&1\\1&0&0\\0&1&0\end{pmatrix}$，所以由基 $\alpha_1,\alpha_2,\alpha_3$ 到基 $\alpha_2,\alpha_3,\alpha_1$ 的过渡矩

阵是 $P=\begin{pmatrix}0&0&1\\1&0&0\\0&1&0\end{pmatrix}$，于是 T 在基 $\alpha_2,\alpha_3,\alpha_1$ 下的矩阵为

$$B=P^{-1}AP=\begin{pmatrix}0&0&1\\1&0&0\\0&1&0\end{pmatrix}^{-1}\begin{pmatrix}a_{11}&a_{12}&a_{13}\\a_{21}&a_{22}&a_{23}\\a_{31}&a_{32}&a_{33}\end{pmatrix}\begin{pmatrix}0&0&1\\1&0&0\\0&1&0\end{pmatrix}=\begin{pmatrix}a_{22}&a_{23}&a_{21}\\a_{32}&a_{33}&a_{31}\\a_{12}&a_{13}&a_{11}\end{pmatrix}$$

例 8 的 Maple 源程序如下：
```
>#example8
>with(linalg):with(LinearAlgebra):
>P:=Matrix(3,3,[0,0,1,1,0,0,0,1,0]);
```
$$P:=\begin{bmatrix}0&0&1\\1&0&0\\0&1&0\end{bmatrix}$$
```
>A:=Matrix(3,3,[a11,a12,a13,a21,a22,a23,a31,a32,a33]);
```
$$A:=\begin{bmatrix}a11&a12&a13\\a21&a22&a23\\a31&a32&a33\end{bmatrix}$$
```
>B:=Multiply(Multiply(MatrixInverse(P),A),P);
```
$$B:=\begin{bmatrix}a22&a23&a21\\a32&a33&a31\\a12&a13&a11\end{bmatrix}$$

　　一个线性变换的矩阵是与线性空间的一组基联系在一起的。但是，一个线性空间的基一般不是唯一的，因此一般来说，随着基的改变，同一个线性变换就有不同的矩阵。定理 4 告诉我们，同一个线性变换在不同基下的矩阵是相似的。

　　定理 5　设 A、B 是两个 n 阶矩阵，则 A 与 B 相似的充要条件是 A 和 B 是数域 P 上的 n 维线性空间 V 的同一个线性变换 T 在两组基下的矩阵。

　　例 9　设 V 是数域 P 上的一个三维线性空间，ξ_1,ξ_2,ξ_3 和 η_1,η_2,η_3 是 V 的两组基，且从基 ξ_1,ξ_2,ξ_3 到基 η_1,η_2,η_3 的过渡矩阵为 $P=\begin{pmatrix}1&2&1\\0&1&-2\\0&2&1\end{pmatrix}$，已知 V 上的线性变换 T 在基 ξ_1,ξ_2,ξ_3 下的矩阵 $A=\begin{pmatrix}1&4&2\\0&-3&4\\0&4&3\end{pmatrix}$，求 A^k。

　　解：T 在基 η_1,η_2,η_3 下的矩阵 B 为

$$B=P^{-1}AP=\begin{pmatrix}1&2&1\\0&1&-2\\0&2&1\end{pmatrix}^{-1}\begin{pmatrix}1&4&2\\0&-3&4\\0&4&3\end{pmatrix}\begin{pmatrix}1&2&1\\0&1&-2\\0&2&1\end{pmatrix}$$

$$= \frac{1}{5} \begin{pmatrix} 5 & 0 & -5 \\ 0 & 1 & 2 \\ 0 & -2 & 1 \end{pmatrix} \begin{pmatrix} 1 & 4 & 2 \\ 0 & -3 & 4 \\ 0 & 4 & 3 \end{pmatrix} \begin{pmatrix} 1 & 2 & 1 \\ 0 & 1 & -2 \\ 0 & 2 & 1 \end{pmatrix} = \begin{pmatrix} 1 & 0 & 0 \\ 0 & 5 & 0 \\ 0 & 0 & -5 \end{pmatrix}$$

矩阵 B 是一个三阶对角矩阵，则：

$$B^k = \begin{pmatrix} 1 & 0 & 0 \\ 0 & 5^k & 0 \\ 0 & 0 & (-5)^k \end{pmatrix}$$

又因为

$$B^k = (P^{-1}AP)^k = \underbrace{(P^{-1}AP)(P^{-1}AP)\cdots(P^{-1}AP)}_{k\text{个}} = P^{-1}A^kP$$

所以

$$A^k = PB^kP^{-1} = \begin{pmatrix} 1 & 2 & 1 \\ 0 & 1 & -2 \\ 0 & 2 & 1 \end{pmatrix} \begin{pmatrix} 1 & 0 & 0 \\ 0 & 5^k & 0 \\ 0 & 0 & (-5)^k \end{pmatrix} \frac{1}{5} \begin{pmatrix} 5 & 0 & -5 \\ 0 & 1 & 2 \\ 0 & -2 & 1 \end{pmatrix}$$

$$= \begin{pmatrix} 1 & 2[5^{k-1}+(-5)^{k-1}] & 4\times5^{k-1}-(-5)^{k-1}-1 \\ 0 & 5^{k-1}-4(-5)^{k-1} & 2\times5^{k-1}+2\times(-5)^{k-1} \\ 0 & 2]5^{k-1}+(-5)^{k-1}] & 4\times5^{k-1}-(-5)^{k-1} \end{pmatrix}$$

例 9 的 Maple 源程序如下：

```
>#example9
>with(linalg):with(LinearAlgebra):
>A:=Matrix(3,3,[1,4,2,0,-3,4,0,4,3]);
```

$$A := \begin{bmatrix} 1 & 4 & 2 \\ 0 & -3 & 4 \\ 0 & 4 & 3 \end{bmatrix}$$

```
>P:=Matrix(3,3,[1,2,1,0,1,-2,0,2,1]);
```

$$P := \begin{bmatrix} 1 & 2 & 1 \\ 0 & 1 & -2 \\ 0 & 2 & 1 \end{bmatrix}$$

```
>B:=Multiply(Multiply(MatrixInverse(P),A),P);
```

$$B := \begin{bmatrix} 1 & 0 & 0 \\ 0 & 5 & 0 \\ 0 & 0 & -5 \end{bmatrix}$$

```
>Bk:=Matrix(3,3,[1,0,0,0,5^k,0,0,0,(-5)^k]);
```

$$Bk := \begin{bmatrix} 1 & 0 & 0 \\ 0 & 5^k & 0 \\ 0 & 0 & (-5)^k \end{bmatrix}$$

```
>Ak:=Multiply(Multiply(P,Bk),MatrixInverse(P));
```

$$Ak := \begin{bmatrix} 1 & \dfrac{2\,5^k}{5} - \dfrac{2\,(-5)^k}{5} & -1 + \dfrac{4\,5^k}{5} + \dfrac{(-5)^k}{5} \\ 0 & \dfrac{5^k}{5} + \dfrac{4\,(-5)^k}{5} & \dfrac{2\,5^k}{5} - \dfrac{2\,(-5)^k}{5} \\ 0 & \dfrac{2\,5^k}{5} - \dfrac{2\,(-5)^k}{5} & \dfrac{4\,5^k}{5} + \dfrac{(-5)^k}{5} \end{bmatrix}$$

习题 6.3

1. 设 $\alpha = (x_1, x_2, x_3)^{\mathrm{T}}$ 是 $\mathbb{R}^3$ 中的任一向量，满足以下条件的变换 T 是否为线性变换：

（1）$\mathrm{T}(\alpha) = (2x_1, 0, 0)^{\mathrm{T}}$；   （2）$\mathrm{T}(\alpha) = (x_1 x_2, 0, x_2)^{\mathrm{T}}$

（3）$\mathrm{T}(\alpha) = (x_1, x_2, -x_3)^{\mathrm{T}}$；   （4）$\mathrm{T}(\alpha) = (1, 1, x_3)^{\mathrm{T}}$

2. 说明 xOy 平面上变换

$$\mathrm{T}\begin{pmatrix} x \\ y \end{pmatrix} = A\begin{pmatrix} x \\ y \end{pmatrix}$$

的几何意义，其中

（1）$A = \begin{pmatrix} -1 & 0 \\ 0 & 1 \end{pmatrix}$；（2）$A = \begin{pmatrix} 0 & 0 \\ 0 & 1 \end{pmatrix}$；（3）$A = \begin{pmatrix} 0 & 1 \\ 1 & 0 \end{pmatrix}$；（4）$A = \begin{pmatrix} 0 & -1 \\ 1 & 0 \end{pmatrix}$

3. 设线性变换 T：$\mathbb{R}^3 \to \mathbb{R}^3$，对任一向量 $\alpha = (x_1, x_2, x_3)^{\mathrm{T}}$，有 $\mathrm{T}(\alpha) = (x_1, x_2 + x_3, x_2 - x_3)^{\mathrm{T}}$。

（1）求 T 在标准正交基 $\varepsilon_1 = (1,0,0)^{\mathrm{T}}, \varepsilon_2 = (0,1,0)^{\mathrm{T}}, \varepsilon_3 = (0,0,1)^{\mathrm{T}}$ 下的矩阵表示。

（2）求 T 在基 $\beta_1 = (1,0,0)^{\mathrm{T}}, \beta_2 = (1,1,0)^{\mathrm{T}}, \beta_3 = (1,1,1)^{\mathrm{T}}$ 下的矩阵表示。

4. 已知 $\mathbb{R}^3$ 的两组基为 $\varepsilon_1 = (1,0,0)^{\mathrm{T}}, \varepsilon_2 = (0,1,0)^{\mathrm{T}}, \varepsilon_3 = (0,0,1)^{\mathrm{T}}, \beta_1 = (-1,1,1)^{\mathrm{T}}, \beta_2 = (1,0,-1)^{\mathrm{T}}$，$\beta_3 = (0,1,1)^{\mathrm{T}}$。线性变换 T 在基 $\beta_1, \beta_2, \beta_3$ 下的矩阵表示为

$$B = \begin{pmatrix} 1 & 0 & 1 \\ 1 & 1 & 0 \\ -1 & 2 & 1 \end{pmatrix}$$

求线性变换 T 在基 $\varepsilon_1, \varepsilon_2, \varepsilon_3$ 下的矩阵表示。

5. 设 $\mathbb{R}^3$ 的两组基为 $\alpha_1 = (1,0,1)^{\mathrm{T}}, \alpha_2 = (2,1,0)^{\mathrm{T}}, \alpha_3 = (1,1,1)^{\mathrm{T}}$ 和 $\beta_1 = (1,2,-1)^{\mathrm{T}}, \beta_2 = (2,2,-1)^{\mathrm{T}}$，$\beta_3 = (2,-1,-1)^{\mathrm{T}}$。线性变换 T 为 $\mathrm{T}(\alpha_i) = \beta_i$（$i = 1,2,3$）。

（1）求由基 $\alpha_1, \alpha_2, \alpha_3$ 到基 $\beta_1, \beta_2, \beta_3$ 的过渡矩阵。

（2）写出 T 在基 $\alpha_1, \alpha_2, \alpha_3$ 下的矩阵表示。

（3）写出 T 在基 $\beta_1, \beta_2, \beta_3$ 下的矩阵表示。

（4）求向量 $\beta = (2,1,3)^{\mathrm{T}}$ 在基 $\beta_1, \beta_2, \beta_3$ 下的坐标。

习题参考答案

习题 1.1

1. 8, 3
2. 0
3. B
4. （1）4；（2）15；（3）$n(n-1)$

5. （1）2；（2）-3；（3）-4；（4）15；（5）-25；（6）$(z-y)x^2+(y^2-z^2)x+(yz^2-y^2z)$

6. （1）$(-1)^{\frac{n(n-1)}{2}}n!$；（2）$(-1)^{n-1}n!$；（3）$(-1)^{\frac{(n-2)(n-1)}{2}}n!$

7. $x^2+y^2=0$

习题 1.2

1. 0
2. （1）错；（2）错
3. （1）35；（2）162；（3）a^3；（4）$4abcdef$；（5）-21；（6）-192
   （7）1400；（8）211；（9）$[x+(n-1)a](x-a)^{n-1}$

4. （1）$a^{n-1}[\dfrac{n(n+1)}{2}+a]$；（2）$n!(n-1)!(n-2)!\cdots2!1!$

5. 略

习题 1.3

1. D
2. C
3. D
4. B
5. D
6. $M_{32}=60$；$A_{32}=-60$
7. （1）160；（2）0；（3）$-3x^4+15x^2-12$；（4）$abcd+ab+ad+cd+1$

（5）$a^n - a^{n-2}$ （6）$(n+1)a^n$；（7）$x^n(1 + \sum\limits_{j=1}^{n} \dfrac{a_j}{x})$

8．略

习题 1.4

1．（1）$x = \begin{pmatrix} 3 \\ 1 \\ 1 \end{pmatrix}$；（2）$x = \begin{pmatrix} 3 \\ -4 \\ -1 \\ 1 \end{pmatrix}$；（3）$x = \begin{pmatrix} 1 \\ 2 \\ 3 \\ -1 \end{pmatrix}$

2．（1）$k = 4$ 或 $k = -1$；（2）$k = 1$

习题 2.1

1．$m = p$，$n = q$；$n = p$

2．(-3)；$\begin{pmatrix} -1 & -1 & -1 \\ -1 & -1 & -1 \\ -1 & -1 & -1 \end{pmatrix}$

3．$\begin{pmatrix} 0 & 0 \\ 0 & 0 \end{pmatrix}$；$\begin{pmatrix} 3 & 3 \\ -3 & -3 \end{pmatrix}$

4．$\begin{pmatrix} 75 \\ 80 \\ 400 \end{pmatrix}$；$\begin{pmatrix} 75 \\ 80 \\ 400 \end{pmatrix}$

5．$3^{n-1} \begin{pmatrix} 1 & \dfrac{1}{2} & \dfrac{1}{3} \\ 2 & 1 & \dfrac{2}{3} \\ 3 & \dfrac{2}{3} & 1 \end{pmatrix}$

6．D

7．B

8．$\begin{pmatrix} -5 & 20 & 5 \\ -5 & -4 & -6 \\ 15 & -3 & -3 \end{pmatrix}$

9．$\begin{pmatrix} -2 & 13 & 22 \\ -2 & -17 & 20 \\ 4 & 29 & -2 \end{pmatrix}$；$\begin{pmatrix} 0 & 5 & 8 \\ 0 & -5 & 6 \\ 2 & 9 & 0 \end{pmatrix}$

10．（1）错；（2）对；（3）错

11．略

12. $A = O$

13. （1）令 $A = \begin{pmatrix} 0 & 1 \\ 0 & 0 \end{pmatrix}$，则 $A^2 = O$，但 $A \neq O$。

（2）令 $A = \begin{pmatrix} 1 & 0 \\ 0 & 0 \end{pmatrix}$，则 $A^2 = A$，但 $A \neq O$ 且 $A \neq E$。

（3）令 $A = \begin{pmatrix} 1 & 1 \\ -1 & -1 \end{pmatrix}$，$X = \begin{pmatrix} 1 & -1 \\ -1 & 1 \end{pmatrix}$，$Y = \begin{pmatrix} 2 & -2 \\ -2 & 2 \end{pmatrix}$ 则 $AX = AY$，且 $A \neq O$ 但 $X \neq Y$。

习题 2.2

1. B
2. C
3. B
4. （1）对；（2）对；（3）错

5. （1）$A^{-1} = \begin{pmatrix} 2 & -1 \\ -5 & 3 \end{pmatrix}$；（2）$A^{-1} = \begin{pmatrix} 1 & 0 & 0 \\ -6 & 3 & -5 \\ 2 & -1 & 2 \end{pmatrix}$；（3）$A^{-1} = \begin{pmatrix} 1 & -4 & -3 \\ 1 & -5 & -3 \\ -1 & 6 & 4 \end{pmatrix}$

（4）$A^{-1} = \begin{pmatrix} 0 & 0 & 2 & -3 \\ 0 & 0 & -5 & 8 \\ 1 & -2 & 0 & 0 \\ -2 & 5 & 0 & 0 \end{pmatrix}$；（5）$A^{-1} = \begin{pmatrix} 1 & 0 & 0 & 0 \\ -\frac{1}{2} & \frac{1}{2} & 0 & 0 \\ -\frac{7}{2} & 1 & 1 & -\frac{1}{2} \\ 4 & -2 & -1 & 1 \end{pmatrix}$

6. （1）$X = \begin{pmatrix} 2 & -23 \\ 0 & 8 \end{pmatrix}$；（2）$X = \begin{pmatrix} 1 & 1 \\ \frac{1}{4} & 0 \end{pmatrix}$；（3）$X = \begin{pmatrix} \frac{11}{6} \\ -\frac{1}{6} \\ \frac{2}{3} \end{pmatrix}$

（4）$X = \begin{pmatrix} -10 & 0 \\ -13 & -2 \\ 16 & 2 \end{pmatrix}$；（5）$X = \begin{pmatrix} \frac{1}{2} & -1 \\ 2 & 3 \\ \frac{1}{2} & 0 \end{pmatrix}$

7. 证明略。$A^{-1} = -(A^3 + 3A + 3E)$

8. 证明略。$A^{-1} = \dfrac{A+E}{4}$，$(A-E)^{-1} = \dfrac{A+2E}{2}$

9. 略

10. 略

习题 2.3

1. $|A_1||A_2|\cdots|A_s|$; $\begin{pmatrix} A_1^{-1} & & & \\ & A_2^{-1} & & \\ & & \ddots & \\ & & & A_s^{-1} \end{pmatrix}$

2. $\begin{pmatrix} k & 0 & k & 3k \\ 0 & k & 2k & 4k \\ 0 & 0 & -k & 0 \\ 0 & 0 & 0 & -k \end{pmatrix}$; $\begin{pmatrix} 2 & 2 & 1 & 3 \\ 2 & 1 & 2 & 4 \\ 6 & 3 & 0 & 0 \\ 0 & -2 & 0 & 0 \end{pmatrix}$

3. $\begin{pmatrix} 7 & 7 \\ 7 & 7 \\ 7 & 7 \end{pmatrix}$

4. $\begin{pmatrix} -1 & 0 & 1 & 0 \\ -1 & 2 & 0 & 1 \\ -2 & 4 & 3 & 3 \\ -1 & 1 & 3 & 1 \end{pmatrix}$

5. $A^{-1} = \begin{pmatrix} \dfrac{1}{5} & 0 & 0 \\ 0 & 1 & -1 \\ 0 & -2 & 3 \end{pmatrix}$

6. $\begin{pmatrix} 0 & B^{-1} \\ A^{-1} & 0 \end{pmatrix}$

7. $A^{-1} = \begin{pmatrix} 1 & -2 & 0 & 0 \\ -2 & 5 & 0 & 0 \\ 0 & 0 & \dfrac{1}{3} & \dfrac{2}{3} \\ 0 & 0 & -\dfrac{1}{3} & \dfrac{1}{3} \end{pmatrix}$

8. $A^{-1} = \dfrac{1}{24}\begin{pmatrix} 24 & 0 & 0 & 0 \\ -12 & 12 & 0 & 0 \\ -12 & -4 & 8 & 0 \\ 3 & -5 & -2 & 6 \end{pmatrix}$

习题 2.4

1. (1) $\begin{pmatrix} 1 & 0 & \frac{1}{2} & \frac{1}{2} \\ 0 & 1 & -\frac{3}{2} & -\frac{1}{2} \\ 0 & 0 & 0 & 0 \end{pmatrix}$; (2) $\begin{pmatrix} 1 & 0 & 2 & 0 & -2 \\ 0 & 1 & -1 & 0 & 3 \\ 0 & 0 & 0 & 1 & 4 \\ 0 & 0 & 0 & 0 & 0 \end{pmatrix}$

2. (1) $\begin{pmatrix} 1 & 0 & 0 \\ 0 & 1 & 0 \\ 0 & 0 & 1 \end{pmatrix}$; (2) $\begin{pmatrix} 1 & 0 & 0 \\ 0 & 1 & 0 \\ 0 & 0 & 0 \end{pmatrix}$

3. D

4. B

5. (1) $\begin{pmatrix} 4 & 0 & 1 \\ \frac{1}{2} & \frac{1}{2} & \frac{1}{2} \\ \frac{5}{2} & -\frac{1}{2} & \frac{1}{2} \end{pmatrix}$;　(2) $\begin{pmatrix} 1 & -3 & 2 \\ 1 & -5 & -3 \\ -1 & 6 & 4 \end{pmatrix}$

(3) $\begin{pmatrix} 0 & 0 & 0 & 1 \\ 0 & 0 & 1 & -1 \\ 0 & 1 & -1 & 0 \\ 1 & -1 & 0 & 0 \end{pmatrix}$;　(4) $\begin{pmatrix} -\frac{1}{11} & -\frac{1}{11} & \frac{2}{11} & \frac{4}{11} \\ -\frac{3}{11} & \frac{8}{11} & \frac{6}{11} & \frac{1}{11} \\ \frac{7}{11} & \frac{7}{11} & -\frac{3}{11} & \frac{6}{11} \\ -\frac{8}{11} & -\frac{19}{11} & -\frac{6}{11} & \frac{10}{11} \end{pmatrix}$

6. (1) $X = \begin{pmatrix} 10 & 2 \\ -15 & -3 \\ 12 & 4 \end{pmatrix}$; (2) $X = \begin{pmatrix} 2 & -1 & -1 \\ -4 & 7 & 4 \end{pmatrix}$; (3) $X = \begin{pmatrix} 3 & 1 \\ 2 & 2 \\ 1 & 1 \end{pmatrix}$

习题 2.5

1. (1) 对；(2) 对；(3) 错

2. (1) 2；3；(2) 0

3. (1) 2；(2) 3；(3) 2；(4) 3

4. 3；第 1,4,5 列组成一个最高阶非零子式 $\begin{vmatrix} 3 & -3 & -1 \\ 2 & 1 & -3 \\ 7 & -1 & -8 \end{vmatrix} = -9$

5．（1）$k=1$；（2）$k=-1$；（3）$k\neq1$且$k\neq-1$

习题 3.1

1．-1；2．B；3．D；4．C；5．B；6．A；7．C；8．D；9．C

习题 3.2

1．（1）错；（2）错；（3）错

2．（1）相关；（2）相关；（3）$\dfrac{1}{2}$；（4）$(-5,-6,-18)^{\mathrm{T}}$；（5）$\alpha_3=2\alpha_1+\alpha_2$

3．（1）B；（2）A

4．$a=-1$

5．（1）$\beta=2\alpha_1-\alpha_2+\alpha_3$；（2）$\beta=0\alpha_1+\dfrac{8}{3}\alpha_2+\dfrac{1}{3}\alpha_3$

6．（1）线性无关；（2）线性相关；（3）线性相关

7．证明略

8．证明略

习题 3.3

1．（1）2，α_1,α_2；（2）2，α_1,α_2；（3）3，$\alpha_1,\alpha_2,\alpha_3$；（4）3，$\alpha_1,\alpha_2,\alpha_3$

2．（1）α_1,α_2，$\alpha_3=\dfrac{3}{2}\alpha_1-\dfrac{7}{2}\alpha_2$，$\alpha_4=\alpha_1+2\alpha_2$

　　（2）α_1,α_2，$\alpha_3=2\alpha_1-\alpha_2$，$\alpha_4=\alpha_1+3\alpha_2$，$\alpha_5=-2\alpha_1-\alpha_2$

3．$a=2,b=5$

4．（1）$\alpha_1,\alpha_2,\alpha_3$；（2）$\alpha_1,\alpha_2,\alpha_4$

5．证明略

习题 3.4

1．（1）$x=k\begin{pmatrix}-2\\1\\0\end{pmatrix}$（$k$为任意常数）

　　（2）$x=k_1\begin{pmatrix}2\\-2\\1\\0\end{pmatrix}+k_2\begin{pmatrix}5/3\\-4/3\\0\\1\end{pmatrix}$（$k_1$、$k_2$为任意常数）

（3）$x = k_1 \begin{pmatrix} 0 \\ 1 \\ 0 \\ 1 \end{pmatrix} + k_2 \begin{pmatrix} 3/5 \\ 1/5 \\ 1 \\ 0 \end{pmatrix}$（$k_1$、$k_2$为任意常数）

（4）$x = k_1 \begin{pmatrix} -\dfrac{3}{2} \\ \dfrac{7}{2} \\ 1 \\ 0 \end{pmatrix} + k_2 \begin{pmatrix} -1 \\ -2 \\ 0 \\ 1 \end{pmatrix}$（$k_1$、$k_2$为任意常数）

2.（1）$x = \begin{pmatrix} 5 \\ -3 \\ 0 \\ 0 \end{pmatrix} + k_1 \begin{pmatrix} -2 \\ 1 \\ 1 \\ 0 \end{pmatrix} + k_2 \begin{pmatrix} -2 \\ 1 \\ 0 \\ 1 \end{pmatrix}$（$k_1$、$k_2$为任意常数）

（2）$x = \begin{pmatrix} 1 \\ 0 \\ 1 \\ 0 \end{pmatrix} + k_1 \begin{pmatrix} 1 \\ 1 \\ 0 \\ 0 \end{pmatrix} + k_2 \begin{pmatrix} 1 \\ 0 \\ 2 \\ 1 \end{pmatrix}$（$k_1$、$k_2$为任意常数）

（3）$x = \begin{pmatrix} \dfrac{3}{5} \\ \dfrac{4}{5} \\ 0 \\ 0 \end{pmatrix} + k_1 \begin{pmatrix} \dfrac{7}{5} \\ \dfrac{1}{5} \\ 1 \\ 0 \end{pmatrix} + k_2 \begin{pmatrix} \dfrac{1}{5} \\ -\dfrac{2}{5} \\ 0 \\ 1 \end{pmatrix}$（$k_1$、$k_2$为任意常数）

（4）$x = \begin{pmatrix} 4 \\ 2 \\ 0 \\ 0 \end{pmatrix} + k_1 \begin{pmatrix} -3 \\ -1 \\ 0 \\ 1 \end{pmatrix}$（$k_1$为任意常数）

3.　$\eta = \begin{pmatrix} \dfrac{1}{2} \\ 0 \\ \dfrac{1}{2} \\ 0 \end{pmatrix}$，基础解系$\xi_1 = \begin{pmatrix} 1 \\ 1 \\ 0 \\ 0 \end{pmatrix}$，$\xi_2 = \begin{pmatrix} 1 \\ 0 \\ 2 \\ 1 \end{pmatrix}$

4.　$x = \begin{pmatrix} 2 \\ 3 \\ 4 \\ 5 \end{pmatrix} + k \begin{pmatrix} 3 \\ 4 \\ 5 \\ 6 \end{pmatrix}$（$k$为任意常数）

5.（1）基础解系 $\xi_1 = \begin{pmatrix} 0 \\ 0 \\ 1 \\ 0 \end{pmatrix}$，$\xi_2 = \begin{pmatrix} -1 \\ 1 \\ 0 \\ 1 \end{pmatrix}$

（2）$k\begin{pmatrix} -1 \\ 1 \\ 1 \\ 1 \end{pmatrix}$（$k$ 为任意非零常数）

习题 3.5

1．证明略

2．证明略

3．证明略

习题 4.1

1．（1）正确；（2）错误；（3）错误；（4）正确；（5）错误

2．（1）-1；（2）2；（3）0

3．（1）$\dfrac{\pi}{2}$；（2）$\dfrac{\pi}{4}$

4．（1）$\beta_1 = (1,1,1)^{\mathrm{T}}$，$\beta_2 = (-1,0,1)^{\mathrm{T}}$，$\beta_3 = \dfrac{1}{3}(1,-2,1)^{\mathrm{T}}$

（2）$\beta_1 = (1,0,-1,1)^{\mathrm{T}}$，$\beta_2 = \dfrac{1}{3}(1,-3,2,1)^{\mathrm{T}}$，$\beta_3 = \dfrac{1}{5}(-1,3,3,4)^{\mathrm{T}}$

5．$\beta_1 = \left(\dfrac{1}{2},\dfrac{1}{2},\dfrac{1}{2},\dfrac{1}{2}\right)^{\mathrm{T}}$，$\beta_2 = \left(0,-\dfrac{\sqrt{14}}{7},-\dfrac{\sqrt{14}}{14},\dfrac{3\sqrt{14}}{14}\right)^{\mathrm{T}}$，$\beta_3 = \left(\dfrac{\sqrt{6}}{6},\dfrac{\sqrt{6}}{6},-\dfrac{\sqrt{6}}{3},0\right)^{\mathrm{T}}$

6．$\dfrac{1}{\sqrt{26}}(-4,0,-1,3)$

7．$(-1,0,1),(1,2,1)$

8．略

9．略

习题 4.2

1．0

2．18

3．25

4. (1) $\lambda_1 = 7$，$k_1\begin{pmatrix}1\\1\end{pmatrix}$ （$k_1 \neq 0$），$\lambda_2 = -2$，$k_2\begin{pmatrix}1\\-\dfrac{5}{4}\end{pmatrix}$ （$k_2 \neq 0$）

(2) $\lambda_1 = 4$，$k_1\begin{pmatrix}1\\1\end{pmatrix}$ （$k_1 \neq 0$），$\lambda_2 = -2$，$k_2\begin{pmatrix}-\dfrac{1}{5}\\1\end{pmatrix}$ （$k_2 \neq 0$）

(3) $\lambda_1 = -1$，$k_1\begin{pmatrix}1\\0\\1\end{pmatrix}$ （$k_1 \neq 0$），$\lambda_2 = \lambda_3 = 2$，$k_2\begin{pmatrix}1\\4\\0\end{pmatrix}+k_3\begin{pmatrix}1\\0\\4\end{pmatrix}$ （$k_2^2 + k_3^2 \neq 0$）

(4) $\lambda_1 = 1$，$k_1\begin{pmatrix}-1\\0\\1\end{pmatrix}$ （$k_1 \neq 0$），$\lambda_2 = \lambda_3 = 2$，$k_2\begin{pmatrix}1\\0\\0\end{pmatrix}+k_3\begin{pmatrix}0\\-1\\1\end{pmatrix}$ （$k_2^2 + k_3^2 \neq 0$）

(5) $\lambda_1 = \lambda_2 = -2$，$k_1\begin{pmatrix}1\\1\\0\end{pmatrix}+k_2\begin{pmatrix}0\\1\\1\end{pmatrix}$ （$k_1^2 + k_2^2 \neq 0$），$\lambda_3 = 4$，$k_3\begin{pmatrix}1\\1\\2\end{pmatrix}$ （$k_3 \neq 0$）

(6) $\lambda_1 = -1$，$k_1\begin{pmatrix}1\\-1\\0\end{pmatrix}$ （$k_1 \neq 0$），$\lambda_2 = 9$，$k_2\begin{pmatrix}1\\1\\2\end{pmatrix}$ （$k_2 \neq 0$），$\lambda_3 = 0$，$k_3\begin{pmatrix}1\\1\\-1\end{pmatrix}$ （$k_3 \neq 0$）

(7) $\lambda_1 = \lambda_2 = 1$，$k_1\begin{pmatrix}1\\1\\0\\0\end{pmatrix}+k_2\begin{pmatrix}0\\0\\1\\1\end{pmatrix}$ （$k_1^2 + k_2^2 \neq 0$）

$\lambda_3 = \lambda_4 = -1$，$k_3\begin{pmatrix}1\\-1\\0\\0\end{pmatrix}+k_4\begin{pmatrix}0\\0\\1\\-1\end{pmatrix}$ （$k_3^2 + k_4^2 \neq 0$）

(8) $\lambda_1 = 1$，$k_1\begin{pmatrix}1\\-\dfrac{9}{7}\\\dfrac{1}{7}\\-\dfrac{2}{7}\end{pmatrix}$ （$k_1 \neq 0$），$\lambda_2 = \lambda_3 = \lambda_4 = 2$，$k_2\begin{pmatrix}0\\1\\0\\-3\end{pmatrix}+k_3\begin{pmatrix}1\\0\\0\\-3\end{pmatrix}$ （$k_2^2 + k_3^2 \neq 0$）

5. 提示：两边同时取行列式即可

6. 略

习题 4.3

1. $x = -\dfrac{1}{3}$，$y = -\dfrac{1}{3}$

2. （1）$\Lambda = \begin{pmatrix} 3 & 0 \\ 0 & 1 \end{pmatrix}$，$P = \begin{pmatrix} -1 & 1 \\ -1 & -1 \end{pmatrix}$

（2）$\Lambda = \begin{pmatrix} 2 & 0 & 0 \\ 0 & -3 & 0 \\ 0 & 0 & -2 \end{pmatrix}$，$P = \begin{pmatrix} -\dfrac{3}{2} & -1 & \dfrac{1}{2} \\ \dfrac{1}{2} & 2 & \dfrac{1}{2} \\ 1 & -1 & 1 \end{pmatrix}$

（3）$\Lambda = \begin{pmatrix} 4 & 0 & 0 \\ 0 & -2 & 0 \\ 0 & 0 & -2 \end{pmatrix}$，$P = \begin{pmatrix} 1 & 1 & -1 \\ 1 & 1 & 0 \\ 2 & 0 & 1 \end{pmatrix}$

（4）$\Lambda = \begin{pmatrix} 3 & 0 & 0 \\ 0 & 1 & 0 \\ 0 & 0 & 1 \end{pmatrix}$，$P = \begin{pmatrix} 0 & -1 & 2 \\ 1 & 0 & 1 \\ 1 & 1 & 0 \end{pmatrix}$

3. 可对角化，$P = \begin{pmatrix} -1 & 0 & 1 \\ 1 & 1 & 0 \\ 1 & 0 & 1 \end{pmatrix}$，$P^{-1}AP = \Lambda = \begin{pmatrix} -1 & 0 & 0 \\ 0 & 1 & 0 \\ 0 & 0 & 1 \end{pmatrix}$

4. 可以对角化，$\begin{pmatrix} 1 & 2046 & 0 \\ 0 & 1024 & 0 \\ 0 & -1705 & 1 \end{pmatrix}$

5. 可逆矩阵 $P = \begin{pmatrix} 1 & 1 \\ -1 & 0 \end{pmatrix}$，$\begin{pmatrix} 1+k & k \\ -k & 1-k \end{pmatrix}$

6. 可以对角化，与 B 相似的矩阵为 $\begin{pmatrix} -4 & 0 & 0 \\ 0 & 2 & 0 \\ 0 & 0 & -10 \end{pmatrix}$

提示：A 有 3 个不同的特征值，则 $A \sim \begin{pmatrix} -1 & 0 & 0 \\ 0 & 2 & 0 \\ 0 & 0 & 5 \end{pmatrix} = \Lambda$，即存在可逆矩阵 P 使得 $P^{-1}AP = \Lambda$，

对矩阵 B，$P^{-1}BP = P^{-1}(3A - A^2)P$。

7. （1）$a = -3$，$b = 0$，特征向量 ξ 对应的特征值是-1。

（2）不能对角化。

习题 4.4

1. （1） $Q = \dfrac{1}{\sqrt{2}}\begin{pmatrix} 0 & 1 & -1 \\ \sqrt{2} & 0 & 0 \\ 0 & 1 & 1 \end{pmatrix}$， $\Lambda = \begin{pmatrix} 1 & 0 & 0 \\ 0 & 1 & 0 \\ 0 & 0 & -1 \end{pmatrix}$

（2） $Q = \begin{pmatrix} -\dfrac{\sqrt{2}}{2} & -\dfrac{\sqrt{6}}{6} & \dfrac{\sqrt{3}}{3} \\ 0 & \dfrac{\sqrt{6}}{3} & \dfrac{\sqrt{3}}{3} \\ \dfrac{\sqrt{2}}{2} & -\dfrac{\sqrt{6}}{6} & \dfrac{\sqrt{3}}{3} \end{pmatrix}$， $\Lambda = \begin{pmatrix} 0 & 0 & 0 \\ 0 & 0 & 0 \\ 0 & 0 & 3 \end{pmatrix}$

（3） $Q = \dfrac{1}{3}\begin{pmatrix} 2 & -2 & 1 \\ 2 & 1 & -2 \\ 1 & 2 & 2 \end{pmatrix}$， $\Lambda = \begin{pmatrix} -1 & 0 & 0 \\ 0 & 2 & 0 \\ 0 & 0 & 5 \end{pmatrix}$

（4） $Q = \dfrac{1}{3}\begin{pmatrix} 2 & 2 & 1 \\ 1 & -2 & 2 \\ -2 & 1 & 2 \end{pmatrix}$， $\Lambda = \begin{pmatrix} 1 & 0 & 0 \\ 0 & 4 & 0 \\ 0 & 0 & -2 \end{pmatrix}$

（5） $Q = \begin{pmatrix} -\dfrac{1}{3} & -\dfrac{2\sqrt{5}}{5} & \dfrac{2\sqrt{5}}{15} \\ -\dfrac{2}{3} & \dfrac{\sqrt{5}}{5} & \dfrac{4\sqrt{5}}{15} \\ \dfrac{2}{3} & 0 & \dfrac{\sqrt{5}}{3} \end{pmatrix}$， $\Lambda = \begin{pmatrix} 10 & 0 & 0 \\ 0 & 1 & 0 \\ 0 & 0 & 1 \end{pmatrix}$

（6） $Q = \begin{pmatrix} -\dfrac{2\sqrt{5}}{5} & \dfrac{2\sqrt{5}}{15} & \dfrac{1}{3} \\ \dfrac{\sqrt{5}}{5} & \dfrac{4\sqrt{5}}{15} & \dfrac{2}{3} \\ 0 & \dfrac{\sqrt{5}}{3} & -\dfrac{2}{3} \end{pmatrix}$， $\Lambda = \begin{pmatrix} 2 & 0 & 0 \\ 0 & 2 & 0 \\ 0 & 0 & -7 \end{pmatrix}$

2. $x = 4$， $y = 5$， $Q = \begin{pmatrix} \dfrac{1}{3} & 0 & \dfrac{4}{3\sqrt{2}} \\ \dfrac{2}{3} & \dfrac{1}{\sqrt{2}} & -\dfrac{1}{3\sqrt{2}} \\ -\dfrac{2}{3} & \dfrac{1}{\sqrt{2}} & \dfrac{1}{3\sqrt{2}} \end{pmatrix}$

3.（1）$\xi_3 = (1,0,1)$；（2）$\begin{pmatrix} \dfrac{13}{16} & -\dfrac{1}{3} & \dfrac{5}{6} \\[2mm] -\dfrac{1}{3} & \dfrac{5}{3} & \dfrac{1}{3} \\[2mm] \dfrac{5}{6} & \dfrac{1}{3} & \dfrac{13}{6} \end{pmatrix}$

习题 5.1

1.（1）$\begin{pmatrix} 1 & -2 \\ -2 & 2 \end{pmatrix}$；（2）$f = x_2^2 + 2x_1x_3$；（3）$\begin{pmatrix} 1 & 2 \\ 2 & 2 \end{pmatrix}$；（4）3；（5）2

2.（1）C；（2）A；（3）D

3.（1）$\begin{pmatrix} 1 & -1 & -2 \\ -1 & 1 & -2 \\ -2 & -2 & -7 \end{pmatrix}$；（2）$\begin{pmatrix} 1 & -1 & 2 & -1 \\ -1 & 1 & 3 & -2 \\ 2 & 3 & 1 & 0 \\ -1 & -2 & 0 & 1 \end{pmatrix}$；（3）$\begin{pmatrix} 3 & 1 & -\dfrac{1}{2} \\[2mm] 1 & 1 & 1 \\[2mm] -\dfrac{1}{2} & 1 & -2 \end{pmatrix}$

4.（1）标准形 $f = 6y_1^2 + 6y_2^2 - 2y_3^2$，正交变换的矩阵 $\begin{pmatrix} 0 & \dfrac{\sqrt{2}}{2} & -\dfrac{\sqrt{2}}{2} \\[2mm] 1 & 0 & 0 \\[2mm] 0 & \dfrac{\sqrt{2}}{2} & \dfrac{\sqrt{2}}{2} \end{pmatrix}$

（2）标准形 $f = y_1^2 - 6y_2^2 - 6y_3^2$，正交变换的矩阵 $\begin{pmatrix} -\dfrac{2\sqrt{5}}{5} & \dfrac{\sqrt{6}}{6} & \dfrac{\sqrt{30}}{30} \\[2mm] 0 & -\dfrac{\sqrt{6}}{6} & \dfrac{\sqrt{30}}{6} \\[2mm] \dfrac{\sqrt{5}}{5} & \dfrac{\sqrt{6}}{3} & \dfrac{\sqrt{30}}{15} \end{pmatrix}$

（3）标准形 $f(x_1,x_2,x_3) = 9y_1^2$，正交变换的矩阵 $\begin{pmatrix} \dfrac{1}{3} & -\dfrac{2\sqrt{5}}{5} & \dfrac{2\sqrt{5}}{15} \\[2mm] -\dfrac{2}{3} & 0 & \dfrac{\sqrt{5}}{3} \\[2mm] \dfrac{2}{3} & \dfrac{\sqrt{5}}{5} & \dfrac{4\sqrt{5}}{15} \end{pmatrix}$

5.（1）标准形 $f = y_1^2 - y_2^2$，变换矩阵 $\begin{pmatrix} 1 & 1 & 0 \\ 1 & -1 & -1 \\ 0 & 0 & 1 \end{pmatrix}$

（2）标准形 $f = y_1^2 + y_2^2 - y_3^2$，变换矩阵 $\begin{pmatrix} 1 & -1 & 0 \\ 0 & 1 & -1 \\ 0 & 0 & 1 \end{pmatrix}$

（3）标准形 $f = 2y_1^2 + 3y_2^2 + \dfrac{5}{3}y_3^2$，变换矩阵 $\begin{pmatrix} 1 & -1 & \dfrac{1}{3} \\ 0 & 1 & \dfrac{2}{3} \\ 0 & 0 & 1 \end{pmatrix}$

6．（1） $a = 1$，$b = 2$

（2）标准形 $f(x_1, x_2, x_3) = 2y_1^2 + 2y_2^2 - 3y_3^2$

正交变换： $x = Py$ ，正交矩阵： $P = \begin{pmatrix} 0 & \dfrac{2\sqrt{5}}{5} & \dfrac{\sqrt{5}}{5} \\ 1 & 0 & 0 \\ 0 & \dfrac{\sqrt{5}}{5} & -\dfrac{2\sqrt{5}}{5} \end{pmatrix}$

7． $\begin{pmatrix} 0 & 1 & 0 \\ -\dfrac{\sqrt{2}}{2} & 1 & -\dfrac{\sqrt{2}}{2} \\ \dfrac{1}{2} & \dfrac{\sqrt{2}}{2} & \dfrac{1}{2} \end{pmatrix}$

提示：由标准形可知，特征值 $\lambda_1 = \lambda_2 = 1$，$\lambda_3 = 0$。

根据题意， Q 的第 3 列是 $\lambda_3 = 0$ 的特征向量，设特征值域 1 的特征向量为 $\alpha = (x_1, x_2, x_3)$，则 α 与第 3 列的列向量正交，即可求得结果。

8．（1）正惯性指数为 1，负惯性指数为 2，标准形 $f = 5y_1^2 - y_2^2 - y_3^2$，规范形 $f = z_1^2 - z_2^2 - z_3^2$。

（2）正惯性指数为 3，负惯性指数 0，标准形 $f = y_1^2 + y_2^2 + 10y_3^2$，规范形 $f = z_1^2 + z_2^2 + z_3^2$。

（3）正惯性指数 3，负惯性指数 0，标准形 $f = 18y_1^2 + 18y_2^2 + 9y_3^2$，规范形 $f = z_1^2 + z_2^2 + z_3^2$。

习题 5.2

1．（1）D；（2）D；（3）C；（4）C；（5）D

2．（1）不是正定二次型 ；（2）是正定二次型

3． $-\dfrac{4}{5} < a < 0$

4． $-\sqrt{2} - 1 < t < \sqrt{2} - 1$

5． $-\sqrt{2} < t < \sqrt{2}$

6．提示：利用定义证明。

7. 提示：必要性用定义证明，充分性由 $A^{\mathrm{T}}A$ 正定，$|A^{\mathrm{T}}A|>0$ 推出。

习题 6.1

1. 略

2. 如：$\alpha=(0,1,1)^{\mathrm{T}}$，$\beta=(0,-1,1)^{\mathrm{T}}$ 与向量 $(0,0,1)^{\mathrm{T}}$ 不平行，但 $\alpha+\beta=(0,0,2)^{\mathrm{T}}$ 与向量 $(0,0,1)^{\mathrm{T}}$ 平行，不满足加法封闭性，因此不构成线性空间。

3.（1）是；（2）是；（3）是；（4）否；（5）是

习题 6.2

1. $(2,5,-1)^{\mathrm{T}}$

2.（1）$\begin{pmatrix} 1 & 2 & 1 & 0 \\ 1 & 1 & 1 & 1 \\ 0 & 3 & 0 & -1 \\ 1 & 1 & 0 & -1 \end{pmatrix}$；（2）$\left(1,\dfrac{1}{2},-1,-\dfrac{1}{2}\right)^{\mathrm{T}}$

3.（1）$\begin{pmatrix} 1 & 1 & 0 \\ -1 & 0 & 1 \\ 1 & -1 & 0 \end{pmatrix}$；（2）$(2,1,1)^{\mathrm{T}}$

4.（1）$\begin{pmatrix} x_1 \\ x_2 \\ x_3 \\ x_4 \end{pmatrix}=\begin{pmatrix} 1 & 1 & 1 & 1 \\ 0 & 1 & 1 & 1 \\ 0 & 0 & 1 & 1 \\ 0 & 0 & 0 & 1 \end{pmatrix}\begin{pmatrix} y_1 \\ y_2 \\ y_3 \\ y_4 \end{pmatrix}$；（2）$(-1,-1,0,3)^{\mathrm{T}}$；（3）$(10,9,7,4)^{\mathrm{T}}$

5.（1）$\begin{pmatrix} 1 & 1 & 1 & 1 \\ 1 & 1 & 1 & 0 \\ 0 & 0 & -1 & 0 \\ 0 & -1 & -1 & -1 \end{pmatrix}$；（2）$(1,2,1,3)^{\mathrm{T}}$，$(4,-1,-1,-1)^{\mathrm{T}}$

习题 6.3

1.（1）是；（2）不是；（3）是；（4）不是

2.（1）关于 y 轴对称；（2）投影到 y 轴；（3）关于 $y=x$ 对称；（4）逆时针方向旋转 90°

3.（1）$\begin{pmatrix} 1 & 0 & 0 \\ 0 & 1 & 1 \\ 0 & 1 & -1 \end{pmatrix}$；（2）$\begin{pmatrix} 1 & 0 & -1 \\ 0 & 0 & 2 \\ 0 & 1 & 0 \end{pmatrix}$

4. $\begin{pmatrix} -1 & 1 & -2 \\ 2 & 2 & 0 \\ 3 & 0 & 2 \end{pmatrix}$

5. (1) $\begin{pmatrix} -2 & -\dfrac{3}{2} & \dfrac{3}{2} \\ 1 & \dfrac{3}{2} & \dfrac{3}{2} \\ 1 & \dfrac{1}{2} & -\dfrac{5}{2} \end{pmatrix}$; (2) $\begin{pmatrix} -2 & -\dfrac{3}{2} & \dfrac{3}{2} \\ 1 & \dfrac{3}{2} & \dfrac{3}{2} \\ 1 & \dfrac{1}{2} & -\dfrac{5}{2} \end{pmatrix}$; (3) $\begin{pmatrix} -2 & -\dfrac{3}{2} & \dfrac{3}{2} \\ 1 & \dfrac{3}{2} & \dfrac{3}{2} \\ 1 & \dfrac{1}{2} & -\dfrac{5}{2} \end{pmatrix}$

(4) $\left(-8, \dfrac{22}{3}, -\dfrac{7}{3}\right)^{\mathrm{T}}$

参考文献

[1] 同济大学数学系. 线性代数[M]. 5 版. 北京：高等教育出版社，2007.

[2] 陈建龙，等. 线性代数[M]. 北京：科学出版社，2007.

[3] 陈维新. 线性代数[M]. 北京：科学出版社，2007.

[4] 陈建华. 线性代数[M]. 4 版. 北京：机械工业出版社，2007.

[5] 刘建波，王晓敏. 线性代数[M]. 上海：上海交通大学出版社，2012.

[6] 蔺小林，侯再恩，任小红，等. 线性代数[M]. 北京：高等教育出版社，2013.

[7] 同济大学数学系. 线性代数[M]. 北京：人民邮电出版社，2017.

[8] 同济大学数学系. 线性代数[M]. 上海：同济大学出版社，2011.

[9] 刘国志，等. 线性代数及其 MATLAB 实现[M]. 上海：同济大学出版社，2015.

[10] 侯亚君，等. 线性代数[M]. 北京：机械工业出版社，2016.

[11] 陈晓霞，等. Maple 指令参考手册[M]. 北京：国防工业出版社，2001.

[12] 北京大学数学系前代数小组. 高等代数[M]. 4 版. 北京：高等教育出版社，2013.

[13] 陈志杰. 高等代数与解析几何[M]. 2 版. 北京：高等教育出版社，2008.

[14] 黄廷祝，成孝子. 线性代数与空间解析几何[M]. 北京：高等教育出版社，2008.

[15] 王莲花，梁志新. 线性代数[M]. 北京：化学工业出版社，2010.

[16] 何青，王丽芬. Maple 教程[M]. 北京：科学出版社，2006.

[17] 李尚志. 线性代数[M]. 北京：高等教育出版社，2006.

[18] DEEBAE, GUNAWARDENAA. Interactive Linear Algebra with MAPLE V[M]. New York: Springer-verlag, 1998.

[19] LAY DC. Linear Algebra and Its Applications[M]. 4th ed. Boston: Pearson Education Inc, 2012.

[20] STRANG G. Linear Algebra and Its Applications[M]. 4th ed. San Diego: Thomson Learning Inc, 2006.

附录　Maple 简介

　　1980 年 9 月，加拿大滑铁卢大学（University of Waterloo，UW）的符号计算机研究小组成立，开始了符号计算在计算机上实现的研究项目，数学软件 Maple 是这个项目的产品。Maple 的第一个商业版本是 1985 年发布的，随后几经更新，到 1992 年 Windows 系统下的 Maple 2 面世后 Maple 被广泛使用，拥有越来越多的用户。特别是 1994 年 Maple 3 发布后兴起了 Maple 热。然后，持续以每两年或每一年升级一次的速度更新至 2014 年的 Maple 18，直到 2015 年其命名方式改为年份，即 Maple 2015，最新版本为 Maple 2019。

　　目前 Maple 是世界上最为通用的数学和工程计算软件之一，其内置超过 5000 个计算命令，可解决建模和仿真中的数学问题，包括世界上最强大的符号计算、无限精度数值计算、创新的互联网连接、强大的 4GL 语言等，数学和分析功能覆盖几乎所有数学分支，如微分方程、特殊函数、线性代数、图像声音处理、统计和动力系统等。

　　Maple 不仅提供编程工具，还提供数学知识，帮助用户快速解决简单的数字计算到复杂的非线性问题，在单一环境中完成多领域物理系统建模和仿真、符号计算、数值计算、程序设计、技术文件、报告演示、算法开发、外部程序连接等功能，满足从高中学生到高级研究人员的各层次用户需要。

　　安装并启动 Maple 软件后会进入默认用户界面，如附图 1 所示。

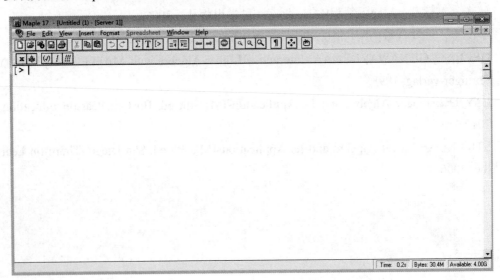

附图 1

　　命令窗口是和其编译程序连接在一起的主要窗口，点击工具栏中"[>"提示符后，此时 Maple 处于准备状态，用户在提示符后输入正确的运算表达式后单击工具栏中的"！"

工具按钮或者按 Enter 键，命令窗口中就会显示运算结果。

在使用 Maple 进行线性代数运算时，需要先载入线性代数工具包 linalg，其中包含绝大部分线性代数运算函数。下面给出线性代数运算的主要命令。

1．数组和向量

array(m,n)：下标为 m 到 n 的一维数组。

array($m,n,[a1,a2,\ldots,ak]$)：一维数组并填入初值。

array($[a1,a2,\ldots,ak]$)：下标为 1 到 k 的一维数组并填入初值。

vector($n,[v1,v2,\ldots,vn]$)：n 维向量（n 可省略）。

2．矩阵输入

建立矩阵的方法有以下两种：

（1）matrix($m,n,[a11,a12,\ldots a1n,a21,\ldots a2n,\ldots,am1,\ldots,amn]$)

（2）array($1..m,1..n,[[a11,\ldots,a1n],\ldots,[am1,\ldots,amn]]$)

3．矩阵元素操作

完成矩阵元素输入后，对矩阵的操作主要是矩阵合并、矩阵部分元素删除、矩阵元素提取、矩阵元素扩充等。

（1）取子阵。

submatrix($A,m..n,r..s$)：取矩阵 A 的 m 到 n 行、r 到 s 列组成的子阵。

（2）取行列。

row(A,i)：取矩阵 A 的第 i 行。

row($A,i..k$)：取矩阵 A 的第 i 到 k 行。

col(A,i)：取矩阵 A 的第 i 列。

col($A,i..k$)：取矩阵 A 的第 i 到 k 列。

（3）删除行列。

delrows(A,i,k)：删除矩阵 A 中 i 到 k 行剩下的子矩阵。

delcols(A,i,k)：删除矩阵 A 中 i 到 k 列剩下的子矩阵。

4．矩阵初等变换

矩阵的初等变换是各种消去法和求解线性方程组的基础，需要调用线性代数工具包 linalg 中的初等变换函数。

（1）行（列）交换。

swaprow(A,i,j)：互换矩阵 A 的第 i 行和第 j 行。

swapcol(A,i,j)：互换矩阵 A 的第 i 列和第 j 列。

（2）行（列）数乘。

mulrow($A,r,expr$)：用标量 $expr$ 乘以矩阵 A 的第 r 行。

mulcol($A,c,expr$)：用标量 $expr$ 乘以矩阵 A 的第 c 列。

（3）行（列）倍加。

addrow($A,r1,r2,m$)：将矩阵 A 的第 $r1$ 行的 m 倍加到第 $r2$ 行上。

addcol(A,c1,c2,m)：将矩阵 A 的第 c1 列的 m 倍加到第 c2 列上。

（4）化阶梯形。

gausselim(A)：用高斯消元法化矩阵 A 为行阶梯形矩阵，结果为上三角阵。

gausselim(A,'r')：化矩阵 A 为行阶梯形矩阵后返回其秩 r。

gausselim(A,'r','d')：返回矩阵 A 的秩 r 及其行列式 d。

rref(A)：化矩阵 A 为最简行阶梯形矩阵。

5．特殊矩阵的生成

adj(A)：生成 A 的伴随矩阵。

DiagonalMatrix(V,m,n)：生成 m 行 n 列对角矩阵，其中 V 是一个向量。

6．矩阵的代数运算

如果已经输入矩阵 A 和 B，则可采用附表 1 所示的函数进行计算。

附表 1　矩阵的代数运算

运算	函数	等效的函数
加法	matadd(A,B)	evalm(A+B)
数乘	scalarmul(b,$expr$)	evalm($b*expr$)
乘法	multiply(A,B,...)	evalm(A&*B&*...)
逆运算	inverse(A)	evalm($1/A$)或 evalm(A^(-1))
转置	transpose(A)	无

7．矩阵的特征参数运算

在进行科学计算时经常用到矩阵的特征参数，Maple 中的计算命令为：

rank(A)：求矩阵 A 的秩。

trace(A)：求矩阵 A 的迹。

det(A)：求矩阵 A 的行列式。

cond(A)：求矩阵 A 的条件数。

8．行列式的计算

detA:=det(A)：计算方阵 A 的行列式。

9．线性方程组的求解

利用 Maple 软件可以轻松实现求解线性方程组，过程如下：首先利用 Maple 软件线性代数函数包 linalg 中的函数 genmatrix()从线性方程组中生成系数矩阵或增广矩阵，然后用函数 gausselim()将矩阵化为行阶梯形矩阵，再用函数 rref()将其化为最简行阶梯形矩阵，最后用函数 backsub()执行回代任务，求出线性方程组的解向量。

10．特征值、特征向量和矩阵的相似

方阵的特征值和特征向量在对角化和微分方程组等问题中有着广泛的应用。Maple 中的函数可以直接求得，见附表 2。

附表 2　求矩阵的特征值、特征向量和特征多项式

项目	函数	说明
特征值	eigenvalues(*A*) eigenvals(*A*)	求矩阵 *A* 的特征值，加 radical 显示根号形式，加 implicit 显示复数形式
特征向量	eigenvectors(*A*)	返回特征向量、特征值及其重数
特征矩阵	charmat(*A,lambda*)	
特征多项式	charpoly(*A,lambda*)	
正定性	definite(*A,option*)	判定矩阵 *A* 的正定性，参数 *option* 有 4 种情况：正定、半正定、负定和半负定。判定数值矩阵时，返回布尔值 true/false；判定符号矩阵时，返回一个布尔表达式，表示正负定的条件
相似性	issimilar(*A,B,'P'*)	判断两个方阵 *A* 和 *B* 是否相似，*P* 为变换矩阵（可选），如果 *A* 和 *B* 相似，返回 true，否则返回 false